Das hängende Gasglühlicht

Seine Entstehung, Wirkung und Anwendung

Ein Handbuch

für

Fabrikanten und Konsumenten

bearbeitet von

Friedrich Ahrens
Ingenieur

Mit 391 in den Text gedruckten Abbildungen

München und **Berlin**
Druck und Verlag von R. Oldenbourg
1907

Vorwort.

Der gewaltige Aufschwung, den die Gasglühlichtindustrie während des letzten Jahrzehntes zu verzeichnen hat, ist nicht allein eine Folge der stetig wachsenden Forderung nach stärkeren Lichtquellen, die erzielten Fortschritte wurden auch unmittelbar verursacht durch das Bestreben, den elektrischen Beleuchtungskörpern, insbesondere dem Bogenlicht ebenbürtige Gasglühlichtlampen zu schaffen. Der scharfe Wettstreit, der sich zwischen den beiden großen Industriezweigen entwickelte, führte auf dem Gebiete der Gasglühlichtbeleuchtung in erster Linie zur Einführung der Intensivbrenner und zur Anwendung der Preßgasbeleuchtung, namentlich nachdem durch die bekannten Versuche von Prof. Bunte und Dr. Eitner festgestellt worden war, daß der vorteilhafteste Nutzeffekt für im Glühstrumpf verbrennendes Preßgas erst bei einer Spannung von 10000 bis 11000 mm Wassersäule erreicht wird. Ich erinnere hier nur an die mit Erfolg eingeführten Systeme: Das Salzenberg-Kugellicht, das Hydropreßgaslicht, das Milleniumlicht, das Pharoslicht, das Selaslicht und das Keithlicht. Bei fast allen diesen Anlagen zur Preßgasbeleuchtung waren mechanische Mittel zur Druckerhöhung des Gases oder des Gasluftgemisches in der Leitung erforderlich. Als Errungenschaft von weittragender Bedeutung mußte danach die Erfindung von Lucas bezeichnet werden, der ohne Benutzung mechanischer Hilfsmittel eine in ihrer Wirkung preßgasähnliche Heizflamme dadurch erzeugte, daß er unter Beschränkung der äußeren Luftzufuhr zum Glühkörper ein langes

Zugrohr zum Ansaugen des Gasluftgemisches durch den
Brenner benützte. Alle diese Beleuchtungssysteme waren jedoch nicht imstande, die Vorteile der elektrischen Beleuchtungskörper zu überbieten, die, abgesehen von der Möglichkeit ihrer besseren dekorativen Ausgestaltung und der leichten
Ein- und Ausschaltung — darin bestehen, daſs die Haupt-
menge der Lichtstrahlen nach unten oder seitlich gerichtet
wird, d. h. dort, wo die stärkste Beleuchtung erwünscht ist.
Die Menge der bei einem aufrecht stehenden Brenner nach
oben geworfenen Lichtstrahlen steht nach den Versuchen von
Prof. Drehschmidt und Prof. Wedding zu der nach unten
ausgestrahlten Lichtmenge im Verhältnis 1,2 bis 1,7 : 1. Die
Anwendung von Reflektoren zur Erzielung besserer Ergebnisse
kann bei den aufrecht stehenden Brennern nur auf Kosten
der äuſseren Lampenform geschehen. Mit Genugtuung muſs
festgestellt werden, daſs gerade die deutsche Gasglühlichtindustrie unermüdlich daran gearbeitet hat, jene Vorteile der
elektrischen Beleuchtungskörper auch für die Gasglühlichtbeleuchtung nutzbar zu machen durch zähes Festhalten an
dem Gedanken der praktischen Ausführbarkeit von Gasglühlichtbrennern mit nach unten gerichteter Flamme. Lange
Jahre hatten die Bemühungen nicht den gewünschten Erfolg.
Heute kann die Frage der praktischen Verwertbarkeit dieser
Brenner als gelöst betrachtet werden, wenn auch von seiten der
Konsumenten dem hängenden Gasglühlicht noch nicht diejenige Beachtung entgegengebracht wird, die es verdient.
Wenn ich mir die Aufgabe gestellt habe, in der vorliegenden
Abhandlung einerseits die Geschichte und das Wesen der
Invertgasglühlichtbeleuchtung zu besprechen, anderseits diejenigen Gesichtspunkte zu erörtern, welche zu den Konstruktionen der verschiedenen Lampen- und Brennersysteme geführt haben, so geschieht es in dem Bestreben, dem Fabrikanten wie dem Konsumenten dasjenige Material zusammen-
gefaſst darzubieten, welches vielleicht geeignet sein könnte,
Veränderungen und Verbesserungen an den bestehenden Invertlampen zu veranlassen, damit dem hängenden Gasglühlicht der Platz in der Beleuchtungsindustrie eingeräumt werde,
der ihm gebührt.

Teils um ein vollständiges Gesamtbild der Entstehungs-
geschichte der Invertgasbeleuchtung zu entwerfen, teils um
darzulegen, daſs man bei den neueren Lampen häufig auf
ältere Systeme zurückgegriffen hat, sind einleitend kurz die
wichtigsten Vorläufer des hängenden Gasglühlichts beschrieben
worden.

Ich will nicht versäumen, auch an dieser Stelle für die
freundlichen Anregungen und Ratschläge zu danken, die mir
seitens der Industrie auf Wunsch jederzeit gegeben worden
sind. Insbesondere danke ich Herrn Dr. Wendler, der mich
bei der Bearbeitung der Invertlampen für flüssigen Brennstoff
freundlichst unterstützt hat. Nicht minder gebührt mein Dank
der Verlagshandlung R. Oldenbourg, welche keine Mühe
gescheut hat, die bei der Drucklegung entstandenen Schwierigkeiten zu beseitigen.

Berlin-Halensee, im März 1906.

Fr. Ahrens.

Inhaltsverzeichnis.

	Seite
I. Vorläufer des hängenden Gasglühlichts	1
II. Invertlampen mit Kühlungseinrichtungen für den Brenner und mit Vorrichtungen zum Ableiten der Verbrennungsgase	10
III. Invertlampen mit mehr oder minder gesteigerter Vorwärmung des Gasluftgemisches im Brennerrohr	45
IV. Invertlampen mit Vorwärmung der Luft (Mischluft oder äufsere Verbrennungsluft)	64
V. Invertlampen mit gebogenem Brennerrohr	81
VI. Glühkörperträger und Vorrichtungen zum Auswechseln der Glühkörper	106
VII. Brennerköpfe, Mischrohre und Luftzuführung für Invertbrenner	126
VIII. Regelungsdüsen, Schmutzfänger, Zündvorrichtungen für Invertbrenner	152
IX. Schornsteinlampen mit Invertbrennern für Innen- und Aufsenbeleuchtung	171
X. Gasglühlichtlampen mit Invertbrennern für Eisenbahnwagen	224
XI. Invertlampen für flüssige Brennstoffe	252

Erster Abschnitt.

Vorläufer des hängenden Gasglühlichtes.

Lange vor dem Zeitpunkt der epochemachenden Erfindung Dr. Auer v. Welsbachs hat man in richtiger Erkenntnis der Tatsache, daſs bei einem aufrechtstehenden Gasbrenner ein groſser Teil der nach oben geworfenen Lichtstrahlen seinen Zweck verfehlte, nach unten gerichtete Brenner in den Lampen benutzt. Die Wandlung, die vor Jahrzehnten auf dem Gebiete des Regenerativlampenbaues sich vollzog, indem die anfangs nach oben gerichteten Brenner, unter Beibehaltung des Prinzips der Vorwärmung des Gases und der Luft, umgekehrt wurden, hat man neuerdings auf dem Gebiete der Gasglühlichtbeleuchtung beobachten können. Aber auch schon bei den der Auerschen Erfindung weit vorausgehenden Gasglühlichtlampen, bei denen feste Glühkörper, ein Magnesiakorb oder ein Platingewebe, durch die Flamme erhitzt wurden, erkannte man, daſs die beste Lichtwirkung erzielt wurde, wenn die Glühkörper ihre Strahlwirkung frei nach unten entfalteten. Bereits bei den nach dem Drummondschen System ausgeführten Kalklichtlampen wurden die Brennerköpfe, in welche die Zuleitungen des Wasserstoff-Sauerstoffgebläses ausmündeten, so um die wagerecht in der Glasumhüllung gelagerte flache Kalkplatte gruppiert, daſs eine freie Ausstrahlung des Lichts nach unten erfolgen konnte. Der Gedanke, den Brenner umzukehren und einen aus einem Magnesiakorb bestehenden Glühkörper hängend anzuordnen, wurde im Jahre 1881 zuerst von Clamond angeregt; bei den von diesem konstruierten Lampen, die 1882 gelegentlich der internationalen Gasausstellung im Londoner Kristallpalast Aufsehen erregten, wurde der Brenner durch ein Gasluftgemisch gespeist, das durch einen überhitzten Druckluftstrom durch den Brennerkopf gesaugt wird und den Glühkörper beheizt. (Fig. 1.)

Das zentrale Rohr C zum Zuführen der Druckluft wird durch Stichflammen erhitzt, welche an einem seitlichen Rohr erzeugt werden; das letztere steht mit der Kammer in Verbindung, aus welcher ein luftarmes Gasluftgemisch durch Rohre L dem Ringraum R des Brennerkopfes zugeführt wird. Die durch das zentrale Rohr und das an dieses angeschlossene Mundstück a aus feuerfestem Material zufliefsende überhitzte Luft saugt das Gasluftgemisch aus der Brennerkopfkammer in den Glühkörper. Be-

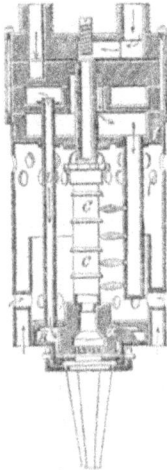

Fig. 1.

merkenswert ist, dafs schon Clamond den Glühkörpertragring durch Bajonettverschlufs am Brennerkopf befestigte (Fig. 2), eine Einrichtung, die häufig auch bei den neuerdings gebauten Invertlampen benutzt wird. Der Magnesiakorb ist in einen Korb aus Platindraht eingehängt; der Schutzkorb kann zweckmäfsig durch einfache Längsdrähte (Fig. 1) ersetzt werden, was den Vorteil hat, dafs der Magnesiakorb leichter gleiten kann, wenn er infolge der hohen Temperatur seine Lage gegen das Platingestell veränderte.

Fig. 2.

Die nachteilige Wirkung der hohen Wärmeausstrahlung dieser Lampen, namentlich bei Verwendung in geschlossenen Räumen, veranlafste Clamond zur Konstruktion einer Lampe, bei welcher ein einfacher Bunsenbrenner mit ringförmigem Brennerkopf und einem an diesen angeschlossenen Röhrenbündel zur Beheizung des hängenden Magnesiakorbes dient (Fig. 3). Um das Zurückschlagen der Flamme auf die

Düse zu verhüten, ist die Mischkammer des Brenners außerhalb des Lampengehäuses gelagert.

Die äußere Verbrennungsluft wird in einer den Brennerkopf umschließenden Hülse vorgewärmt, indem die die letztere mit dem Lampengehäuse verbindenden Einzelrohre durch die mittels des Schornsteins abgesaugten Verbrennungsgase beheizt werden. Die zwischen den Wandungen zweier Glasumhüllungen eintretende und die letzteren kühlende Luft wird außerdem aus dem Lampengehäuse einerseits durch Öffnungen o in die innere Lampenglocke, anderseits durch ein Umgangrohr in den Schornstein gesaugt, um den Zufluß der Kühlluft zu erhöhen.

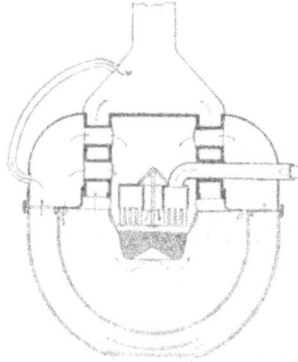

Fig. 3.

Daß bei den älteren Invertlampen in erster Linie die Anwendung des Regenerativprinzips für erforderlich gehalten wurde, zeigen die in Fig. 4 und 5 dargestellten Lampen von Kiesewalter in Limburg a. L. und Rawson und Hughes in

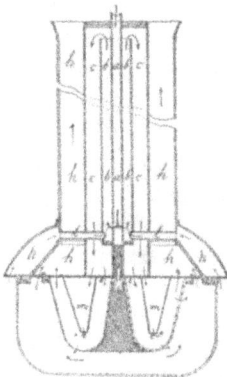

Fig. 4.

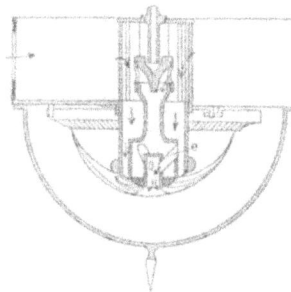

Fig. 5.

London. Ersterer wärmt in einem um das Lampengehäuse angeordneten Raum k die dem Bunsenbrenner zugeführte

Mischluft vor, die durch Rohre *l* in die Mischkammer gelangt. Das Gas strömt durch feine Düsenöffnungen aus dem zentralen Zuleitungsrohr *a* in die Brennermischkammer, welche aus ineinandergeschachtelten Rohren *b c* besteht, in denen das Gasluftgemisch einen Zickzackweg nimmt, um dann durch das die Brennermündung abdeckende Sicherheitssieb *e* und den Verteiler *m* in den ringförmigen Glühkörper zu strömen. Während hier die Verbrennungsgase durch den Schornstein *h* abgesaugt werden und dabei sowohl den Vorwärmraum und die Rohre für die Luftzufuhr als auch die Aufsenwandung der Brennermischkammer beheizen, wird bei der Invertlampe von Rawson und Hughes hauptsächlich nur die dem Brenner zugeführte primäre und sekundäre Verbrennungsluft in einer den Brenner aufnehmenden Kammer des Lampengehäuses vorgewärmt, welche von den Abgasen umspült wird. Aus der Ringkammer wird die Luft teils in das Mischrohr gesaugt, teils wird sie durch Rohre *e* sowie durch den Ringraum zwischen dem Brennerkopf und einer diesen umschliefsenden Hülse der Flamme zugeführt. An dem ringförmigen Brennerkopfsieb wird eine der Form des benutzten Glühkörpers sich anschmiegende halbkugelförmige Flamme erzeugt. In ähnlicher Weise wird die dem Brenner zugeführte Luft bei der Lampe gemäfs Fig. 6 von G. de Schodt in Namur vorgewärmt. Die Luft wird hier jedoch durch den Schornstein durchsetzende Rohre dem Brenner zugeführt; der letztere hat einen pilzförmigen Brennerkopf, durch dessen feine Austrittsöffnungen das Gasluftgemisch gegen den kugelförmigen Glühkörper geführt wird. Dafs bei den letzteren Konstruktionen ein sofortiges Durchschlagen der Flamme auf die Düse beim Anzünden der Lampen erfolgen mufste, liegt auf der Hand. Um dies zu verhüten, ist bei der von J. Pew in Pittsburg vorgeschlagenen Invertlampe (Fig. 7) der Brennermischraum

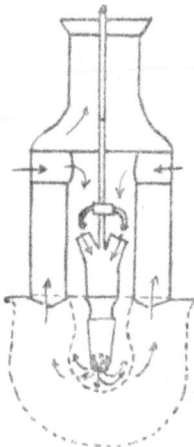

Fig. 6.

wie bei der Clamondlampe (Fig. 3) aufserhalb des Lampengehäuses gelagert. Pew schliefst an das Bunsenrohr einen
weiten gufseisernen Brennerkopf an,
dessen Aufsenwandung sich sehr nahe
der Glühkörperfläche befindet, so dafs
diese durch kurze Stichflämmchen-
bündel, die an den feinen Gasdurchtrittsöffnungen entstehen, beheizt wird.
Der halbkugelförmige Strumpf wird
mittels Zapfen an Streben S^1 aufgehängt, die an einem über die obere
Brennerkopfhülse geschobenen Ring S
angeordnet und auf dem Glockenrand
gelagert sind. Ein kegelförmiges Zugrohr dient zum Absaugen der Verbrennungsgase.

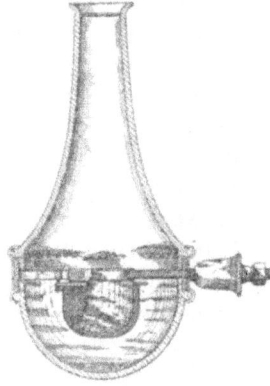

Fig. 7.

Anstatt eines halbkugelförmigen Glühkörpers benutzten
Henze und Barg in Berlin (Fig. 8) einen schalenartigen
Strumpf, der am Umfang eines
ringförmigen Tellers H aufgehängt
ist, über welchen sich die aus dem
Brennerkopf austretende Flamme
ausbreitet. Der Brennerkopf selbst
ist in einer Vertiefung des Tellers
gelagert, welcher eine gewölbte
Form besitzt, um ein besseres An-
schmiegen der Flamme zu erreichen. In das Mischrohr des
Brenners münden dicht unterhalb
der Gaseinströmungsöffnung die
Luftzuführungsrohre D, welche
den Brennermantel K durchsetzen
und an den Enden abgeschrägt
sind, um den Zutritt der Luft zu
erleichtern. Das untere freie Ende
des Mischrohres ist mit einem

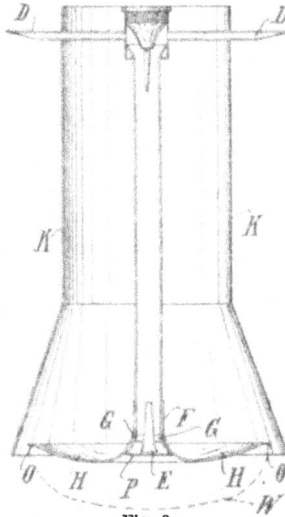

Fig. 8.

passenden Aufsatz F verbunden, welcher nach aufsen trichterförmig erweitert ist. Im Innern desselben ist mittels Streben G

ein hohler Einsatz E angeordnet von der Form eines abgestumpften, mit der breiteren Fläche nach unten gerichteten Kegels. Dieser Brennerkopf dient zur Flammenverteilung, indem die Flamme des an der Brennermündung entzündeten Gases teils durch den Einsatz, teils in Form kleiner Flämmchen aus den zwischen den Streben G befindlichen Zwischenräumen ausströmt. Eine auf die Brennermündung aufgesetzte, siebartig durchbrochene Haube P befördert außerdem die Flammenverteilung. Mittels des durch seine eigene Schwere auf der trichterförmigen Erweiterung des Aufsatzes festgehaltenen Verteilungstellers wird die aus der Kappe ausströmende, bereits seitlich abgelenkte Flamme über die Oberfläche des Tellers derart verteilt, daß die Spitze der so entstehenden pilzförmigen breiten Flamme sich an den Rändern des Tellers befindet und die Abgase zwischen dem unteren, trichterförmig erweiterten Teil des Mantels und dem Teller längs der Wandung des Mantels nach oben streichen, ohne das Mischrohr wesentlich zu erwärmen. Der Glühkörper wird am Umfang des Tellers an Haken oder Ansätzen O aufgehängt und von der flachgewölbten, sich seitlich erweiternden Flamme beheizt.

Bei den beschriebenen Lampen mit senkrecht im Lampengehäuse angeordnetem Mischrohr wurde entweder die Mischluft allein, oder die primäre und die sekundäre Verbrennungsluft aus einem gemeinsamen Vorwärmraum angesaugt. Wenn schon bei den Lampen von Barg und Henze den älteren Systemen gegenüber ein Fortschritt nicht verkannt werden kann, so trifft dies in noch größerem Maße zu für die gegen Ende des Jahres 1899 von Beese und Perlich in Dresden ausgeführte Konstruktion. Bei den älteren Systemen wird fast durchweg der Grundsatz verfolgt, unter Wahrung des Regenerativprinzips getrennte Wege für die dem Brenner zugeführte Luft und die aufsteigenden Abgase zu schaffen.

Durch Verwendung eines langen Zugrohres und Anordnung eines Glaszylinders um den Glühkörper innerhalb einer Schutzglocke (Fig. 9) versuchten Beese und Perlich für den nach unten hängenden Glühkörper dieselben Verhältnisse zu schaffen wie bei einem aufrecht stehenden Brenner; unter

Benutzung der bereits von B a r g und H e u z e vorgeschlagenen
Zuführung der Mischluft zum Brenner wurde auch die äußere
Verbrennungsluft durch den Schornstein durchsetzende Rohre
in eine an den Zylinder angeschlossene Hülse geführt und,
den Glühkörper bestreichend, zum unteren
Rand des Zylinders hinabgeleitet, bevor sie
zwischen dem Zylinder und der diesen umgebenden Glocke in den Abzugschornstein
abgesaugt werden. Dadurch, daß die Schutzglocke dicht an das Zugrohr angeschlossen
ist, sollte augenscheinlich infolge der starken
Saugwirkung des letzteren eine möglichst
gestreckte Flamme erzeugt und verhütet
werden, daß unverbrannte Gasmengen am
Brennerkopf umkehrend nach oben entweichen. Obwohl die konstruktive Durch-
führung der Lampe den damaligen Verhältnissen entsprechend als sinnreich bezeichnet werden muß, ist ihre Verwendung
in der Praxis wenig in Frage gekommen.
Der Grund hierfür ist wohl darin zu suchen,
daß durch die heißen Verbrennungsgase
die Glasumhüllungen zu sehr in Mitleiden-
schaft gezogen wurden.

Das Gasluftgemisch wurde bei den bisher erwähnten Invertlampen entweder aus
dem gegebenenfalls durch ein Sieb abgedeckten Brennerkopf in einem der Weite
des letzteren entsprechenden Strom oder
durch strahlenförmig angeordnete Durch-

Fig. 9.

trittsöffnungen in den Glühkörper geführt. Im Prinzip ab-
weichend von diesen älteren Einrichtungen sind die Brenner
des Engländers K e n t gebaut, der zuerst erkannte, daß es
zweckmäßig ist, das Gasluftgemisch in der Mitte des hängenden Glühkörpers in einer geschlossenen Säule von geringerem
Querschnitt wie der Strumpf absteigen zu lassen, um die Stoß-
wirkung des Gasluftstrahles nach unten zu erhöhen und dadurch möglichst die unteren Teile des Glühkörpers zu treffen.

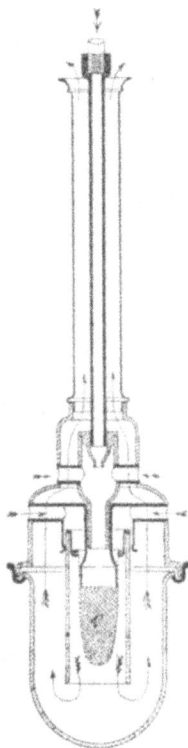

Wie bei einigen älteren Systemen verhindert K e n t das
Durchschlagen der Flamme dadurch, dafs der Mischraum des

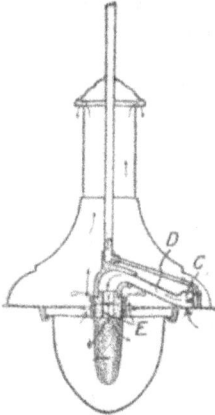

Brenners aufserhalb des Bereichs der
Abgase im Lampengehäuse seitlich gelagert wird (Fig. 10). Der Zugschornstein
ist unten durch eine Reflektorplatte abgeschlossen, durch deren mittlere Öffnung der Specksteinbrennerkopf *E* geführt, welcher mit dem schräg gelagerten
Mischrohr durch einen Krümmer aus
Isoliermaterial verbunden ist. Die Durchbohrung des Kopfes hat einen geringeren
Querschnitt als der Strumpf. Zur Sicherung gegen das Durchschlagen der
Flamme ist im Brennerkopf noch ein
engmaschiges Sieb angeordnet. Unterhalb der Düse *C* befindet sich in der

Fig. 10.

Reflektorplatte die Luftzutrittsöffnung zum Mischrohr.

Aufserordentlich bemerkenswert ist es, dafs bereits K e n t

bei seinen Versu-
chen einerseits einen
Glühkörper wählte,
der kürzer, aber von
gröfserem Durch-
messer ist als der
gewöhnliche Auer-
glühkörper, ander-
seits aber auch eine Lampen-
konstruktion vorschlug, bei welcher ein senkrecht stehendes,
oben umgebogenes Mischrohr
vorhanden ist, an welches der
Brennerkopf angeschlossen wird
(Fig. 11), eine Mafsnahme, auf
die man bei den neueren Invertlampen wieder zurück gegriffen

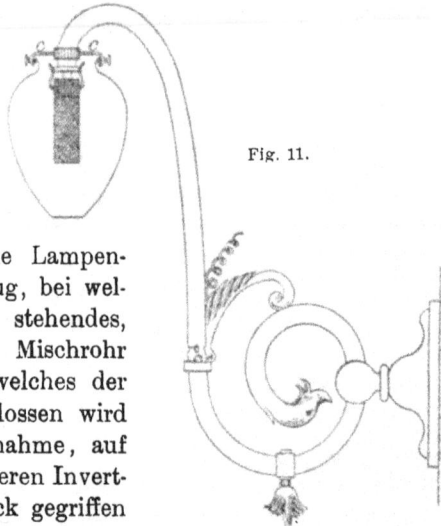

Fig. 11.

hat. Zu dem Zwecke, das Gasluftgemisch in einer geschlossenen Säule von geringem Querschnitt einzuführen, benutzte

Kent hier einen in den Strumpf ragenden Specksteinkonus
oder ein Specksteinrohr von geringerem Querschnitt als der
Strumpf hat. Die Ausführung der
Lampe gemäfs Fig. 12 läfst erkennen, dafs Kent auch schon mehrere derart gebogene Mischrohre
in einer gemeinsamen Glocke anordnete. Das untere Ende des durch
die Esse geleiteten Gaszuführungs-
rohres mündet in eine Gasverteilungs-
kammer, an welche die einzelnen,
im Innern der Glocke umgebogenen
Mischrohre angeschlossen sind. Die
Regelung zu den aufserhalb der
Glocke gelagerten Düsen erfolgt
durch eine Ventilspindel *a*. Infolge

Fig. 12.

der Wärmestrahlung der Glühkörper wird eine Vorwärmung
des Gasluftgemisches in den Brennerrohren erzielt.

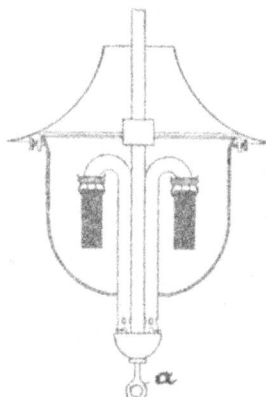

Zweiter Abschnitt.

Invertlampen mit Kühlungseinrichtungen für den Brenner und mit Vorrichtungen zum Ableiten der Verbrennungsgase.

Es muſs verwundern, daſs die Kentschen Lampen, bei denen schon einige wichtige Vorbedingungen für die günstige Arbeitsweise eines Invertbrenners erfüllt sind, für die Praxis keine Bedeutung zu erlangen vermochten; dies erscheint indessen erklärlich, wenn man berücksichtigt, daſs zu dem Zeitpunkt, an dem Kent seine Versuche anstellte, sowohl die Glühkörper als auch die für den sicheren Betrieb eines Invertbrenners durchaus erforderlichen Nebenapparate (Regulierdüse etc.) noch nicht in jener Vollkommenheit hergestellt wurden, wie dies heute der Fall ist. Bei allen älteren Invertlampen wurden die Glühkörper in einer geschlossenen Glasumhüllung angeordnet. Es mag zwar vermutet werden, daſs bereits Kent die sekundäre Verbrennungsluft dem absteigenden Gasluftgemisch entgegengerichtet durch die Lampenglocke dem Glühkörper zugeführt hat; zielbewuſst ist nach diesen Vorläufern jenes Problem von Dr. Otto Mannesmann in Remscheid anfangs dieses Jahrhunderts durchgeführt worden. Wie Kent ging auch Mannesmann von der Erwägung aus, daſs zur Beheizung des Glühkörpers auf seiner ganzen Fläche es erforderlich ist, den Gasstrahl in einer nicht den ganzen Querschnitt des Strumpfes ausfüllenden Säule in den Glühkörper zu führen, wobei die Versuche ergaben, daſs der Querschnitt der verengten mittleren

Austrittsöffnung des Brennerkopfes weniger als den dritten Teil des Strumpfquerschnittes betragen durfte. Des weiteren von der Erkenntnis ausgehend, daſs die Energie des durch die Düse eingeführten Gasstrahles gröſstenteils durch die Arbeit der Luftansaugung verbraucht und infolgedessen das Gasluftgemisch nicht tief genug in den Glühkörper geblasen wird, wurde die Luftzufuhr zum Mischrohr möglichst beschränkt, also ein luftarmes Gasluftgemisch in den Strumpf geführt, wobei die zur vollkommenen Verbrennung des Gemisches erforderliche Luft als sekundäre Verbrennungs-luft durch die Glasumhüllung dem Gasluftgemischstrahl entgegengerichtet der in der Glühkörperwandung liegenden Verbrennungszone zugeführt wird.

Die durch das Anprallen des aufsteigenden Nebenluftstromes auf die durch das Glühgewebe hindurchtretenden, brennenden Gasteilchen bewirkte innige Mischung der Luft und des Gases in der Zone des Glühgewebes, verbunden mit der Stauung des Gasluftgemisches im Glühstrumpf und der teilweisen Umkehrung der Bewegungsrichtung des absteigenden Gasluftstromes noch innerhalb des Strumpfes, trägt bedeutend zur Erzielung der beabsichtigten Wirkung des Brenners bei. Durch das Zuruhekommen des Gasluftgemisches innerhalb des

Fig. 13.

Strumpfes ist die Durchtrittsgeschwindigkeit durch den Strumpf verhältnismäſsig gering, und eine kleine Gasmenge ist befähigt, den Strumpf ganz oder gröſstenteils auszufüllen und ihn ziemlich gleichmäſsig zum Leuchten zu bringen. Es genügt hierzu der normale Gasdruck. Bei richtiger Formgebung des Injektors kann der Stoſs des Gasluftgemisches nach unten sogar so stark gemacht werden, daſs in Verbindung mit der aufsteigenden Nebenluft der untere Teil des Glühstrumpfes am stärksten glüht. Das Mischrohr c (Fig. 13) trägt den erweiterten Brennerkopf, in welchem zwei perforierte Bleche oder Drahtnetze

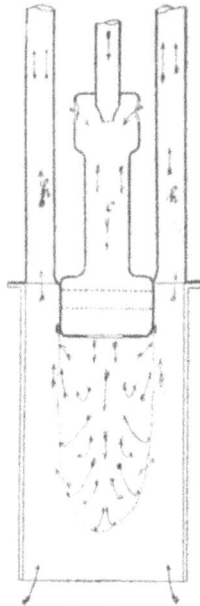

untergebracht sind. Der Brennerkopf ist durch eine Platte mit
zentralem Loch abgedeckt, durch welches das Gasluftgemisch in geschlossener Säule in den Glühstrumpf eintritt, bis es seine Bewegung nach unten allmählich verliert
und innerhalb des Strumpfes eine Bewegung teils nach der
Seite, teils nach oben annimmt, während die aufserhalb des
Strumpfes im Zylinder nach oben strömende sekundäre Verbrennungsluft sich in der Zone des Glühgewebes mit dem
Gasluftgemisch innig mischt. Auch bei dieser Lampe wurde
noch eine gegebenenfalls unterteilte Esse zum Absaugen der
Verbrennungsgase benutzt, um die letzteren oberhalb der
Brennermischkammer entweichen zu lassen.

Die Anordnung eines Schornsteins beeinträchtigte bei
Verwendung eines senkrecht aufgehängten Mischrohres naturgemäfs die Möglichkeit einer geschmackvollen dekorativen
Ausgestaltung der Lampen, man mufste
deshalb andere Mittel ausfindig machen,
um zu verhüten, dafs die vom Glühkörper
aufsteigenden Verbrennungsgase in den
Bereich der Luftzuflufsöffnungen des
Mischrohres gelangten, wodurch infolge
der geringen Sauerstoffzufuhr zum Brenner eine mehr oder weniger rufsende
Flamme erzielt wurde.

Diese Aufgabe wurde fast gleichzeitig
von Mannesmann und Bernt und
Cervenka in Prag gelöst, indem ersterer
um den Brennerkopf einen mit einem
Seitenflansch versehenen Ring h (Fig. 14)
anordnete, durch den die Abgase seitlich
abgleitet werden, während Bernt und
Cervenka zu dem gleichen Zweck oberhalb des Brennerkopfes um das Mischrohr
einen Pralltrichter (Fig. 16) legten. Da auch

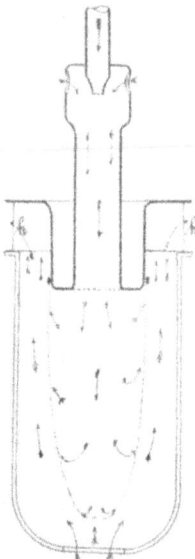

Fig. 14.

bereits Bernt einerseits die Notwendigkeit
der Einführung des Gasluftgemisches in den Glühkörper mittels
eines Stromes von geringerem Querschnitt, als der Strumpf hat
erkannt zu haben scheint (vgl. Fig. 17), anderseits ebenso wie

Mannesmann die Sekundärluft dem absteigenden Gasluft-gemisch entgegenführte, so kann man beide Lampen als die Pioniere der Invertgasglühlichtbeleuchtung bezeichnen; denn welche Bedeutung das von Mannesmann und Bernt be-nutzte Prinzip noch heute für die Invertlampenindustrie, ins-besondere für diejenigen Lampenkonstruktionen hat, bei denen eine mit Luftdurchtrittsöffnungen versehene Glasumhüllung verwendet wird, braucht nicht weiter klargelegt zu werden.

Da bei den Mannesmannschen Invertbrennern zweck-mäfsig ein an Luft armes Gasluftgemisch benutzt wird, ist in der Mitte der Flamme ein Flammenkonus x (Fig. 15) von blaugrüner Färbung zu er-kennen, dessen Basis mit dem Loch in der Brennerkopfplatte zusammenfällt. In die-ser Zone findet noch keine oder wenig-stens keine intensive Verbrennung statt, während in der mittleren Brennzone y schon eine energischere Verbrennung ein-tritt. Beim Zuströmen von äufserer Luft zur Flamme bildet sich die äufsere Brenn-zone z. Durch geeignete Abmessung des Loches in der Brennerkopfplatte kann er-reicht werden, dafs bei bestimmter In-jektorwirkung die Form der Flamme an-

Fig. 15.

nähernd der Form des Glühstrumpfes entspricht. Es treten alsdann auch keine so starken Flammenbüschel nach aufsen bzw. an den Glaszylinder, wenn der Strumpf einmal verletzt ist.

Obwohl also Mannesmann bereits erkannte, dafs eine Umkehrung des Gasluftgemisches noch innerhalb des Glüh-körpers für die beabsichtigte Wirkung des Brenners unerläfs-lich ist, mufsten doch alle Verbrennungsgase die Glühkörper-maschen durchstreichen, bevor sie ihrem natürlichen Auftrieb folgend abziehen. Die neueren Erfahrungen, auf welche später zurückgekommen werden wird, haben gelehrt, dafs diese Mafsnahme für den Betrieb des Brenners nicht günstig ist, namentlich dann nicht, wenn die Abgase frei abströmen und nicht durch Schornsteinwirkung abgesaugt werden. Ab-weichend von den Mannesmannschen Brennern benutzte

Bernt einen mit Abstand vom Brennerkopf angeordneten
Glühkörpertragring (Fig. 16), oder das Brennermundstück
ragte frei in den Glühkörper, welcher mittels einer einstell-
baren seitlichen Vorrichtung am Mischrohr aufgehängt wurde,
so daß durch den Zwischenraum zwischen dem Tragring und
dem Mundstück die Abgase auch aus dem Innenraum des
Glühkörpers aufsteigen können. Infolge der hohen Erhitzung
des Brennerrohres sowie der Düse
und des dadurch erhöhten Auftriebes

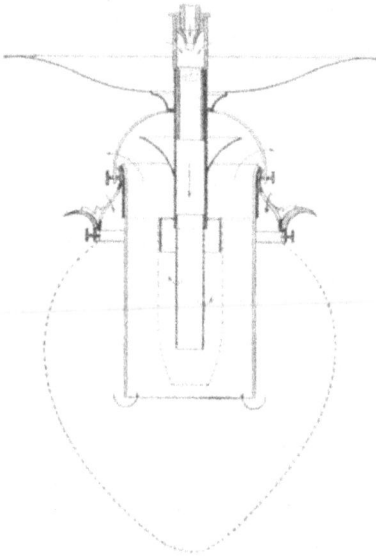

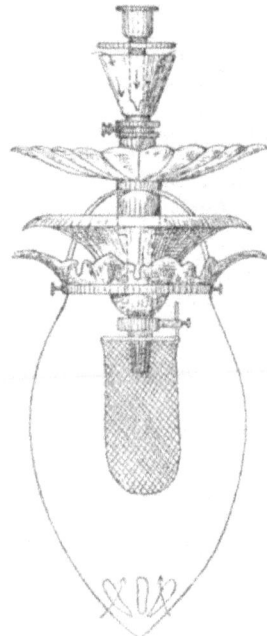

Fig. 16.   Fig. 17.

des absteigenden Gasstromes trat bei den Brennern häufig ein
Durchschlagen der Flamme ein. Cervenka suchte diesen
Übelstand dadurch zu beseitigen, daß er so wohl das Misch-
rohr als auch den Prallkegel aus Glas oder Porzellan herstellte,
damit also zuerst vorschlug, die Überhitzung des Brenners durch
Verringerung des Wärmeleitungsvermögens zu verhindern.

Die in Fig. 17 veranschaulichte Lampe ist bereits während der ersten Monate des Jahres 1900 unter dem Namen

Elektralampe vereinzelt zu Versuchszwecken eingeführt worden. Der obere Brennerrohrstutzen mit kegelförmiger Mischkammer ist mittels eines Bajonettverschlusses und einer Klemmschraube mit dem Brennerrohr verbunden; sowohl das letztere als auch der Prallkegel und die über diesem befindliche Schale wurden aus Porzellan hergestellt. Die Regelung des Luftzuflusses zum Mischrohr erfolgt durch eine über dessen oberer Mündung auf dem Düsenrohr verstellbar angeordnete Scheibe. Interessant ist es, daß die Prospekte, in denen die Lampen zu jener Zeit feilgeboten wurden, bereits eine Anweisung enthalten, nach welcher bei der Montage darauf zu achten ist, daß der Glühkörper in bezug auf die Brennermündung genau zentriert sein und der Glühkörpertragring die letztere um ca. 6—7 mm überragen muß, wenn eine gute Wirkung des Brenners erzielt werden soll. Ferner wurde in jener Anweisung ausdrücklich darauf aufmerksam gemacht, daß ein Glühkörper von größerer Weite als der gewöhnliche Auerstrumpf zu benutzen ist, und der Brenner seine höchste Leuchtkraft erst nach einer Brenndauer von etwa zehn Minuten erreicht. Augenscheinlich erkannte bereits Cervenka den günstigen Einfluß der Vorwärmung des Gasluftgemisches im Brennerrohr während des Betriebes der Lampe.

Obwohl nach den neueren Versuchen die Herstellung ganzer Brennerteile aus die Wärme schlecht leitendem Material einen nennens-

Fig. 18.

werten Einfluß auf die Wirkung des Brenners kaum ausübt, werden noch heute, namentlich in Frankreich und England, viele Brenner fabriziert, bei denen, wie bei dem Cervenkabrenner gemäß Fig. 18, das Mischrohr aus Porzellan besteht, dessen oberer Teil in den Prallkegel übergeht, in den der obere Mischrohrstutzen eingesetzt ist. Derartige Lampen werden insbeson-

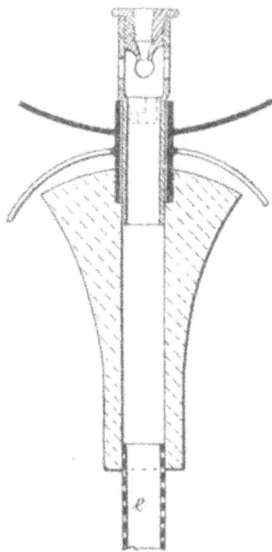

dere von der neuen Invertgasglühlichtbrenner-Gesellschaft in
London in verschiedenen Gröfsen hergestellt; die Lampe nach
Fig. 19, bei der ein kurzer zylindrischer Glühkörper benutzt
wird, soll eine Leuchtkraft von 65 Kerzen haben bei einem stündlichen Gasverbrauch von 0,085 cbm, diejenige gemäfs Fig. 20 von
kleineren Dimensionen einen Verbrauch von 0,029 cbm pro
Stunde bei einer Leuchtkraft von 20 Kerzen; von den letzteren
werden meistens mehrere an einem gemeinsamen Wandarm
angeordnet (Fig. 21), wobei der kunstgewerblichen Ausführung
der Lampenarme etc. freier
Spielraum gegeben werden
kann.

Ein als Prallkegel ausge-
bildetes Mischrohr aus Porzellan wird auch bei der Lampe

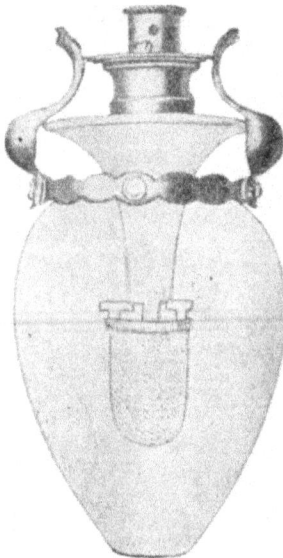
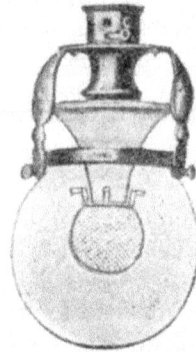

Fig. 19.   Fig. 20.

des Franzosen Ponant (Fig. 22) benutzt, die besonders als
Deckenlampe Verwendung findet. Die Düse mit der Mischkammer ist unmittelbar am Deckenstutzen befestigt; mit
dem Mischrohrstutzen, welcher frei in die obere Mündung
des Prallkegels ragt, ist die mit einem nach unten gebogenen
Rand versehene Auffangplatte D für die Verbrennungsgase
verschraubt, an der das Mischrohr bzw. der Prallkegel mittels
einer Hülse befestigt wird. Die Abgase werden durch eine

über den Prallkegel gestülpte Glocke *C* aufgefangen und strömen durch Kerben *a* am Rand des Kegels unter die Platte *D*, um aus dieser seitlich abgeleitet zu werden. Der Glühkörper ist in einer oben als Reflektor ausgebildeten Glasumhüllung *E* angeordnet.

Wenn auch angenommen werden kann, daß für Steinkohlengasbrenner die Porzellankegel wenig nutzbringend sind, so erscheint doch ihre Verwendung bei Azetylen-Invertbrennern vorteilhaft, um das Mischrohr zu isolieren und eine Zersetzung des Azetylengases in dem heißen Brennerrohr zu verhüten. Ein zur Erreichung dieses Zweckes gebauter Brenner (Fig. 23)

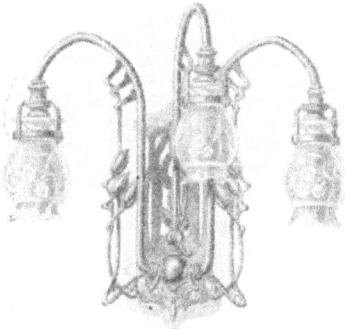 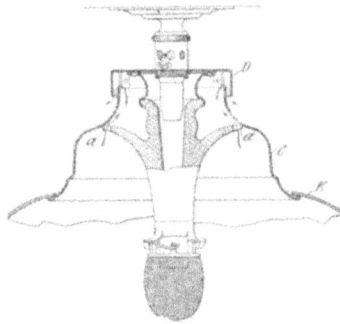

Fig. 21.   Fig. 22.

der französischen Invertlampengesellschaft ist so ausgeführt worden, daß bezüglich der Abmessung des Mischrohres im wesentlichen dieselben Grundsätze befolgt werden wie bei den aufrecht stehenden Azetylenbunsenbrennern, indem die Mischkammer unterhalb der Düse in eine Einschnürung übergeht. Auf dem die letztere enthaltenden Stutzen ist das erweiterte Bunsenrohr in der Höhe einstellbar angeordnet, das von dem aus Porzellan oder anderem Isoliermaterial bestehenden Ablenkungskegel für die aufsteigenden Verbrennungsgase umschlossen wird. Auf die Mündung des Mischrohres ist ebenfalls in der Höhe verstellbar eine Mutter *f* mit konischer Außenwandung geschraubt, so daß ein mit den Tragzapfen für den Glühkörper versehener Ring zwischen der Mutter und dem die Mischrohröffnung abschließenden Brennermundstück *g*

festgeklemmt werden kann; das letztere ist mit der Gasaustrittsöffnung *i* versehen, die den gleichen Durchmesser hat
wie die Einschnürung im Mischrohrrohrstutzen. Ein der Gasaustrittsöffnung vorgelagertes Sieb *h* dient zur Verhinderung des
Durchschlagens der Flamme.

Während bei den erwähnten Brennern das gegebenenfalls
als Prallkegel ausgebildete Brennerrohr meist aus Porzellan
hergestellt ist, wird bei einzelnen französischen Brennern als
Material für das Mischrohr sogar Speckstein verwendet. Der

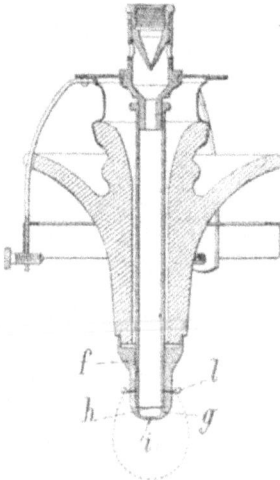 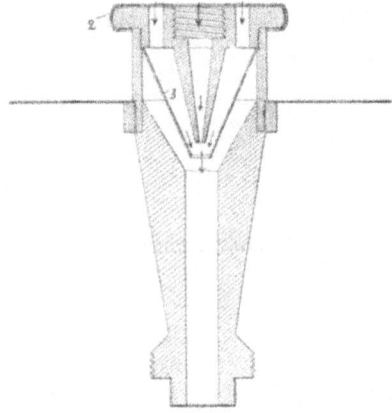

Fig. 23.   Fig. 24

Brenner von Ristelhueber (Fig. 24) hat ein kegelförmiges
Specksteinbrennerrohr, dessen zylindrische Innenbohrung oben
in einen erweiterten Kegel ausläuft; das Rohr ist in einen
die Mischkammer bildenden Metallring eingesetzt, in dessen
obere Mündung der Düsenkörper eingeschraubt wird. Der
letztere ist mit Bohrungen *1* für die Luftzufuhr zur Mischkammer versehen, wobei mittels eines mit korrespondierenden
Bohrungen versehenen Klemmringes *2* der Zuflufs der Luft
geregelt werden kann. In der Mischkammer ist ein Kegel-
einsatz *3* gelagert, dessen untere Öffnung kleiner ist als
die Bohrung des Brennerrohres und durch den die angesaugte

Luft in scharfem Strom sich mit dem der Düse entströmenden Gasstrahl vereinigt, so daſs ein inniges Gasluftgemisch erzeugt wird. Um ein Splittern des Rohres an der Brennermündung zu verhüten, ist über diese eine Metallkapsel geschoben. Eine Glimmerplatte dient zum Ableiten der aufsteigenden Verbrennungsgase. Bei anderen französischen Brennern wird nach dem Berntschen Prinzip auch das Specksteinmischrohr als Prallkegel für die Abgase ausgebildet.

Der Gedanke, das Mischrohr durch Specksteinisolierungen vor Überhitzung zu schützen, ist neuerdings von Glinicke in Berlin wieder aufgenommen worden. Das Brennerrohr ist vollkommen von Asbestpackungen umschlossen, die in einem Metallkorb 28 übereinandergeschichtet sind (Fig. 25 und 26); die Packungsringe 30 werden dadurch aufeinandergepreſst,

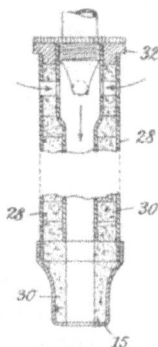 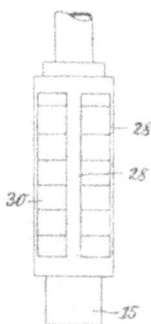 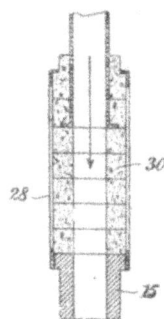

Fig. 25.   Fig. 26.   Fig. 27.

daſs das Brennermundstück 15 und die Düse, letztere mittels eines zwischengeschalteten Ringes 32 aus Porzellan oder dgl., mit dem Metallkorb verschraubt sind. Die Anordnung kann auch so ausgeführt werden, daſs der Korb mit den Asbestpackungen nur die untere Mündung des Mischrohres mit dem Brennermundstück verbindet; in diesem Falle ist die Mischrohrmündung mit einem Seitenflansch versehen, auf dem die oberen Asbestringe gelagert sind; das Zusammenpressen der Packungen erfolgt durch das Einschrauben des Brennerkopfes in den Metallkorb (Fig. 27). Praktische Bedeutung haben diese Vorschläge kaum erlangt.

2*

Obwohl einige ausländische Lampenfabrikanten das
Berntsche Prinzip der Verringerung des Wärmeleitungsvermögens durch Herstellung ganzer Brennerteile aus Isoliermaterial noch heute als vorteilhaft ansehen, ist man fast
durchweg bei den neueren Brennern deutschen Ursprungs
auf die Verwendung eines Metallmischrohres zurückgekommen.
Die Frage, ob ein solches nicht allein bezüglich der Brenner-

fabrikation Vorteile bietet, sondern auch auf den Betrieb des
Brenners keinen merklich un-
günstigeren Einfluß ausübt als
ein Brennerrohr aus Isoliermaterial, soll später angeschnitten
werden. Die unmittelbare Hitzeübertragung auf ein Metallmischrohr kann am vorteilhaftesten
dadurch herabgemindert werden, daß ein Brennerkopf aus
feuerfestem Material, wie Speckstein, Magnesia u. dgl., Verwendung findet. Aber auch dieser
Kopf wird, da er von der umkehrenden Bunsenflamme unmittelbar beheizt wird, meistens
in Rotglut versetzt, so daß die
Bildung von Niederschlägen
namentlich dann nicht zu verhindern ist, wenn die aus dem
Glühkörperinnern aufsteigenden

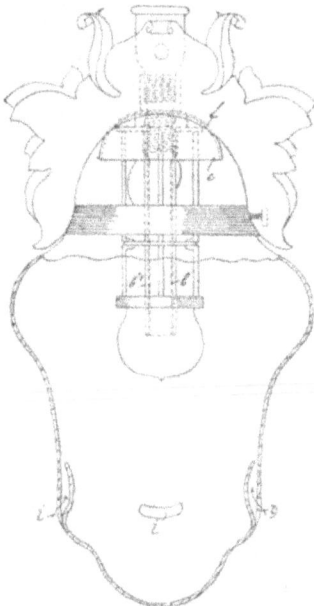

Fig. 28.

Verbrennungsgase die Aufsenwandung des Mischrohres bespülen. Um dies zu verhüten, werden von H. Jackson
in Halifax Brennerrohre aus Gufseisen benutzt, welche von
einer Porzellanhülse umschlossen sind. Um den gufseisernen
inneren Teil b des Brennerrohres ist eine Porzellanhülse b^1
angeordnet (Fig. 28). Das gufseiserne Rohr ist durch Verschraubung mit dem oberen Mischrohrstutzen verbunden und
zwischen beiden eine Porzellanschale e angeordnet, welche
die Abgase auffängt, die Überhitzung der Mischkammer des

Brenners verhütet und die Verbrennungsprodukte zerteilt.
Über der Schale ist ein Dach f gelagert, dessen umgebogene
Arme Führungskanäle für die in die Mischkammer angesaugte
Luft bilden, während eine andere Gruppe von Armen aufwärts gebogen ist und um die Mischkammer eine die aufsteigenden Verbrennungsgase ablenkende Hülle bilden. Wenn
bei den Invertlampen Glasumhüllungen mit in der Wandung
vorgesehenen Luftdurchtrittsöffnungen benutzt werden, so entsteht häufig infolge des Anblasens der Flamme ein unruhiges
Brennen. Jackson vermeidet das dadurch, daſs die Luft-
zufuhröffnungen i von lappen-
artigen Vorsprüngen überdeckt
werden, so daſs die Luft zunächst
an der Innenwandung der Glocke
entlang zu streichen gezwungen ist.

Der gleiche Zweck, die Verhinderung einer Beschädigung des
Mischrohres, wird bei einem französischen Brenner von M. Cheval
dadurch zu erreichen versucht,
daſs das Brennerrohr zweiteilig
ausgeführt, der untere Teil aus
Porzellan od. dgl., der obere aus
Metall hergestellt wird; beide
Teile sind durch eine Schrauben-
verbindung vereinigt (Fig. 29).

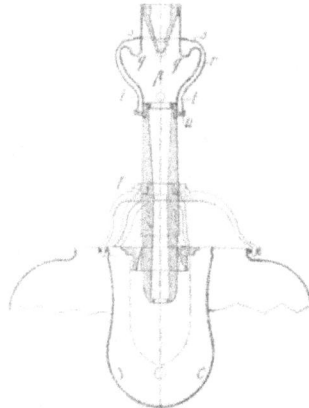

Fig. 29.

Dem Kernbrennerprinzip entsprechend ist die Innenwandung
der Brennerrohrteile von einer mittleren Einschnürung aus nach
oben und unten kegelförmig erweitert. Die Auſsenwandung hat
nach unten hin Kegelform und dient als Auflager für einen
mit den Tragarmen für die Glocke und den Schirm versehenen
Ring f. Eigenartig ist die Einrichtung, die zur Regelung der Luftzufuhr dienen soll; die Luft tritt durch Öffnungen q in die erweiterte Mischkammer p, die von einer der Form der letzteren
entsprechenden Hülse r mit Durchtrittsöffnungen s und t umschlossen wird. Je nach der Einstellung der Hülse mittels
des Ringes u soll der Luftzufluſs durch die Öffnungen t abgesperrt werden. Fraglich erscheint es, ob beim Betrieb des

Brenners überhaupt erhebliche Luftmengen durch die Öffnungen *t* zufliefsen, wenn dies aber der Fall ist, so wird
augenscheinlich die Luft mit dem aufsteigenden Verbrennungsgase vermischt in die Mischkammer gelangen und ein Rufsen
der Flamme entstehen, da eine Vorrichtung zum seitlichen
Ableiten der Abgase nicht vorhanden ist. Aufserdem ist zu
befürchten, dafs bei längerem Betrieb der Lampe die unmittelbar im Strom der Abgase gelagerten Tragarme für die Glasausrüstung beschädigt werden, ein Übelstand, der auch bei
den erwähnten, nach dem Bern t schen System gebauten
Lampen englischen Ursprungs vorhanden sein dürfte.

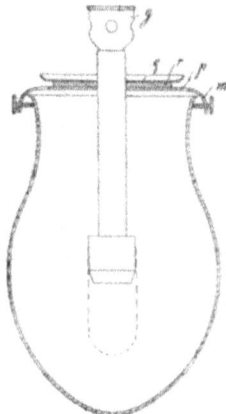

Fig. 30.

Die Überzeugung, dafs bei Verwendung eines Metallmischrohres die Hitzeübertragung auf das Gaszuleitungsrohr
und insbesondere auf die Düse (vorausgesetzt, dafs diese Teile von dem aufsteigenden Verbrennungsgase nicht unmittelbar getroffen werden) nur dadurch mehr oder weniger zu umgehen
ist, dafs die Brennerteile isoliert angeordnet werden, machte sich bei
zahlreichen Brennerkonstruktionen bemerkbar.

Zwei Wege wurden zur Erzielung
dieser Wirkung eingeschlagen; einerseits versuchte man anstatt des Berntschen Ablenkungskegels die Verbren-
nungsgase durch eine um das Mischrohr angeordnete, isolierte
Auffangplatte oder -Schale abzuleiten, anderseits die Wärmeleitung durch Einschaltung isolierender Zwischenstücke in die
Brennerteile zu verhindern. Insbesondere bei den seinerzeit
von der Gesellschaft für hängendes Gasglühlicht in Berlin
vertriebenen Invertbrennern wurde die Anwendung solcher
Wärmeisolierungen bevorzugt.

Um die von den metallenen Schutzschalen ausgehende
Wärmestrahlung und die hierdurch bewirkte Vorwärmung
der dem Mischrohr zugeführten Luft zu verhindern, wurde
über der als Glokenträger dienenden Auffangschale *m* (Fig. 30)

eine Isolierplatte *r* und über dieser eine zweite Schale *q* angeordnet, deren Rand die Abzugsöffnungen *p* für die heißen
Verbrennungsgase überragt, so daß diese seitlich von den
Luftzutrittsöffnungen der Mischkammer *g* abgeleitet werden
sollen. Zu befürchten bleibt, daß trotz dieser Anordnung
die Abgase zum Teil in die Mischkammer zurückgesaugt

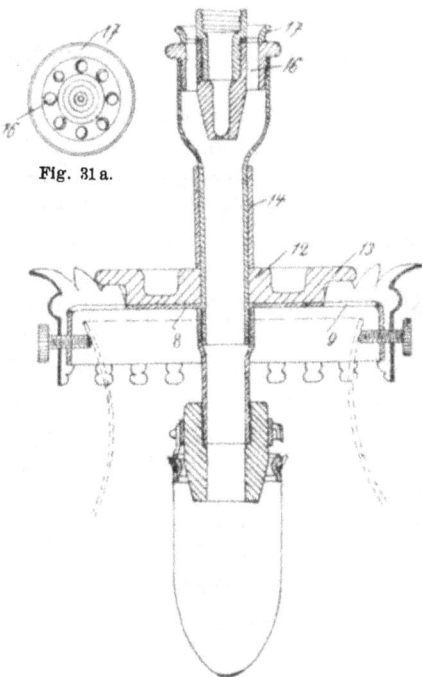

Fig. 31 a.

Fig. 31.

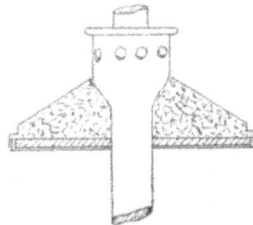

Fig. 32.

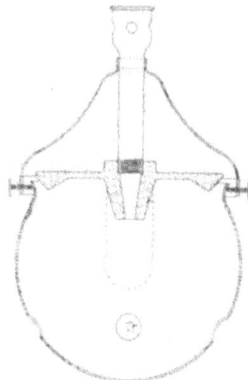

Fig. 33.

werden. Die obere Platte wurde vorteilhaft mit der Isolierplatte aus einem Stück hergestellt (Fig. 31). Das Mischrohr
besteht dann zweckmäßig aus zwei zusammenschraubbaren
Teilen; auf dem vorspringenden oberen Rand des unteren
Mischrohrteiles ist die Metallplatte *8* gelagert, an deren äußerem
Rand Durchtrittsöffnungen *9* für den Abzug der Verbrennungsgase vorgesehen sind. Auf der Platte ist die mit vor-
springendem Rand *13* versehene dicke Scheibe *12* aus die

Wärme schlecht leitendem Material, wie Porzellan, Ton, Asbest, gelagert, und über dieser auf dem Mischrohr ein Rohr *14*, welches beim Zusammenschrauben des Mischrohres eine feste Lagerung der Platten *8, 12* sichert. Die Luftzutrittsöffnungen *16* zum Mischrohr sind in dem Düsenkörper selbst vorgesehen, so daſs Gas und Luft in paralleler Richtung dem Mischrohr zufließen. Die Luftzufuhr kann durch eine über dem Düsenkörper drehbar angeordnete, mit korrespondierenden Luftzutrittsöffnungen *16* versehene Scheibe *17* (Fig. 31 a) geregelt werden.

Anstatt der Verwendung einer isolierten Platte oder Schale ist von Bünte und Remmler in Frankfurt a. M. vorgeschlagen worden, zwischen der Brennermündung und der Mischkammer eine mit Isoliermaterial gefüllte Kammer anzuordnen. Über die als Träger für die Glasumhüllung dienende Ablenkungsplatte wird eine Haube gestülpt, die zur Aufnahme von Asbest, Kieselgur oder anderen Isolierstoffen dient (Fig. 32).

Offenbar um wirksamer zu verhüten, daſs die Abgase in die Brennermischkammer gesaugt werden (ein Zustand, der mehr oder weniger eintreten dürfte, weil die aufsteigenden Verbrennnngsgase das Mischrohr oberhalb der Auffangschale gewissermaſsen ummanteln), ist bei einigen Brennern der vormaligen Gesellschaft für hängendes Gasglühlicht die isolierte Platte zum seitlichen Ableiten der Verbrennungsgase unmittelbar an den Brennerkopf verlegt worden. Vorteilhaft wurde die Abschirmungsplatte mit dem Brennermundstück aus einem Stück wärmeisolierenden Stoffes (Magnesia, Porzellan, Speckstein) gefertigt, das auf die Mischrohrmündung aufgeschraubt ist (Fig. 33). Die Isolierplatte konnte auch durch zwei mit Abstand voneinander angeordnete Platten mit dazwischen liegender Luft- oder Asbestisolierschicht ersetzt werden. In gleicher Höhe mit der Platte wurde unter Belassung eines Austrittsschlitzes für die Abgase die Glasumhüllung an dem drei- oder mehrarmigen Halter aufgehängt. Ähnlich ist die Anordnung der Abschirmplatte bei Mehrstrumpfbrennern vorgeschlagen worden, die durch ein gemeinsames Mischrohr gespeist werden (Fig. 34 und 35). Von dem

Mischrohr a sind die Brenner b abgezweigt, deren Köpfe d
an der Isolierplatte c angeordnet sind, welche zur Ablenkung
der Verbrennungsgase und als
Glockenträger dient. Die Glühkörper f sind durch mehrere
an der Isolierplatte befestigte
reflektierende Zwischenwände ab-
geteilt, welche neben einer gleich-
mäfsigen Lichtverteilung die Verhinderung gegenseitiger starker
Erhitzung der nahe nebenein-
ander angeordneten Brenner be-
zwecken. Die Zwischenwände
bestehen ebenfalls aus wärmeisolierendem Material.

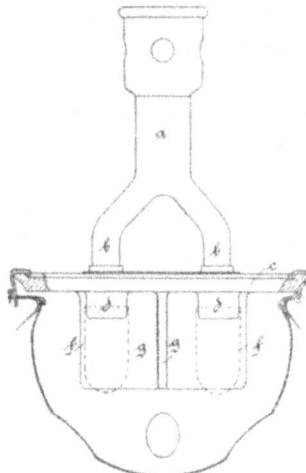

Bei den Lampen mit um
das Metallmischrohr angeordneten
Isolierplatten bleibt immer die
Möglichkeit bestehen, dafs infolge
der Wärmeleitung des Brenner-

Fig. 34.

rohres die Düse und das Gaszuführungsrohr erhitzt werden. Das
durch die Düse zuströmende Gas nimmt dann angenähert die
Temperatur der Düse an, so dafs der Auftrieb des Gases erhöht
wird. Hieraus erklärt sich, dafs
eine Invertlampe, die beim Anzünden ein gutes Licht liefert,
nach einiger Zeit dunkel brennt,
weil die Energie des zuflielsenden
Gases infolge der Erhitzung der
Düse vermindert wird. Soll dies
vermieden, ein Nachstellen des
Gaszuflufsventiles umgangen und
das möglicherweise eintretende
Durchschlagen der Flamme verhindert werden, so ist es zweck-

Fig. 35.

mäfsig, die Gasdüse auch gegen die leitende Wärme zu schützen.

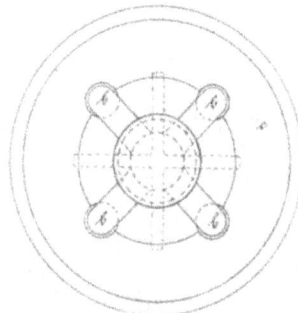

Den vorhandenen Vorschlägen entsprechend kann dies
dadurch erreicht werden, dafs isolierende Zwischenstücke ent-

weder zwischen den Brennerkopf und das Mischrohr, zwischen
das letztere und die Düse, oder zwischen diese und das Gaszuleitungsrohr eingeschaltet werden. Bei den Brennern der
Gesellschaft für hängendes Gasglühlicht wurde z. B. das
Metallmischrohr des Brenners aus zwei oder mehreren Teilen
zusammengesetzt, welche mittels schmaler wärmeisolierender
Zwischenlagen aus Asbest miteinander vereinigt sind, um
eine Überleitung der Hitze auf die Düse zu verhüten. Die

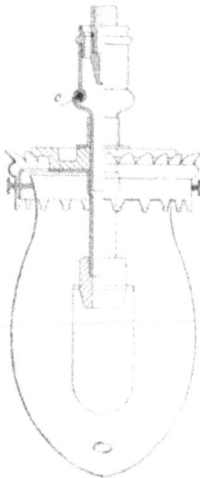

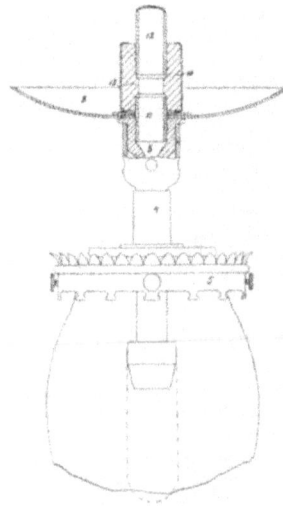

Fig. 36.　　　　　　　Fig. 37.

Brennermischkammer ist gegen das Mischrohr durch einen
Asbestring c (Fig. 36) isoliert; die Vereinigung der Misch-
rohrstücke ist durch Umpressen der Ränder um die Zwischen-
lage bewirkt worden. Allgemein wurde bei den Lampen der
Gesellschaft für hängendes Gasglühlicht ein Brennerkopf aus
feuerfestem Stoff benutzt. An Stelle des letzteren konnte
ein schwer verbrennbares Metallmundstück verwendet werden,
welches ebenfalls durch Umpressen der Teile von dem Mischrohr durch einen Asbestring getrennt ist; in gleicher Weise
wurde auch zwischen den Düsenstutzen und das Gaszuleitungsrohr ein Isolierring eingeschaltet, um zu verhindern,

dafs namentlich bei Gaskronen die als Zuleitung dienenden Kronenarme oder die Tragarme bei Wandlampen von der starken Hitze angegriffen und unansehnlich gemacht werden.

Die Zwischenschaltung des Isolierringes in die Verbindungsteile durch Umpressen hat sich augenscheinlich nicht bewährt; die Fortleitung der Wärme auf die Gaszuleitung wurde deshalb durch Zwischenschaltung einer zylindrischen Rohrmuffe 10 (Fig. 37) aus Isoliermaterial verhindert, in welche das in die Düse 3 geführte Rohrstück 11 eingeschraubt ist. Das Gaszuführungsrohr 12 der Lampenkrone ist in das obere Ende der Muffe eingeschraubt. Ein Rand 13 im Innern der Isoliermuffe hält die Kanten der Rohre 11, 12 in angemessenem Abstand, so dafs eine direkte Fortleitung der Wärme auf den Kronenarm verhindert wird. Bei der in Fig. 38 dargestellten Lampe sind die Lufteinlafsöffnungen 2 durch die aus wärmeisolierendem Material bestehende Muffe 10, in welche die Rohre 11 und 12 eingeschraubt sind, hindurchgeführt worden; die Muffe besitzt die axialen inneren Aussparungen bzw. Kanäle 16, welche mit den Luftöffnungen 2 in der Mischkammer zur Deckung gelangen. Um das Aufeinanderpassen der Kanäle 2 und 16 zu erleichtern, sind die Kanäle 16 nicht kreisrund, sondern segmentförmig ausgebildet (Fig. 38a). Die Abdichtung der Einlafsdüse 3 gegen die Rohrmuffe 10 kann durch einen Asbestring 17 gesichert und die Luftzufuhr durch Schieber 18, 19 geregelt werden. Zur Justierung der mit den Lufteinlafskanälen versehenen

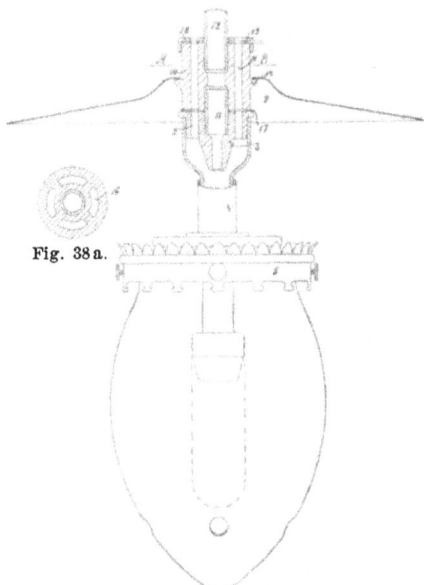

Fig. 38a.

Fig. 38.

Muffe kann man zweckmäfsig die Zutrittsöffnungen *2* der Mischkammer mit darüber hinausragenden Röhrchen versehen, welche in die Kanäle *16* der Isoliermuffe hineinragen.

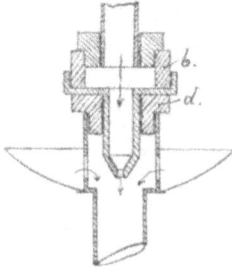

Fig. 39.

Wenn ein Isolierstück zwischen das Gaszuführungsrohr und die Düse eingeschaltet ist, wird zwar das Anlaufen der Kronenarme verhütet, die wärmeleitende Verbindung zwischen Düse und Mischrohr bleibt aber bestehen; die Folge ist dann die Erhitzung der Düse. Bei den bekannten Kramerlampen (Dr.-Ing. Kramerlicht-Gesellschaft m. b. H. in Charlottenburg) wird die Überhitzung der Düse in wirksamer Weise dadurch verhindert, dafs ein isolierendes Zwischenstück unmittelbar vor und hinter der Düse eingeschaltet ist. Die kappenförmige Düse ist mit dem Mischrohr durch eine Muffe *d*, mit dem Gaszuleitungsrohr mittels einer Muffe *b* verbunden (Fig. 39); beide Muffen bestehen aus Fiber, Speckstein, Porzellan od. dgl. Die Verbindung der oberen Isoliermuffe mit dem Gasarm wird durch ein Zwischenstück aus Metall oder Isoliermaterial bewirkt. Bei den Kramerlampen ist eine solche Isolierung der Düse von besonderer Wichtigkeit, da grundsätzlich eine kräftige Beheizung des Mischrohres durch Wärmeleitung beabsichtigt wird. Ebenso wie Kramer hält auch Bachner in Berlin eine möglichste Kühlung der Düse für durchaus notwendig. Während jedoch ersterer die Erhitzung

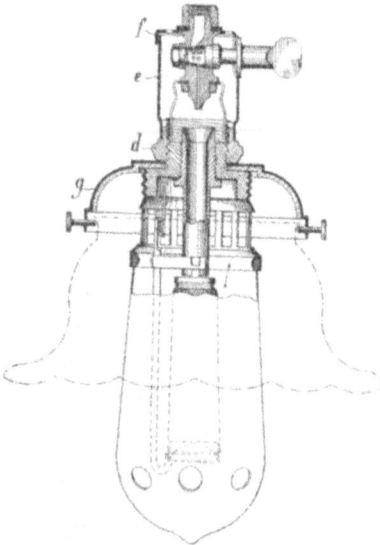

Fig. 40.

der Brennermischkammer als vorteilhaft ansieht, wird bei den Bachnerschen Lampen (Fig. 40) die Wärmeleitung zur Mischkammer und zur Düse durch Vermeidung jeder metallischen Verbindung zwischen dem Brennerrohr einerseits und der Mischkammer mit Düse anderseits verhindert. Das Gas strömt durch einen Hahn zur Düse und aus dieser in das Mischrohr; das letztere ist von einem Ring d aus Isoliermaterial umgeben. Dieser mit Gewinde versehene Ring verbindet den oberen Teil des Lampenträgers, also den Hahn und die Düse in der Weise, daß sich die Metallteile nicht berühren und eine Wärmeleitung vom Brennerrohr zur Düse und den Gasarm verhindert wird. Der Brennermischraum wird von der Hülse e umschlossen, durch die der Hahn geführt ist; beide können die Form der üblichen Fassung mit Schalter der elektrischen Glühlampen haben. Die Hülse wird von einem Teller f getragen, durch deren Ausstanzungen die Mischluft eintritt. Eine Schale g dient zum Auffangen der Abgase; sie ist unter Zwischenschaltung von Asbest aufgeschraubt und trägt die Lampenglocke; die Verbrennungsgase können durch einen Zwischenraum zwischen Schale und Glocke entweichen. Diese Ableitung der Abgase erscheint insofern bedenklich, als eine Stauung derselben unterhalb der Schale eintreten dürfte, ein Umstand, der, den Ergebnissen der neueren Untersuchungen

Fig. 41.

entsprechend, nach denen bei Invertlampen für einen möglichst ungehinderten Abzug der Verbrennungsgase Sorge zu tragen ist, die Wirkung der Lampe zu beeinträchtigen geeignet ist.

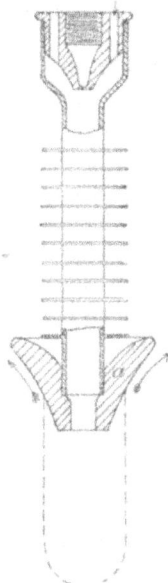

Neben dem Grundsatz der Kühlung des Brenners durch Zwischenschaltung schlechter Wärmeleiter ist eine ähnliche Wirkung dadurch zu erreichen versucht worden, daß die Wärmeausstrahlungsflächen der erhitzten Brennerteile vergrößert wurden. Die Vorschläge zur Ausgestaltung dieses

Gedankens gingen wiederum von der vormaligen Gesellschaft
für hängendes Gasglühlicht aus. Die einfachste Einrichtung
bestand naturgemäfs darin, dafs die Ausstrahlungsfläche des
Brennerrohres vergröfsert wurde, indem auf dem Umfang des
letzteren Heizrippen angeordnet
wurden (Fig. 41). Zum seitlichen
Ableiten der Verbrennungsgase
wurde ein kegelartig gestaltetes
Brennermundstück aus feuerfestem Material benutzt. Dafs
diese Brennerkopfform allein
nicht geeignet war, den Zutritt
der aufsteigenden Abgase zur
Mischkammer zu verhindern,
liegt auf der Hand.

Die Anordnung von Heiz-
rippen auf dem Brennerrohr ist
auch von Farkas in Paris durchgeführt worden (Fig. 42). Das
Bunsenrohr ist von einem zweiten Rohr umhüllt, so dafs eine
isolierende Luftschicht zwischen
beiden Rohren vorhanden ist.
Auf dem äufseren Rohr sind die
Rippen angeordnet, welche aus
einem guten Wärmeleiter hergestellt sind und die aufgenommene
Hitze durch Strahlung nach aufsen
von dem inneren Mischrohr fern-
halten. Unter den Luftzutrittsöffnungen d ist eine Ablenkungs-

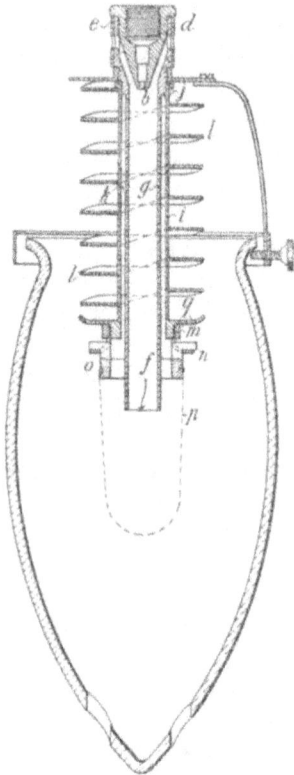

Fig. 42.

platte für die Verbrennungsgase vorgesehen; die Regelung der
Luftzufuhr erfolgt mittels eines Regulierringes e. Um das Mischrohr g ist ein Rohr i angeordnet, so dafs ein Ringraum k entsteht, der nur unten mit der Aufsenluft kommuniziert. Auf
dem Rohr i sind schraubenförmig gewundene Rippen l vorgesehen, so dafs eine möglichst grofse Strahlungsfläche entsteht.
Von den Rippen werden die Verbrennungsgase durch eine am

unteren Rande des Rohres *i* angeordnete Scheibe *q* abgelenkt. Der Glühkörper wird mittels des Tragringes an Klauen *n* aufgehängt, welche auf einem über das Rohr *i* geschraubten Ring *m* befestigt sind. Je nach der Form des Glühkörpers kann die Mündung *f* des Mischrohres mehr oder weniger tief in den Glühkörper *p* geführt werden.

Anstatt der beschriebenen Rippenanordnung wird bei den Lampen von Ernst Lehmann in Glogau die Vorrichtung zum Ablenken der Verbrennungsgase mit einer kräftigen

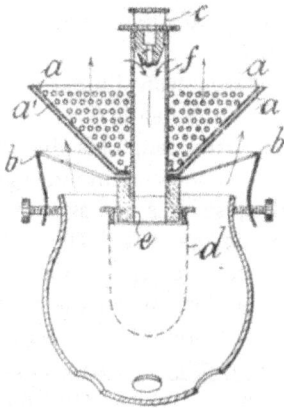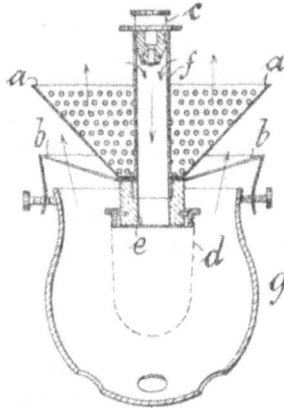

Fig. 43.   Fig. 44.

Wärmeausstrahlung vereinigt, indem zwischen dem Mischrohr und der Brennerkopfmündung Siebe oder Drahtgeflechte angeordnet sind (Fig. 43 und 44). Der Brenner besteht aus dem an dem Gasstutzen *c* befestigten Mischrohr *f*, dessen Ausströmungsöffnung von einem aus schlecht leitendem Material bestehenden Mundstück *e* umgeben ist, an welchem der Glühkörper *d* in beliebiger Weise angebracht ist. Umgeben wird der Körper von einer Glocke *g*, welche von dem Ring *b* gehalten wird. Um bei einer derartigen Anordnung die der Erwärmung leicht ausgesetzten Metallteile, namentlich das Mischrohr, zu schützen, ist um diese innerhalb des Halterings *b* ein Mantel *a* angeordnet, der auf dem Brennerkopf befestigt oder aber mit dem Mischrohr verbunden sein kann. Dieser

Mantel a von trichter-, kugelförmiger od. dgl. Gestalt ist siebartig durchlöchert. Statt eines Mantels können zwei oder mehr
solcher Mäntel a, a' benutzt werden, wobei es zweckmäfsig ist,
die Löcher der einzelnen Mäntel nicht übereinander liegend
anzuordnen. Zwischen den einzelnen Mänteln kann ein Spalt,
gegebenenfalls eine luftdurchlässige Asbestzwischenlage vorgesehen sein. Auf das Sieb oder Drahtgeflecht wird die Hitze
unmittelbar übertragen und von hier ausgestrahlt. Durch
die Lampe selbst geht von unten nach oben ein Luftzug,
welcher auch durch das Sieb streicht, soweit er nicht zur
Seite gelenkt wird und seine Wärme an dieses und mit
Hilfe des Siebes an den Raum abgibt.

Selbst wenn angenommen wird, dafs durch die Siebe eine
den Betrieb des Brenners günstig beeinflussende Wärmeausstrahlung stattfindet, so ist doch zu erwarten, dafs die aufsteigenden Verbrennungsgase die Sieblochungen durchdringen
und in das Mischrohr gesaugt werden, so dafs ein sauerstoff-
armes Gasluftgemisch zur Verbrennung gelangt. Dies trifft
augenscheinlich, vielleicht aber in geringerem Mafse auch für
diejenigen Lampen von Lehmann zu, bei denen die Strahlungsfläche unmittelbar mit dem Glühkörpertragring verbunden, jedoch entweder ganz aufser Berührung mit dem Mischrohr und dem mit diesem verbundenen Brennermundstück
gebracht, oder aber durch einen lockeren, die Wärme schlecht
leitenden Stoff mit dem Mischrohr verbunden ist (Fig. 45).
In die Mündung des trichterförmigen Siebes ist ein kegelförmiger Glühkörpertragring eingesetzt, welcher durch Lappen,
Niete oder durch Umbördelung festgehalten wird. Dieser
Ring c hat Ausschnitte d, in welche der entsprechend geformte Glühkörpertragring eingesetzt ist. Der Haltering c ist
mit Durchbrechungen g versehen, durch welche die Verbrennungsgase aus dem Innern des Glühkörpers entweichen. Die
überragenden Lappen des Strahlungssiebes können dazu dienen,
die über dem Haltering c liegenden Enden des Glühkörpertragringes zu fassen. Um zu gewährleisten, dafs die Verbrennungsgase durch die Abzugsöffnungen g und nicht etwa durch
den Raum zwischen dem Sieb und dem Mischrohr entweichen
und an letzterem emporschlagen, ist um das Mischrohr inner-

halb des Halteringes c ein Abschlufsstück f von beliebiger Länge und Stärke aus einem die Wärme nicht leitenden Stoffe, z. B. Asbestwatte, angeordnet. Keinesfalls sollen an dieser Stelle sich Körper aus Speckstein, Magnesia, geprefstem Asbest usw. befinden, da auch alle diese festen Körper mit der Zeit glühend heifs werden und dann ebenfalls Hitze abgeben. Das Sieb kann durch besondere, oben am Mischrohr befestigte Träger gehalten werden.

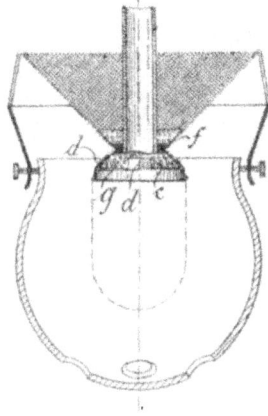

Der Ring c kann aber auch horizontal oder mit dem Mischrohr parallel laufen (Fig. 46) und mit Einkerbungen oder Ansätzen für entsprechende Einrichtungen am Glühkörpertragring versehen sein. Die Durchbrechungen g sind in ähnlicher Weise wie in Fig. 45 vorgesehen. Ragt das Mischrohr hierbei in den Verbrennungsraum hinein, so mufs das mit ihm fest verbundene Mundstück aus schlecht leitendem Stoffe bestehen.

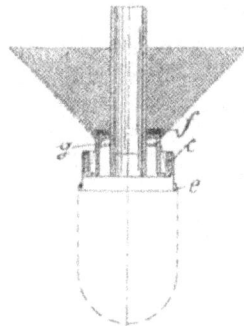

Fig. 45.

Bei der Befestigung des Siebes oder Drahtgeflechtes am Mischrohr oder an dem mit diesem fest verbundenen Mundstück war eine metallische Berührung dieser Teile nicht zu umgehen. Um diese aber zu vermeiden und dadurch die gute Wirkung des Brenners zu erhöhen, ist bei den Brennern gemäfs Fig. 47 und 48 das Sieb oder Drahtgeflecht nach oben verlängert und mit dem Mischrohr, der Düse oder dem Gasstutzen in Verbindung gebracht. Mit dieser Anordnung wird beabsichtigt, dafs die Verbrennungsgase auch von diesem Teil des Brenners besser abgehalten werden und, falls das Sieb auch die Düse umschliefst, dafs die für das Gas-

Fig. 46.

gemisch erforderliche Luft, indem sie das Sieb durchströmt,
erwärmt wird.

Die aus einem oder mehreren Sieben oder Drahtgeflechten
bestehende Strahlungsfläche von beliebiger Gestalt, welche das
Mischrohr in geeignetem Abstande umgibt, ist bis zur Düse
geführt und an dieser befestigt. Zweckmäßig ist der obere
Teil des Strahlungskörpers a erweitert oder ausgebaucht. Die
Befestigung des letzteren, die auch statt an der Düse an dem
Gasstutzen erfolgen kann, geschieht entweder direkt oder
durch Zwischenfügen eines Isolierstückes. Es ist nicht erforderlich, daß der Strahlungskörper auch die Düse um-

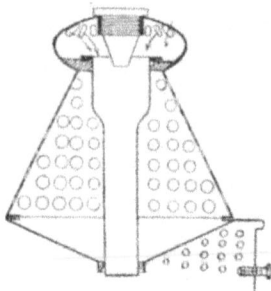

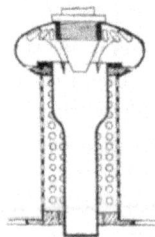

Fig. 47.   Fig. 48.

schließt. Derselbe kann auch am Rande des Mischrohres
endigen. Die Zuführung der Luft zur Mischkammer erfolgt
dann durch eine gelochte Kapsel, welche mit dem Strahlungskörper durch Umbördelung, Nieten usw. verbunden wird.
Gegebenenfalls kann an der Verbindungsstelle dieser beiden
Teile das Mischrohr gegen die Strahlungsfläche noch durch
ein Isolierstück abgedichtet sein. Das Mischrohr selbst
ist in einem zwischen ihm und dem Strahlungskörper liegenden, aus Wärme nicht leitendem Material bestehenden Zwischenstück befestigt, welches mit den Streben des Glockenhalters
verbunden sein kann. Diese Befestigung kann auch so geschehen, daß das Mischrohr gegen die Düse zwecks Regelung der Luftzufuhr verstellbar ist.

Wohlgerechtfertigt ist heute die Auffassung der Sachverständigen, daß die Vergrößerung der Wärmeausstrahlungs-

flächen der erhitzten Brennerteile allein die Wirkung des
Brenners kaum merklich beeinflufst, wenn nicht aufserdem
die diesbezüglichen Einrichtungen mit anderen Vorrichtungen
zum Kühlhalten des Brenners kombiniert werden. Bereits
bei den zuletzt genannten Lehmannschen Brennern, deren
Einführung in die Praxis bisher nicht gelungen zu sein scheint,
wird neben der vergröfserten Wärmeausstrahlungsfläche das
Mischrohr vollkommen isoliert gelagert und aufser Verbindung mit der Düse gebracht. Eine auf demselben Prinzip
beruhende Kombination ist von der Aktiengesellschaft vorm. C. H. Stobwasser in Berlin
vorgeschlagen worden. Das Brennerrohr weist
mehrere Unterbrechungsstellen auf, die mit
wärmeisolierendem Material überbrückt sind,
so dafs die direkte Wärmeleitung erschwert
wird; gleichzeitig sind zweckmäfsig an den
Unterbrechungsstellen Wärmeleitungskörper
von grofser Oberfläche befestigt, welche die
ihnen zugeführte Wärme durch Strahlung
leicht abgeben. Über dem Brennerkopf (Fig. 49)
aus Isoliermaterial ist eine Metallschale gestülpt, die teilweise aus der oberen Mündung
der Glocke herausragt und die ihr durch den

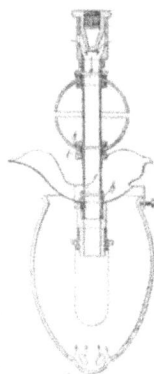

Fig. 49.

Brennerkopf durch Leitung zugeführte Wärme durch Oberflächenstrahlung an die Umgebung abführt, gleichzeitig aber
auch die Abgase seitlich ableitet. An das Brennermundstück
schliefst mittels eines wärmeisolierenden Zwischenstückes *h*
das Mischrohr an, das in der Mitte eine zweite Unterbrechungsstelle aufweist. An dieser ist eine etwa halbkugelig gestaltete Metallkappe zwischen zwei Isoliermuffen *i k* gelagert,
und in gleicher Weise wird eine zweite Kappe an der
Unterbrechungsstelle zwischen dem Mischrohrstutzen und dem
Brennerrohr eingeschaltet. Die Kappen geben ebenfalls durch
Oberflächenstrahlung Wärme ab; ihre Ränder können einander frei gegenüberstehen oder auch durch eine zwischen-
geschaltete Isolierlage miteinander verbunden werden.

Von den Einrichtungen, durch welche eine möglichste
Kühlung des Brenners bezweckt werden sollte, sind noch die-

3*

jenigen mit künstlicher Luftkühlung der Gesellschaft für
hängendes Gasglühlicht zu erwähnen. Bernt benutzte einen
auf dem Mischrohr angeordneten Kegel zum seitlichen Ablenken der Verbrennungsgase. Anstatt des letzteren wurde
von der Gesellschaft für hängendes Gasglühlicht ein kegelförmiger Metallmantel um das Mischrohr gelegt, der auf dem
Brennerkopf aus Isoliermaterial gelagert ist (Fig. 50), so dafs
das Brennerrohr vollkommen gegen die Abgase abgeschirmt

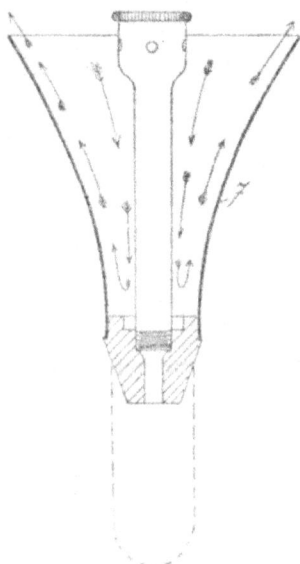

wird. Um den Rückflufs der
letzteren zur Brennermischkammer zu verhindern, ist diese unterhalb des oberen Randes des Ab-
lenkungsmantels gelagert. Die
äufsere Wandung desselben wird
von den aufsteigenden Abgasen
bestrichen; infolgedessen soll innerhalb des Mantels ein Kreis-
lauf kühler Luft hervorgerufen
werden, die das Brennerrohr dau-
ernd umspült. Eine erhöhte Kühlung durch künstlichen Luftzug
wurde durch Anordnung eines
Doppelmantels um das Mischrohr
beabsichtigt (Fig. 51). Der Doppelmantel 24, 25 ist oberhalb des
Brennerkopfes 3 aus Isoliermaterial auf das Mischrohr aufgeschraubt. Der innere Mantel 24

Fig. 50.

ist an seinem Boden mit Öffnungen 33 versehen, durch welche
infolge der Erhitzung der Luft durch die aufsteigenden heifsen
Verbrennungsgase in dem von den Wandungen der beiden
Mäntel begrenzten Raum 27 frische, das Mischrohr kühlende
Luft aus dem Ringraum 26 zwischen dem inneren Mantel und
dem Brennerrohr in den Raum 27 nachströmt, so dafs während des Betriebes der Lampe eine ständige Luftzirkulation
um das Mischrohr stattfindet. Um die Kühlwirkung zu erhöhen, kann um das Mischrohr ein zweites Rohr 28 von
grofser Oberfläche gelagert werden, welches durch Strah-

lung die aufgenommene Hitze an die Aufsenluft abgibt. Der
obere Rand des Aufsenmantels ist nach unten umgebogen
und dient zur üblichen Befestigung der Glocke mittels Stellschrauben. Für den Abzug der Verbrennungsgase sind in der .
Umbiegung des Aufsenmantels Öffnungen *34* vorgesehen.

Die Ableitung der Ver-
brennungsgase von der Brennermischkammer wurde bis-
her durch Platten, Schalen
oder Mäntel bewirkt, die um
das Mischrohr angeordnet
werden. Diese Einrichtungen
erfüllen ihren Zweck nur un-
vollkommen, weil durch die
aufsteigenden Abgase um das
Mischrohr eine mehr oder
weniger sauerstoffarme Zone
geschaffen wird. Sowohl
durch den Zuflufs sauerstoff-
armer Luft in den Brenner
als auch durch die Erwär-
mung der die Luftzutrittsöffnungen ummantelnden Zone
wird naturgemäfs die Leuchtkraft des Glühkörpers vermindert; hierauf ist auch
häufig das lästige Rufsen und
Riechen einzelner Lampen

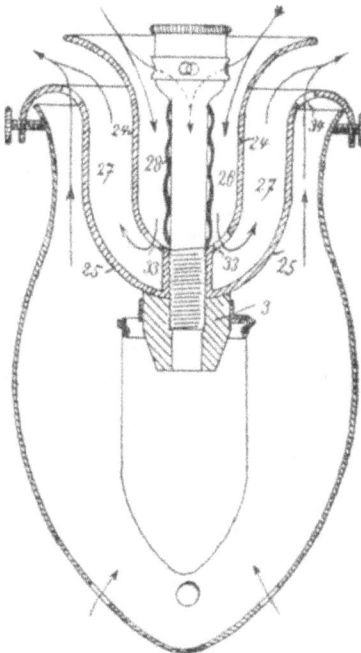

Fig. 51.

zurückzuführen. Dieser Übelstand wird bei zahlreichen neueren
Lampensystemen heute dadurch beseitigt, dafs die Vorrichtung
zum Auffangen der Abgase mit nur einem seitlichen Auslafs
versehen ist. Hierdurch können die Verbrennungsgase nur
durch eine Austrittsöffnung in der Auffangplatte auf einer Seite
der Brennermischkammer abziehen, so dafs eine Erhitzung der
die Mischkammer umgebenden Luft im wesentlichen nur infolge
der Wärmeausstrahlung der Brennerteile stattfinden kann. Die
Abgase entweichen aus der einseitigen Abzugöffnung in so
scharfem Strahl, dafs ein Zurücksaugen in die Brennermisch-

kammer kaum stattfindet. Brenner dieser Gattung wurden
zuerst von C. Reifs-Berlin hergestellt (Fig. 52), bei denen
aufserdem die Überhitzung der Mischkammer des Brenners
durch Einschaltung einer isolierten Kammer zwischen das

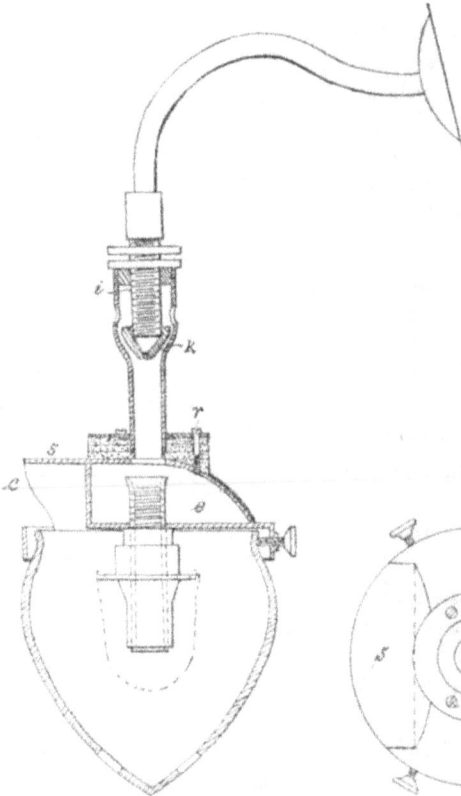
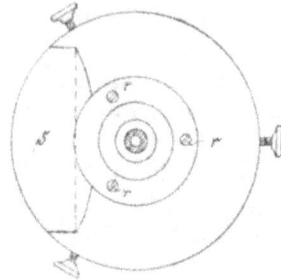

Fig. 52.   Fig. 52a.

Bunsenrohr und die Auffangplatte verhütet wird. Das Mischrohr des Brenners ist mit dem Gaszuleitungsstutzen i durch
Verschraubung verbunden. Die Mündung des letzteren wird
durch eine Düse k mit konisch gestalteter Aufsenfläche abgeschlossen, die der Einschnürung des Mischrohrs angepafst ist.
Durch Einstellung des Mischrohrs auf dem Gaszuleitungs-

stutzen kann der Ringraum zwischen der Düse und der Einschnürung des Bunsenrohres vergröfsert oder verkleinert und dadurch die Zufuhr der in das Mischrohr angesaugten Luftmenge geregelt werden. An den oberen Mischrohrstutzen ist eine Kammer e angeschlossen und zwischen beide mehrere Schichten aus Isoliermaterial eingeschaltet; mehrere Schrauben r dienen zur Verbindung beider Teile. Der den Brennerkopf tragende untere Mischrohrstutzen ist mittels Gewindes durch den Boden der Kammer geführt und kann in bezug auf die Mündung des oberen Mischrohrstutzens eingestellt werden. An einem nach unten vorspringenden Ring des Kammerbodens wird die Glocke in der üblichen Weise durch Stellschrauben gehalten. Zweckmäfsig an der dem Gaszuleitungs-

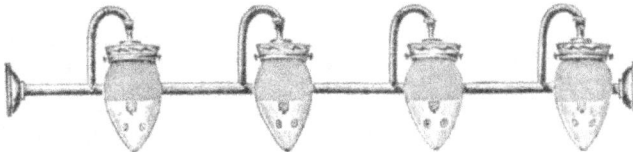

Fig. 52 b.

rohr entgegengesetzten Seite ist die Kammer mit einer kastenartigen Durchtrittsöffnung c versehen, die durch eine wagerecht gelagerte Platte s überdeckt ist, so dafs die durch die Öffnung entweichenden Abgase seitlich abgeführt werden.

Bei den neuerdings im Handel befindlichen Reifsbrennern ist die Kammer e, deren Anordnung sich anscheinend nicht bewährt hat, fortgelassen, es wird ein gerades Brennerrohr benutzt, welches von einer Auffangschale mit einseitiger Auslafsöffnung umschlossen wird. Fig. 52 b veranschaulicht mehrere solche an ein Gasrohr angeschlossene Lampen für Schaufensterbeleuchtung.

Nach demselben Prinzip sind die Lampen von Wilhelm Schmitz in Hamburg gebaut (Fig. 53). Um eine Beschädigung der Lampenteile durch die aufsteigenden Verbrennungsgase zu verhüten, ist in der Auffangplatte der durch Tragarme am Brenner gehaltenen Glockengalerie ein langer Abzugkanal vorgesehen, durch den die Abgase in scharfem

Strahl seitlich abgeleitet werden. Auch die nach dem Berntschen System konstruierten Lampen englischen Ursprungs
werden vielfach so ausgeführt, daſs die Verbrennungsgase ein-
seitig abgeleitet werden. Um die schädliche Einwirkung der
heiſsen Verbrennungsgase auf die Armatur und das Gaszuleitungsrohr zu beseitigen, ist über dem Porzellanprallkegel 6
(Fig. 54) ein Hut 10 gelagert, welcher nur eine Abzugsöffnung 12 besitzt, so daſs die Abgase von den entsprechenden
Lampenteilen abgelenkt
werden. Die Abzugsöff-
nung 12 ist dem Gaszu-
leitungsrohr gegenüber
angeordnet, so daſs dieses
von den Verbrennungs-
gasen nicht berührt wird.
Die Glocke wird an einem
den unteren Rand des
Hutes dicht umschlie-
ſsenden Ring 7 befestigt,
welcher durch Träger
mit dem Brenner- oder
Gaszuleitungsrohr ver-
bunden ist. Der Hut 10
kann auch selbst als
Träger für die Lampen-
glocke ausgebildet wer-
den (Fig. 54 a und 54 b)
und ebenso kann der

Fig. 53.

Hut mit dem Prallkegel erforderlichenfalls aus einem Stück
bestehen. Die seitliche Ablenkung der Verbrennungsgase wird
zweckmäſsig noch durch einen über der Abzugsöffnung 12
vorgesehenen Deflektor 16 gesichert.

Um nach dem Anbringen der Lampe den einseitigen Aus-
laſs für die Abgase so zu verlegen, daſs diese die Gaszuführungsrohre, Kronen- oder Tragarme nicht treffen, wird meistens
die als Glockenträger ausgebildete Auffangplatte drehbar um
das Mischrohr angeordnet. Die Verlegung der Abzugsöffnung nach einer bestimmten Richtung wird bei den von

Adolf Eisner in Berlin vorgeschlagenen Lampen dadurch
erreicht, dafs die als Glockenträger ausgebildete Auffangplatte
mit mehreren Austrittsöffnungen versehen ist, über der ein
Schieber mit nur einer Abzugöffnung einstellbar gelagert
ist (Fig. 55). Der Schieber *a* ist mit einer einzigen Durchbrechung *b* versehen und um das Mischrohr der Invertlampe
oberhalb des Trägers der Schutzglocke drehbar befestigt.

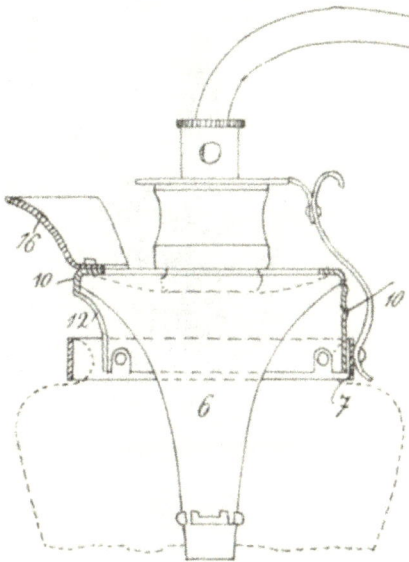

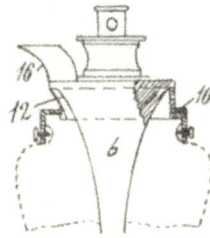

Fig. 54 a.

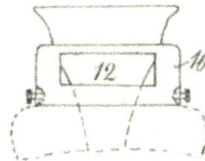

Fig. 54.

Fig. 54 b.

Die Scheibe *a* ist derart gedreht worden, dafs das gebogene
Gaszuführungsrohr von den ausströmenden Abgasen nicht getroffen und beschädigt werden kann. Infolge dieser Anordnung kann nicht nur die Richtung des Abzuges der heifsen
Verbrennungsgase verlegt werden, sondern es ist gleichzeitig
eine Änderung der Gröfse der Abzugsöffnung und damit eine
Regelung des Abzuges möglich.

Anstatt einer Abzugsöffnung für die Abgase sind vordem
bei den Lampen der Gesellschaft für hängendes Gasglühlicht
mehrere Austrittslöcher in der Auffangplatte angeordnet und

durch gewölbte Schalen überdeckt worden, welche die Verbrennungsgase seitlich ableiten (Fig. 56). Diese Lampen sind
von Eitner so umgebaut worden, daſs die Abzüge an den
gewölbten oder ausgebuchteten Schalen durch Verschluſsklappen od. dgl. abgesperrt werden können (Fig. 57). An
den Ausbuchtungen h der Abdeck- und Ablenkungsplatte sind
Verschluſsklappen i mittels Scharnieren k angelenkt. Die

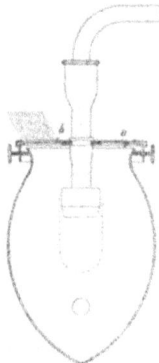

Fig. 55.

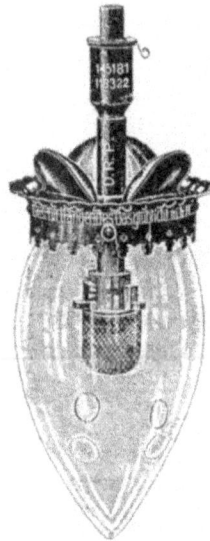

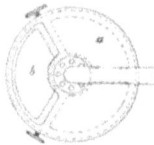

Fig. 55 a.　　　　　　　　Fig. 56.

Klappe i^1 ist geöffnet dargestellt, während die Klappen i^2 und
i^3 heruntergeklappt sind und die Abzugsöffnungen abschlieſsen.
Die Abgase können daher in der dargestellten Lage der Klappen
nur durch die dem Gaszuführungsrohre entgegengesetzt gerichtete, unverschlossene Abzugsöffnung entweichen.

　　Die Regelung des Abzuges der Verbrennungsgase erfolgt
hierbei dadurch, daſs je nach Erfordernis die eine oder andere
Klappe geöffnet oder geschlossen wird. Eine gleichwertige
Einrichtung zur Regelung des Abzuges der Abgase ist auch
an denjenigen Lampen der Gesellschaft für hängendes Gas-

glühlicht getroffen worden, bei welchen die Abschirmplatte aus Isoliermaterial unmittelbar am Brennerkopf befestigt oder mit diesem aus einem Stück hergestellt ist (Fig. 58), Die Platte wird von mehreren Bohrungen oder Rohren durchbrochen, welche schräg nach aufsen verlaufen und in ihren oberen Teilen vorteilhaft einen geringeren Durchmesser haben als an der unteren Seite. Die Regelung des Abzuges der Verbrennungsgase erfolgt durch Schieber oder Stöpsel, welche die Rohrmündungen mehr oder weniger abschliefsen. Die Rohre

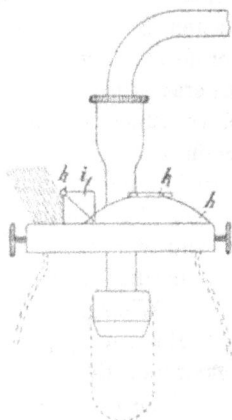

Fig. 57.

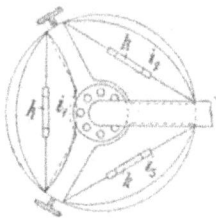

Fig. 57 a.

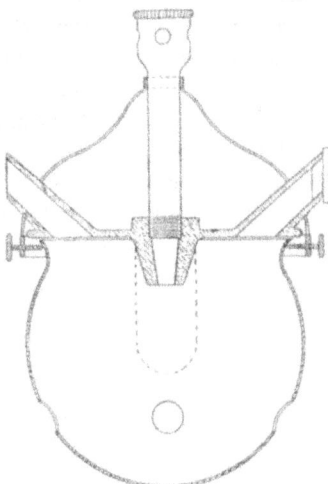

Fig. 58.

können aus Metall oder Isoliermaterial bestehen und in beliebiger Art in oder an der Platte befestigt werden.

Die von dem Glühstrumpf aufsteigenden heifsen Verbrennungsgase werden durch die schräg nach aufsen verlaufenden Röhren der Abschirmplatte hindurch zur Seite abgeführt, ohne dafs sie senkrecht nach oben steigen und das Mischrohr erhitzen können. Das letztere bleibt demzufolge während des Brennens der Lampe kühl, da frische, kühle Luft das Brennerrohr ungehindert von allen Seiten umspülen kann und die schon an der Mündung zur Seite abgelenkten Verbrennungsgase diese Kühlwirkung nicht beeinträchtigen.

Die Frage, ob die künstlichen Mittel zur Erreichung einer Kühlung des Brennerrohres von besonderer Wirkung auf die Lichtstärke und den Gasverbrauch einer Invertlampe sind, wird heute bei weitem von den meisten Sachverständigen verneint. Wenn bei einem abwärts gerichteten Brenner nach längerer Brennzeit der stationäre Temperaturzustand erreicht ist, vermag weder die Einschaltung eines schlechten Wärmeleiters in das Mischrohr noch die Erhöhung des Wärmeausstrahlungsvermögens einzelner Brennerteile den Betrieb des Brenners wesentlich günstiger zu gestalten. Bei den neuesten Brennern ist deshalb auch allgemein von der Verwendung solcher Mittel Abstand genommen, die nur die Herstellungskosten der Lampen erhöhen. Von gröfster Wichtigkeit bleibt stets eine zweckmäfsige Ableitung der Verbrennungsgase, die unter allen Umständen von der Saugkammer des Brenners ferngehalten werden müssen. In dieser Hinsicht haben die letzthin erwähnten Einrichtungen zum Ableiten der Verbrennungsgase grundlegende Bedeutung erlangt.

Dritter Abschnitt.

Invertbrenner mit mehr oder minder gesteigerter Vorwärmung des Gasluftgemisches im Brennerrohr.

Bei aufrechtstehenden Gasglühlichtbrennern wird diejenige Bunsenflamme am besten ihren Zweck erfüllen, die sich möglichst der Form des benutzten Glühkörpers anschmiegt. Der erweiterte Kopf des Brenners entspricht dabei dem Querschnitt der unteren Glühkörperöffnung; sämtliche Gasmoleküle müssen ihrem natürlichen Auftrieb folgend die einzelnen Zonen der erzeugten Bunsenflamme durchstreichen und gelangen innerhalb des Glühkörpers zur Verbrennung. Die beste Lichtwirkung des letzteren wird erreicht, wenn die Glühkörperwandung sich möglichst in der äußeren heißesten Flammenzone befindet. Will man mit einem gewöhnlichen umgekehrten Bunsenbrenner mit erweitertem Kopf dieselbe Wirkung erzielen, so tritt zunächst die Erscheinung ein, daß infolge der Zufuhr des Gasluftgemisches dem natürlichen Auftrieb entgegengesetzt einzelne Gasmoleküle mehr oder weniger unverbrannt am Brennerkopfrande sofort nach oben umkehren, gleichviel, ob der Glühkörper den Brennerkopf eng umschließt oder mit Abstand von der Wandung desselben angeordnet ist. Diese nachteilige Erscheinung macht sich dadurch bemerkbar, daß in geschlossenen Räumen außer dem infolge der unvollkommenen Verbrennung herbeigeführten üblen Geruch häufig auch noch ein scharfer Gasgeruch verspürt wird. Mannesmann verhinderte die sofortige Umkehrung des Gasluftgemisches an der Brennermündung dadurch, daß er dieses in einem

Strahl von geringerem Querschnitt, als der Glühkörper hat,
in der Mitte des letzteren einführte, während nach ihm Bernt
unter Beibehaltung dieses auch bereits von Kent vorgeschlagenen Prinzips die Verbrennungsgase zum Teil durch den Raum
zwischen der Brennerkopfwandung und dem Glühkörpertragring abziehen ließ, nachdem bei den ersten Versuchen eine
vollkommene Verbrennung des Gasluftgemisches durch Verwendung eines tief in den Glühkörper geführten, siebartig
gelochten Mundstückes von etwa gleichem Durchmesser wie
das Brennerrohr zu erreichen versucht worden war. Ob bereits
Bernt die außerordentliche Bedeutung des bei den meisten
neueren Invertbrennern ohne Abzugschornstein durchgeführten
Grundsatzes der Belassung eines freien Abzugspaltes für die
Verbrennungsgase zwischen der Brennerkopfwandung und
dem Glühkörper erkannt hat, mag dahingestellt bleiben; nach-
gewiesen ist durch einen der hervorragendsten Sachverständigen
auf dem Gebiete des Beleuchtungswesens, Prof. Drehschmidt,
daß die gute Wirkung eines hängenden Brenners nur erreicht
werden kann, wenn zwischen der Aufhängevorrichtung für den
Glühkörper und dem Brennerkopf ein ausreichender freier
Spalt für den Abzug der Verbrennungsgase vorhanden ist,
und die erzeugte Bunsenflamme sich möglichst der Innenwandung des Glühkörpers anpaßt, die von dem absteigenden
und wieder umkehrenden Gasluftstrom beheizt wird, ohne daß
die Glühkörpermaschen von einem beträchtlichen Teil der
Verbrennungsgase durchdrungen werden. Wenn nach den
Drehschmidtschen Versuchen der Abzugkanal zwischen
Brennerkopf und Glühkörperträger dicht abgedeckt wird, die
Verbrennungsgase den Glühkörper also durchdringen müssen,
so tritt neben einer beträchtlichen Verminderung der Leuchtkraft des Glühkörpers sogar häufig ein Rußen der Flamme
ein. Um den Nachweis zu führen, daß bei einem gut leuch-
tenden Brenner nur eine geringfügige Durchdringung des
Glühkörpers durch die Verbrennungsgase stattfindet, wurde
etwas festes Jod auf den Boden der Glasumhüllung des Glühkörpers gebracht; die sich entwickelnden Jodgase färbten die
Flammengase infolge der Einwirkung auf das Metall des Aufhängeringes grün. Diese Färbung war aber nicht außen am

Glühkörper, sondern zwischen diesem und dem Brennerkopf zu beobachten, ein Beweis, dafs die Verbrennungsgase den Glühkörper im wesentlichen nur innen bespülen und danach zwischen dem Brennerrohr und dem Tragring abziehen.

Bei weitem die meisten zurzeit im Handel vorhandenen Invertbrenner sind deshalb so ausgeführt, dafs die Verbrennungsgase unmittelbar aus dem Glühkörperinnern nach oben abziehen können. Bei den neuesten Brennern ist überdies allgemein auch von einer Verengung des Querschnitts der Austrittsöffnung des Brennerkopfes Abstand genommen und dieser zur Erzielung einer vollkommenen Verbrennung des Gasluftgemisches wieder um ein beträchtliches Stück in den Glühkörper hineingeführt worden. Jenes Prinzip der Abführung der Verbrennungsgase ging Hand in Hand mit der daraus sich ergebenden Notwendigkeit, die Verbrennungsgase möglichst zur Beheizung des unteren Mischrohrstutzens auszunutzen, nachdem erwiesen worden war, dafs eine Vorwärmung des Gasluftgemisches an dieser Stelle sogar eine Erhöhung der Leuchtkraft des Glühkörpers zur Folge hat. Wenn der Glühkörper an der oberen Öffnung abgedeckt wird, ist eine Ansammlung des Gasluftgemisches innerhalb des Strumpfes vor dem Anzünden des Brenners kaum zu verhindern; die Folge davon ist dann eine explosionsartige Zündung, der auf die Dauer auch der haltbarste Glühkörper nicht gewachsen ist. Wenn hingegen das explosive Gasluftgemisch vor dem Anzünden des Brenners frei nach oben aus dem Strumpfinnern abziehen kann, wird eine für den Glühkörper wesentlich ungefährlichere Zündung erreicht.

Von den Invertlampen, die unter Berücksichtigung der erwähnten Grundsätze gebaut und in den Handel gebracht werden, sind insbesondere diejenigen von E h r i c h und G r ä t z, der Auergesellschaft und der Dr.-Ing. Kramerlicht-Gesellschaft in Berlin zu erwähnen.

Die nach dem System Mannesmann ursprünglich gebauten Grätzschen Lampen hatten als Eigentümlichkeit, dafs eine besondere Anordnung des Strumpfes und der Brennermündung im Schutzglas gewählt worden ist. Die Brennerkopfmündung und die obere Mündung des Strumpfes befinden sich etwa in gleicher Höhe mit der oberen Mündung des um den Glühkörper angeordneten Schutzglases (Fig. 59). Bei aufgesetztem Glühkörper liegt die Brennerkopfmündung in gleicher Ebene mit dem unteren Rande des aus Metall bestehenden Strumpfhalteringes; in gleicher Höhe befindet sich der Hals der Glasbirne. Infolge dieser Anordnung entstehen zwei Ringräume für den Abzug der Verbrennungsgase. Der größere Teil der letzteren entweicht aus dem Ringraume zwischen dem Brennerkopf und dem Strumpfhaltering, während der die Maschen des Glühkörpers durchdringende Teil durch den Ringraum zwischen Glockenhals und Strumpfhalter abzieht. Infolge des engen Querschnittes des letzteren Ringraumes findet hier eine Drosselung des Abzuges der Verbrennungsgase statt, um ein zu scharfes Nachströmen der Außenluft und ein Anblasen des Glühkörpers zu verhüten. Zu dieser Einrichtung führte die Erscheinung, daß statt der Drosselwirkung eine Saugwirkung ausgeübt wird, wenn der Hals der Birne hoch über der Brennermündung liegt und durch die Öffnungen der

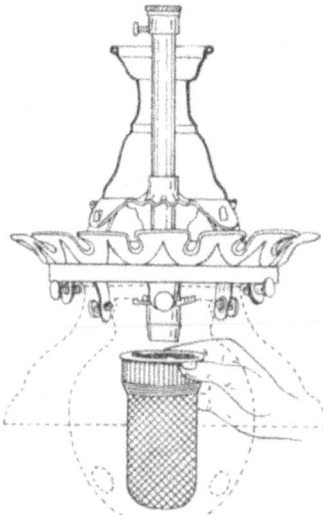

Fig. 59.

Glasumhüllung mehr Luft angesaugt wird, als erforderlich ist, so daß eine unnütze Abkühlung des Glühkörpers eintritt. Während hier die aufsteigenden Verbrennungsgase durch eine Platte aufgefangen und abgelenkt werden, die von einem das Mischrohr umschließenden Hut überdeckt ist, wird bei einer anderen Ausführung der »Grätzinlampen« (Fig. 60) der gleiche Zweck durch eine am Mischrohr befestigte Schale erreicht, die an einer Stelle am Rand ausgebuchtet ist, so daß die Abgase zum größten Teil nach einer Seite abgeleitet werden. Bei beiden Lampen wird der Glühkörperring mittels Zapfen an der Innenwandung bajonettverschlufsartig in dem mit entsprechenden Ausstanzungen versehenen Träger des Brennerkopfes gelagert; der Gaszuflufs wird durch eine besondere Düse geregelt. Die Lampen werden von Ehrich und Grätz zurzeit nur in geringem Umfange fabriziert, da ein zweckentsprechenderes System zur Ausführung ge-langt, das namentlich bezüg-lich des Gasverbrauches und der Leuchtkraft die älteren Lampen weit überflügelt. Die-ses neue System soll einer späteren Besprechung vorbe-halten bleiben.

Wenn ein Bunsenbrenner mit gleichmäfsigem Quer-schnitt des Mischrohres um-gekehrt wird, so ist mit der starken Erhitzung des letz-teren naturgemäfs eine Volu-menvergröfserung des durch-strömenden Gasluftgemisches verbunden, die einen Wider-stand im Brennerrohr verur-sacht und häufig eine unvoll-kommene Verbrennung und ein Durchschlagen der Flam-me zur Folge hat. Die Deut-sche Gasglühlicht-Aktiengesell-schaft hat durch zahlreiche Ver-suche festgestellt, dafs die Ent-stehung des infolge der Er-

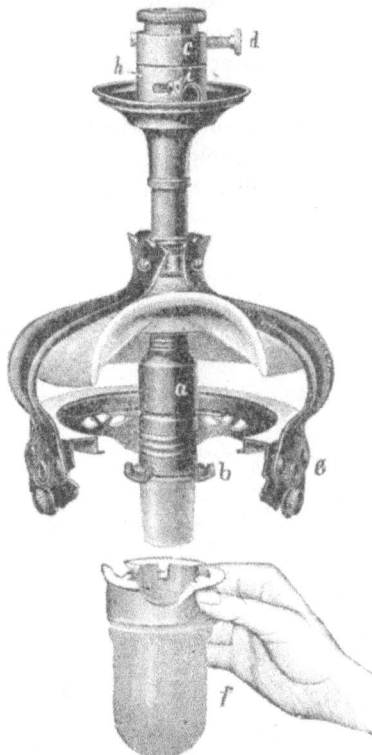

Fig. 60.

hitzung des Mischrohres in diesem erzeugten Widerstandes vermieden werden kann, wenn der Querschnitt des Misch-rohres, bei der Saugkammer von normaler Weite anfangend, nach der Ausflufsöffnung hin entsprechend der durch die Verbrennungsgase erfolgenden Erwärmung und Volumen-vergröfserung des Gasluftgemisches vergröfsert wird. Die Querschnittserweiterung müfste theoretisch zwar allmählich

Ahrens, Hängendes Gasglühlicht.　　　　　4

erfolgen, sie kann jedoch ohne bemerkenswerte Nachteile auch
stufenweise erfolgen, so daß eine leichtere fabrikatorische
Anfertigung des Mischrohres ermöglicht wird. Neben dieser
Ausführung des Brennerrohres wird bei den Invertlampen der
Auergesellschaft eine volle Ausnutzung der Abgashitze bezweckt,
indem das Mischrohr von einem Fangschirm f (Fig. 61 und 61a)
umschlossen ist, welcher sowohl die unmittelbar aus dem
Strumpfinnern als auch die den Glühkörper durchdringenden
Verbrennungsgase auffängt und teilweise aufspeichert, so daſs
eine wirksame Übertragung der Hitze auf das Mischrohr stattfindet. Infolge der verstärkten Erwärmung des Mischrohres
und der dadurch herbeigeführten gröſseren Volumenausdehnung
des Gasluftgemisches kann das
Mischrohr unter entsprechend
gröſserer Querschnittssteige-
rung kürzer ausgeführt werden,
so daſs die Heizgase zur wirk-
samen Ausnutzung einen kürzeren Weg zurückzulegen brauchen. Die Abführung der Verbrennungsgase erfolgt zweckmäſsig durch eine Auslaſsöffnung in der Wandung des Fang-
schirmes, aus welcher die Abgase in scharfem Strahl seitlich
abströmen, ohne in den Bereich
der Brennermischkammer und
des Gaszuleitungsstutzens oder
Kronenarmes zu gelangen. Statt
dieser Auslaſsöffnung kann

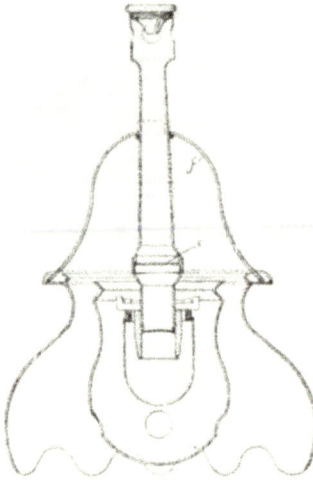

Fig. 61.

auch ein schornsteinartiges Abzugrohr auf dem Fangschirm
angeordnet werden, welches oberhalb der Luftzutrittsöffnungen
der Mischkammer mündet. Das Durchschlagen der Flamme
wird wie bei den meisten Hängegasbrennern durch ein in
das Brennerrohr eingeschaltetes Sieb s verhindert; das letztere
ist jedoch bei den Auerinvertbrennern in einer Erweiterung des Mischrohres untergebracht, um eine Drosselung
des Gasluftgemisches und das Flackern der Flamme unter

dem Einfluſs von Luft- und Schallwellen zu verhüten. Findet die Erweiterung des Mischrohres stufenweise statt, so kann die Anzahl der Stufen beliebig gewählt werden; auch können dann mehrere Siebe zur Verhinderung des Durchschlagens

Fig. 61 a.

der Flamme eingeschaltet werden, gleichgültig, ob mehrere Siebe in einer Erweiterung angeordnet sind, oder ob für jedes Sieb eine Erweiterung vorhanden ist. Um die Wirkung des absatzweise erweiterten Brennerrohres festzustellen, sind Parallelversuche ausgeführt worden mit einem Invertbrenner mit gleichmäſsigem Mischrohrquerschnitt (12 mm Weite und 170 mm Länge) und einen Brenner, bei welchem in den oberen Teil des Mischrohres von gleicher Abmessung unterhalb der Saug-

4*

kammer ein Rohrstück von 9 mm Weite und 45 mm Länge eingesetzt worden war; jene Länge des Mischrohres von 170 mm einschliefslich des Magnesiabrennerkopfes wurde gewählt, um die Einschaltung eines Siebes vor der Brennermündung entbehrlich zu machen. Beide Brenner wurden unter Benutzung desselben Glühkörpers nach einer Brenndauer von etwa 30 Minuten mit und ohne Glasumhüllung photometrisch untersucht, wobei sie mittels derselben Düse stets auf die höchste Lichtstärke einreguliert wurden. Die aufsteigenden Verbrennungsgase wurden durch eine etwa 3 cm unterhalb der Saugkammer auf dem Mischrohr befestigte Platte seitlich abgeleitet. Das unten gelochte Schutzglas hatte einen Durchmesser von 60 mm. Die Ergebnisse der Messungen sind in der folgenden Tabelle wiedergegeben:

Versuchsbedingung		Gasdruck in mm	Gasverbrauch in Litern	Leuchtkraft in HK	Gasverbrauch pro Kerze
			pro Std.	horiz.	
Brenner mit Mischrohr von gleichmäfsigem Querschnitt	ohne Schutzglas	45	95	45	2,11
	mit Schutzglas	45	110	71,5	1,77
Brenner mit verengtem Mischrohreinsatz	ohne Schutzglas	45	101	57	1,54
	mit Schutzglas	45	110	82	1,34

Die Resultate lassen einerseits die vorteilhafte Wirkung des verengten Mischrohreinsatzes erkennen, anderseits ist daraus ersichtlich, welch günstigen Einfluß auf die Intensität des Glühkörpers die durch die Glasumhüllung zuströmende sekundäre Verbrennungsluft ausübt, welche dem absteigenden Gasluftstrom entgegengerichtet die Glühkörperwandung bestreicht. Für alle Fälle läfst sich die absatzweise Erweiterung des Mischrohres durch bestimmte Zahlen nicht angeben, sie ist stets abhängig vom Gasverbrauch, von der Art des Gases und von der durch die sonstige Ausführung der Lampe bedingten Erwärmung des Mischrohres und des Gasluftgemisches im letzteren.

Bei der ursprünglichen Ausführung der Auerinvertlampe, Modell 1903, bewirkt der um das Mischrohr angeordnete Auffangtrichter zwar eine volle Ausnutzung der Hitze der aufsteigenden Verbrennungsgase, die Einrichtung hat jedoch den Nachteil, daſs nach längerem Betrieb der Lampe der Trichter anläuft und dann der Lampe ein schlechtes Aussehen verleiht, ein Übelstand, der sich besonders bei Zimmerkronen unangenehm bemerkbar macht; auſserdem hatte die Lagerung des Mischrohres innerhalb des Auffangtrichters zur Folge, daſs das Material des Brennerrohres infolge der Überhitzung brüchig wurde, wodurch, wie einzelne Fälle ergeben haben, nach längerer Benutzung des Brenners die Gefahr entstand, daſs das durch die Glasausrüstung belastete Mischrohr zerbrach und die Lampe herabfiel. Wird, wie bereits erwähnt, ein abwärts gerichteter Bunsenbrenner durch die Abgase erwärmt, so wird auch das durchströmende Gemisch erhitzt und dessen ursprüngliches Volumen durch Ausdehnung vergröſsert. Es müſste infolgedessen auch die Geschwindigkeit entsprechend gröſser werden. Gleichzeitig wird aber durch die Erwärmung und Volumenausdehnung das spezifische Gewicht des Gases und der Luft verringert und infolgedessen der Auftrieb vergröſsert, der entgegengesetzt zur Strömnngsrichtung des Gasluftgemisches wirkt, also einen erhöhten Widerstand im Mischrohr verursacht, der die Geschwindigkeit des durchflieſsenden Gemisches vermindert. Je gröſser also das Volumen wird, desto gröſser wird der Auftrieb. Wird deshalb das Gasluftgemisch im Brennerrohr übermäſsig erhitzt, dann wird der Auftrieb oder der geschaffene Widerstand so groſs, daſs die dem ausflieſsenden Gasstrahl innewohnende Energie verbraucht wird und für die Anschöpfung einer genügenden Luftmenge nicht mehr ausreicht Der Gasstrom saugt also eine zur vollkommenen Verbrennung des Gases nicht hinreichende Luftmenge an, und es wird eine Flamme von geringer Heizwirkung erzeugt, namentlich wenn nur ein geringer Gasdruck zur Verfügung steht. Infolge der erhöhten Erhitzung des Gasgemisches durch die Anordnung

des Auffangtrichters um das Mischrohr konnte bei den erwähnten Invertlampen der Deutschen Gasglühlicht - Aktien-

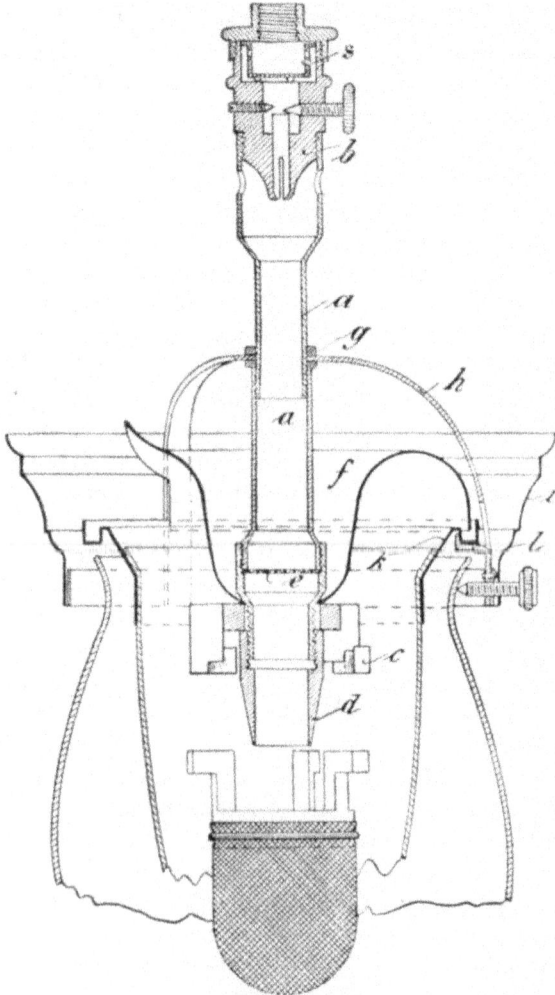

Fig. 62.

gesellschaft nur bei verhältnismäſsig hohem Druck die höchste
Lichtwirkung erreicht werden.

Die Auergesellschaft ist aus diesen Gründen unter Beibehaltung des absatzweise erweiterten Brennerrohres neuerdings zu einer anderen Konstruktion (Modell 1905) übergegangen (Fig. 62 und 63), bei welcher das Mischrohr weniger erhitzt wird, indem unmittelbar oberhalb des Magnesiabrennerkopfes eine flache Kappe mit umgebogenem Aufsenrand zum Auffangen der Abgase angeordnet ist; die letzteren werden durch eine überdachte seitliche Öffnung abgeleitet. Die Lampe mufs dabei so angeschraubt werden, dafs die Öffnung in der Kappe nicht unterhalb eines Beleuchtungskörperteiles zu liegen kommt; dies wird durch entsprechendes Einstellen der am Brennerrohr drehbar angebrachten Bügel erreicht, die die Glasglocken tragen. Die gelochte Innenglocke ist in eine Fassung *k* eingesetzt, welche am Rande drei Ausschnitte hat und bajonettartig über die Auflagehaken *l* geschoben wird. Die Bekrönung *i* wird in drei Ausschnitten am unteren Rande auf den zur Befestigung des Schutz-

Fig. 63.

glases oder Schirmes dienenden Schrauben gelagert. Da die Bekrönung die Auffangkappe für die Abgase umschliefst, ist letztere nicht sichtbar und kann bei etwaigem Anlaufen infolge der Erhitzung nicht störend wirken; dieses Anlaufen ist bei den Lampen auch weniger zu befürchten, weil die Kappe mit einem Aluminiumüberzug versehen ist.

Das Ergebnis der mit den beiden Auerinvertlampen aus-geführten photometrischen Untersuchungen ist durch die in Fig. 64 dargestellten Kurven wiedergegeben worden. Daraus ist zu ersehen, daſs bei dem Lampenmodell 1905 die Lichtstrahlung senkrecht nach unten mit etwa 82 HK. am gröſsten ist, während die horizontale Lichtstärke nur etwa 67 HK. beträgt. Bei der älteren Lampe ist die senkrechte Strahlung um etwa 10 Kerzen geringer, die Kurve verläuft

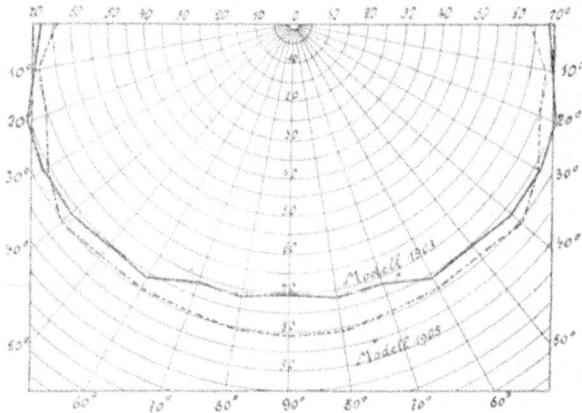

Fig. 64.

aber zugunsten der horizontalen Leuchtkraft mit 68 HK Die ältere Lampe ergibt eine mittlere Intensität der unteren Hemisphäre von 74,7, die neuere von 74,3 HK. Der Gasver-brauch bei der älteren Lampe betrug etwa 100 l, bei der neu-eren 110 l. Bezogen auf mittlere hemisphärische Helligkeit stellt sich mithin der Verbrauch auf 1,34 bzw. 1,49 l pro Kerzen-einheit. Augenscheinlich ist das bessere Ergebnis in Bezug auf den Gaskonsum bei der älteren Lampe auf die in zu-lässigen Grenzen gehaltene, stärkere Vorwärmung des Gasluft-gemisches im Brennerrohr zurückzuführen. Trotz dieser zu-gunsten der älteren Lampe sprechenden Tatsache wird das neue Modell bevorzugt, da praktisch die geringen Abweichungen in der Intensität nicht von wesentlicher Bedeutung sind gegenüber den sonstigen vorhandenen Vorteilen, die bereits erwähnt worden sind.

Ebenso wie die Auergesellschaft bei den ersten Brennern, benutzt B. Smith in London eine um das Mischrohr angeordnete Haube zum Auffangen der Abgase (Fig. 65). Die bei den älteren Auerbrennern vorhandenen Nachteile dürften bei den von Smith gebauten Invertlampen in erhöhtem Maſse

 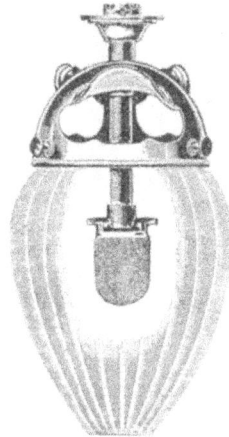

Fig. 65.   Fig. 66.

sich bemerkbar machen, da das Mischrohr bis auf die Saugkammer von der Haube umschlossen wird. Wenn auſserdem die dargestellte Verteilung der Abzugöffnungen für die Verbrennungsgase in der Haube zur Ausführung gelangt, so ist kaum zu verhindern, daſs die Abgase in die Brennermischkammer znrückgesaugt werden, selbst wenn der Luftzufluſs in gleicher Richtung mit dem Gasstrahl von oben in die Saugkammer erfolgt. Die Verhütung des letzteren Übelstandes wird offenbar bei den in Fig. 66 dargestellten Invertlampen von Falk, Stadelmann & Co. in London beabsichtigt; die

Haube ist über den Austrittsöffnungen mit drei gewölbten Ansätzen versehen, durch welche die Verbrennungsgase in schärferen Strahlen seitlich abgeleitet werden.

Eine intensive Vorwärmung des Gasluftgemisches wird bei den Lampen von Happ & Co. in Zürich erreicht, bei denen die Abgase durch einen Sammelteller aufgefangen werden (Fig. 67), an den sich ein das Mischrohr umschliefsendes Abzugrohr anschliefst, so dafs die Abgase ungeteilt in einem Strom das Brennerrohr umspülen. Das Rohr mündet in einen glockenförmigen Mantel, durch den die Abgase nach unten abgeführt werden. Der obere Teil des auf das Brennerrohr geschraubten Mantels ist becherförmig gestaltet, oben offen und umgibt die Saugkammer des Brenners, um etwa aufsteigende Verbrennungsgase von den Luftzutrittsöffnungen fernzuhalten. Auf die Brennerrohrmündung ist oberhalb des auswechselbaren Kopfes mit verengter Austrittsöffnung ein Teller geschraubt, der einerseits mit aufwärts gebogenen Armen zum Tragen der Glasumhüllung versehen ist, anderseits zum Befestigen des Glühkörpertragringes dient, der bajonettverschlufsartig mit dem Teller durch aufgebogene Lappen verbunden wird. Der Teller ist mit Öffnungen versehen, durch welche die Verbrennungsgase aus dem Glühkörper unmittelbar nach oben abziehen. Aufser den bereits bei den vorbeschriebenen Lampen erwähnten Nachteilen, die mit einer übermäfsigen Erhitzung des Brennerrohres verbunden sind, ist bei der Happschen Lampe zu befürchten, dafs die unmittelbar im Bereich der Flammenhitze gelagerten, augenscheinlich schwachen Tragarme zum Befestigen der Innenplatte bald durchbrennen, so dafs die Gefahr des Herabfallens der letzteren besteht.

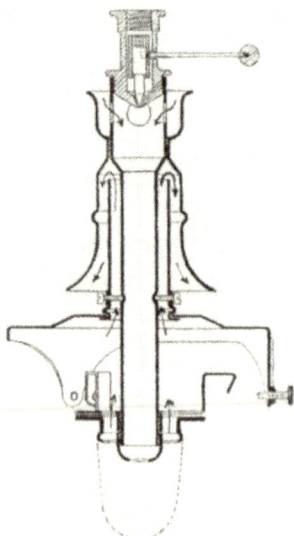

Fig. 67.

Unter den ersten brauchbaren Invertbrennern, die im
Jahre 1903 auf den Markt kamen und bei denen mit einer
ausgiebigen Vorwärmung des Gasluftgemisches im Brennerrohr gearbeitet wird, sind diejenigen von Dr.-Ing. Kramer
(Kramerlicht-Gesellschaft in Charlottenburg) zu erwähnen.
Kramer ging ursprünglich von der Erwägung aus, daß die
beste Lichtwirkung erreicht werden könne, wenn das Mischrohr in seiner ganzen Höhe der Einwir-
kung der heißen Verbrennungsgase ausgesetzt wird. Dies erschien jedoch wegen
der unbedingt erforderlichen Anordnung
der Auffangplatte zum seitlichen Ablenken
der Verbrennungsgase am Mischrohr unmöglich, deshalb wurde bei den ersten
Brennern (Fig. 68) in gleicher Weise
wie bei den älteren Konstruktionen nur
der untere Teil des Brennerrohres der
unmittelbaren Beheizung durch die Abgase ausgesetzt, gleichzeitig aber eine
ausgiebige Vorwärmung des Gasluftgemisches im oberen Mischrohrteil dadurch
bewirkt, daß die Wärmeausstrahlung des
letzteren verhindert wird, indem um
diesen ein auf der Ablenkplatte für die
Verbrennungsgase gelagerter Trichter angeordnet ist, der infolge seiner starken

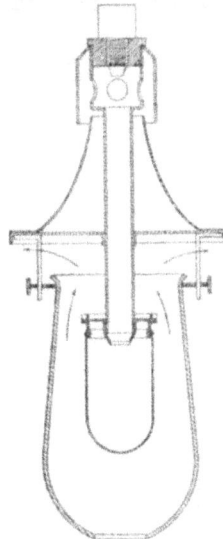

Fig. 68.

Erhitzung eine wärmeisolierende Luftschicht umschließt. Besonders vorteilhaft ist es, den Metalltrichter zu polieren, da die
Wärmeausstrahlung einer polierten Fläche bekanntlich geringer
ist als diejenige einer unpolierten. Durch eine über den Trichter
gestülpte, die Saugkammer des Brennerrohres umschließende
Kappe wird verhindert, daß die zwischen dem Mischrohr und
dem Trichter erwärmte Luft nach oben entweicht und kälterer
Luft Platz macht, welche von oben in den Trichter eindringt
und diesem oder dem Mischrohr Wärme entziehen würde.
Um das Anlaufen der Kronenarme zu verhüten, ist zwischen
der Düse und dem Mischrohr ein Ring aus Wärme schlecht
leitendem Material, z. B. Speckstein oder Porzellan, angebracht,

oder es wird die bereits in Fig. 39 dargestellte Isolierung benutzt.

Um den Einfluſs der Vorwärmung des Gasluftgemisches im Brennerrohr auf den Lichteffekt zu prüfen, sind von Professor Dr. Wedding in Charlottenburg zahlreiche photometrische Untersuchungen mit dem Kramerbrenner ausgeführt worden, bei denen das Mischrohr zunächst durch Anordnung eines Behälters um das letztere künstlich mit Wasser gekühlt

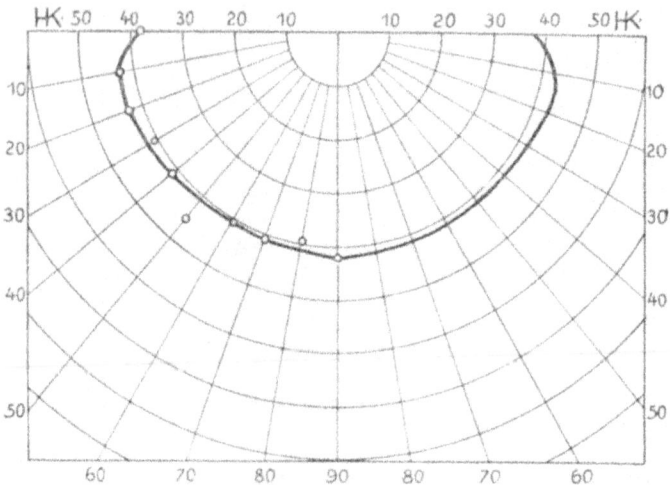

Fig. 69.

wurde, das den Behälter durchfloſs, worauf nach Abstellung des Wasserzuflusses die Temperatur des durch die Brennerflamme im Behälter erhitzten Wassers gemessen und mit steigender Temperatur periodisch die Lichtstärke bestimmt wurde. Es zeigte sich, daſs bei einem konstanten Gasverbrauch von 59,5 l pro Stunde die Lichtstärke des Glühkörpers von 15 bis 20 HK bei gekühltem Mischrohr mit zunehmender Erwärmung des Brenners bis auf etwa 40 HK gesteigert, also unter dem Einfluſs der Vorwärmung etwa der doppelte Betrag der ursprünglichen Intensität erreicht wurde. Desgleichen konnte festgestellt werden, daſs unter dem Einfluſs der Wärme eine ruhige, steife Flamme erzielt wird. Bemerkenswert ist, dafs bei den Weddingschen Versuchen bereits bei einer Temperatur des Brennerrohres von 60⁰ annähernd die Maximallichtstärke erreicht wurde, und dafs bei einer Erhitzung des Mischrohres über 60⁰ hinaus die Intensität sich kaum merklich ändert, eine Überhitzung des Gasluftgemisches im Brennerrohr also ohne wesentliche Bedeutung für die Lichtstärke des Glühkörpers ist.

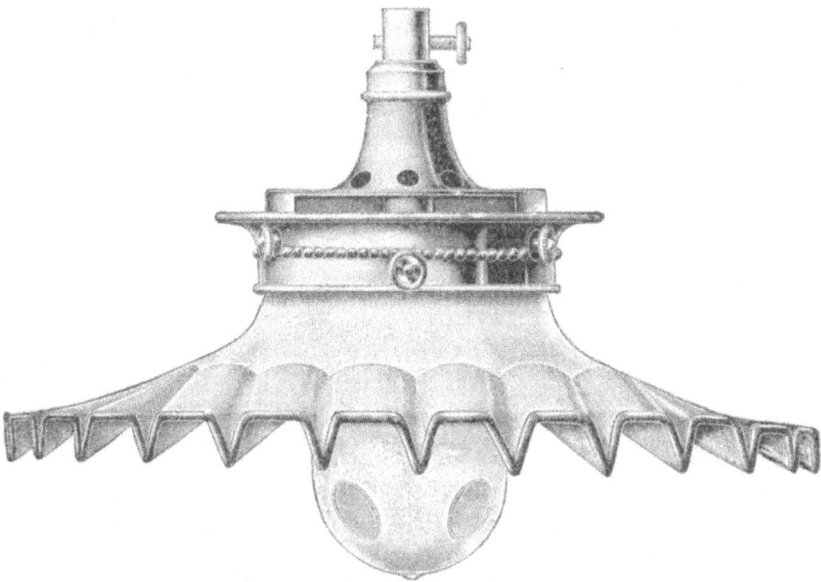

Fig. 70.

Für die Lichtverteilung bei den Kramerlampen ohne Reflektor mit klarem Zugglas ergab sich nach den Weddingschen Messungen für die untere Halbkugel aus den unter gleichen Winkeln rechts und links von 10⁰ zu 10⁰ aufgenommenen Mittelwerten der Beobachtungen die aus diesen erhaltene, in Fig. 69 dargestellte Mittelkurve als Normalkurve, die sich ziemlich halbkreisförmig erstreckt. Die mittlere hemisphärische Lichtstärke für die untere Halbkugel beträgt danach 42 HK bei einem Gasverbrauch von 59,5 l, der spezifische Verbrauch also 1,42 l stündlich. Die Wedding-

schen Untersuchungen der Lampen nach Armierung mit einem
welligen Porzellanreflektor (Fig. 70) ergaben die aus den er-
haltenen Mittelwerten der Beobachtungen konstruierte Mittelkurve gemäfs Fig. 71. Durch den stark gewellten und krausen
Rand des Reflektors wird in horizontaler Richtung fast gar
kein Licht durchgelassen. Dagegen wird das Licht nach unten
ziemlich stark gesammelt und führt zur Ausbildung eines
Maximums, das für die Praxis wenig erwünscht ist, da hier-

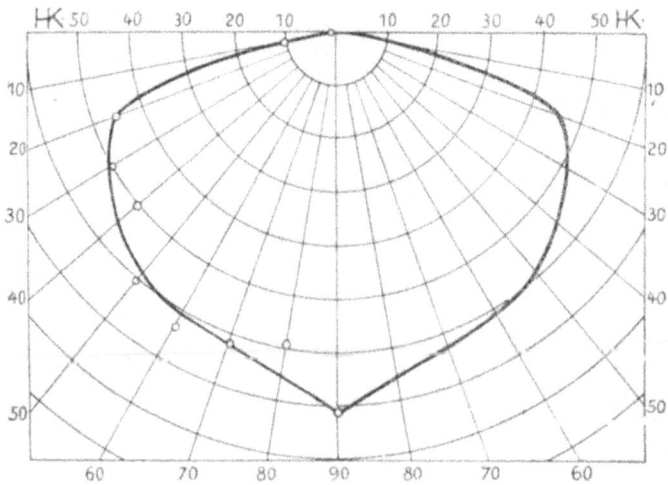

Fig. 71.

durch nur eine ungleichmäfsige Flächenbeleuchtung hervorgerufen wird. Bei dieser Aufnahme betrug der stündliche
Verbrauch 59,0 l; die mittlere hemisphärische Lichtstärke
ergab sich zu 42,7 HK, mithin stellt sich der spezifische Verbrauch auf 1,38 l (hemispärisch). Der Reflektor ist also für die
mittlere hemisphärische Lichtstärke von geringer Bedeutung
und wird gröfstenteils bei dem hängenden Gasglühlicht nur
als Schmuck benutzt.

Bei einem Vergleiche der Kramerbrenner und der Invertbrenner der Auergesellschaft mufs auffallen, dafs bezüglich
der Konstruktion des Brennerrohres verschiedene Wege eingeschlagen worden sind, eine gute Heizflamme zu erzeugen;

während die Auergesellschaft ein bis zur Brennermündung
absatzweise erweitertes Mischrohr benutzt, und das Durchschlagen der Flamme durch Anordnung eines Siebes in einer
erweiterten Kammer vor der Brennermündung verhindert, erreicht Kramer den gleichen Zweck dadurch, daſs er ein
weites Mischrohr mit einer verengten Austrittsöffnung versieht,
an der sich das austretende Gasluftgemisch stöſst. Der Umstand, daſs bei beiden Brennern, deren Gasverbrauch pro
Kerzeneinheit annähernd gleich ist, eine geräuschlose und
geruchlose Flamme erzielt wird, beweist, daſs zur Erreichung
des günstigsten Effektes die Anwendung verschiedener Mittel
zum Ziele führt, wenn nur die Lichtstärke, der Gasverbrauch,
die Brennerrohrform und Brennergröſse in ganz bestimmten
Verhältnissen, insbesonders auch in bezug auf die Temperatur des beheizten Mischrohres, gegeneinander ausgeglichen
werden. Die Frage, welche Einwirkungen die verschiedenen
Brennerformen auf die Lebensdauer der Glühkörper und die
Lichtverteilung der letzteren haben, wird später erörtert werden.

Vierter Abschnitt.

Invertlampen mit Vorwärmung der Luft (Mischluft oder äußere Verbrennungsluft).

———

Um bei den älteren Regenerativ-Invertlampen mit Abzugschornstein die Gefahr des Durchschlagens der Flamme zu vermindern, ist die Primärluft der Saugkammer des Brenners durch Rohre zugeführt worden, welche den Schornstein durchsetzen und deren Mündungen außerhalb des Bereichs der auf steigenden Verbrennungsgase gelagert sind. Auf dieses Prinzip der Vorwärmung der Primärluft hat man bei zahlreichen neueren Invertlampen zurückgegriffen. Vereinzelt sind sogar diejenigen Invertbrenner als die besten bezeichnet worden, die mit vorgewärmter Primärluft arbeiten. In vielen Fällen lassen indessen die diesbezüglichen Brennerkonstruktionen erkennen, daß es geboten erscheint, auch die Vorwärmung der Primärluft in bestimmten Grenzen zu halten. Abgesehen von dem unvorteilhaften Einfluß, den die Beheizung des Vorwärmbehälters durch die aufsteigenden Verbrennungsgase häufig bezüglich des Anlaufens der Lampenteile zur Folge hat, verursacht eine Überhitzung der Luft in dem Behälter augenscheinlich oft Spannungsverhältnisse, die den Betrieb des Brenners nicht immer günstig zu beeinflussen vermögen. Die einfachste Einrichtung zur Vorwärmung der Primärluft bei einer Invertlampe besteht darin, daß an die Saugkammer des Mischrohres Rohre angeschlossen werden, die außerhalb des Bereichs der Verbrennungsgase, z. B. in der Glockengalerie

münden. Solche Lampen werden unter anderen von der
Kontinental-Gesellschaft für nach unten brennendes Gasglühlicht in Berlin hergestellt (Fig. 72 und 72 a). In die üblichen Luftzutrittsöffnungen der Saugkammer sind (zweckmäfsig drei) nach abwärts gebogene Rohre eingesetzt. Die
Mündungen derselben sind mit einer Bekrönung vernietet, in
welcher durch Schrauben die Lampenglocke befestigt wird;
die Rohre sind demnach gleichzeitig als Glockenträger ausgebildet.

　　Die Verbrennungsgase werden mittels einer über der
Bekrönung gelagerten Schale aufgefangen und durch eine

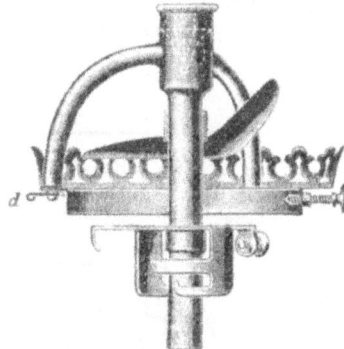

Fig. 72.　　　　　　　　　　　　　　Fig. 72 a.

zwischen zwei Luftzutrittsrohren befindliche Auslafsöffnung seitlich abgeleitet; die Schale ist über der Öffnung mit einer Auf-
biegung versehen. Die untere Mündung des einen Luftzutritts-
rohres kann durch einen Schieber d abgeschlossen werden,
um die Mischluftzufuhr zu regeln. Bei den mit dem Brenner
ausgeführten Untersuchungen hatte der Glühkörper einschliefslich der Magnesiafassung eine Länge von 35 mm. Die benutzte Klarglasbirne war unten mit einer Lufteinströmungs-
öffnung von 22 mm Durchmesser versehen und etwa 90 mm
hoch. Der Brenner wurde anfangs ohne und mit Glasbirne
auf mittlere räumliche Lichtstärke, nach 24 Brennstunden nur
auf horizontale Lichtstärke untersucht. Das Prüfungsergebnis
ist in den nachstehenden Tabellen 1 und 2 angegeben.

Tabelle 1.

Versuchs-Bedingung	Stündl Gasverbrauch in Lit	Mittlere Lichtstärke in HK		Stündl. Gasverbrauch in Litern auf 1 HK mittlere Lichtstärke		Brennstunden	Gasdruck in mm Wasser etwa
		horizontale	räumliche	horizontale	räumliche		
ohne Glasbirne	59	42	40	1,4	1,5	0,9	38
» »	59	45	—	1,3	—	1,5	»
» »	59	42	—	1,4	—	2,4	»
» »	61	39	—	1,6	—	2,4	»
mit Glasbirne	59	49	48	1,2	1,2	2,0	»
» »	60	42	—	1,4	—	2,4	»

Tabelle 2.

Versuchs-Bedingung	Mittlere Lichtstärke in HK unter einem Ausstrahlungswinkel gegen die durch die Mitte des Glühkörpers gelegte Horizontalebene von											Brennstunden
	nach unten						horizontal	nach oben				
	90⁰	75⁰	60⁰	45⁰	30⁰	15⁰	0⁰	15⁰	30⁰	45⁰	60⁰	
ohne Glasbirne	54	56	57	56	52	47	42	40	35	29	6	0,9
mit Glasbirne	71	71	68	67	66	57	49	46	42	34	6	2,0

In Fig. 73 ist eine nach demselben Prinzip gebaute Lampe
englischen Ursprungs veranschaulicht, die unter dem Namen
Sternlampe in den Handel gebracht wird. Auf dem Mischrohr des Brenners ist eine dreifach gewölbte Ablenkungsschale
für die aufsteigenden Verbrennungsgase befestigt, so daſs
die letzteren durch die Zwischenräume zwischen den Luft-
zuführungsrohren und von diesen seitlich abgelenkt werden.
Um bei diesen Lampen die Menge der der Saugkammer des
Brenners zugeführten Mischluft zu regeln, werden bei dem
französischen Brenner von Lux und Poulet (Fig. 74 und 75)
die Luftzutrittsrohre mit einem Ringschieber verbunden, der
drehbar um die Saugkammer angeordnet ist, so daſs die Luft-

durchtrittsöffnungen der letzteren mehr oder weniger mit den entsprechenden Öffnungen der Luftrohre im Schieberring sich decken. Die Regelung der Luftzufuhr erfolgt durch Drehung der Glockengalerie, die an den Rohren befestigt ist, wobei die Drehung des Schieberringes durch ein Schräubchen begrenzt wird, das in einen Schlitz des Schiebers greift und zur Feststellung des letzteren dient. Anstatt der langen gebogenen Rohre zum Zuführen der Primärluft werden bei dem französischen Brenner von Lyndall & Lebell (Fig. 76 und 77) kurze, weite Luft zutrittsrohre benutzt, die an die Saugkammer angeschlossen und in einer als Glockengalerie die-

Fig. 73.

nenden Bekrönung gelagert sind. Die letztere ist ebenfalls als Schieber zur Regelung der Luftzufuhr ausgebildet, desgleichen erfolgt die Feststellung und Führung des Schiebers mittels

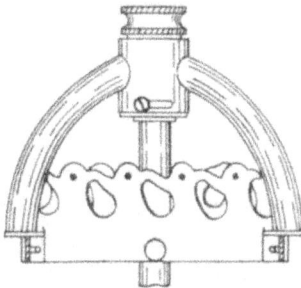

Fig. 74.

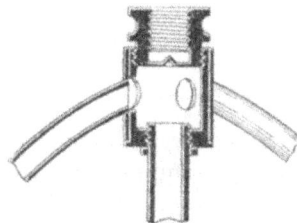

Fig. 75.

einer Schraube. Das Durchschlagen der Flamme wird durch ein vor der Brennerkopfmündung angeordnetes Sieb verhindert. Die Anwendung solcher Siebe innerhalb des Glühkörpers wird in dessen wegen der Gefahr des Durchbrennens derselben heute allgemein verworfen.

5*

Eine noch ausgiebigere Vorwärmung der Mischluft wird
erreicht, wenn anstatt der in die Saugkammer mündenden
Rohre von verhältnismäfsig geringem Querschnitt die Luft
in einen die Saugkammer und den oberen Teil des Mischrohres umschliefsenden Behälter ge-
saugt wird, den die Verbrennungsgase
bespülen. Der Behälter kann hierbei

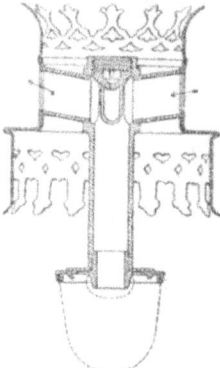

Fig. 76.

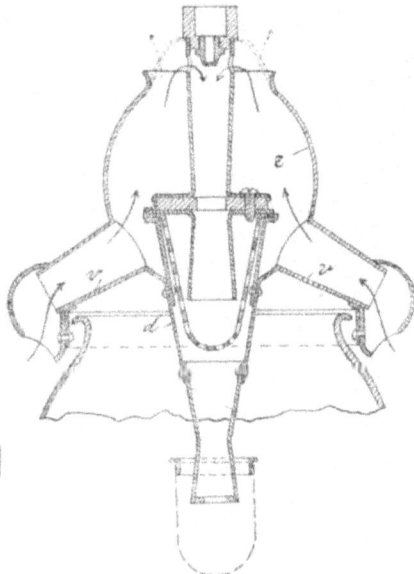

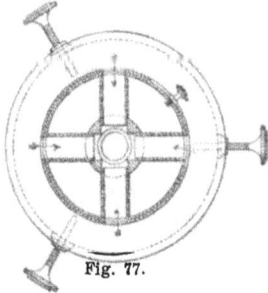

Fig. 77.   Fig. 78.

wiederum durch Rohre mit der Aufsenluft verbunden werden.
Diese Vorwärmung der Mischluft ist bereits bei den ersten Invertlampen von Mannesmann durchgeführt worden; da bei
diesen jedoch die Wirkung eines Zugrohres zum Absaugen
der Verbrennungsgase benutzt wird, sollen sie unter der später
zu erwähnenden Gruppe der Schornsteinlampen besprochen
werden. Das Mannesmannsche Prinzip der Vorwärmung
der Mischluft ist insbesondere bei einigen Lampen englischen
Ursprungs angewandt worden. So werden z. B. die Brenner
von Spreadburg so ausgeführt, dafs der sonst übliche

Trichter zum Ableiten der Verbrennungsgase zu einer den oberen Teil des Mischrohrs umschliefsenden Kapsel *z* ausgebildet ist (Fig. 78); an diese sind Luftzutrittsrohre *v* angeschlossen, deren Mündungen in der Glockengalerie gelagert sind. Durch diese Einrichtung wird einerseits erreicht, dafs die Verbrennungsgase getrennt von der dem Brenner zugeführten Mischluft abgeleitet werden, und dafs anderseits letztere in der Kapsel vorgewärmt und der Mischkammer zugeführt wird, namentlich dann, wenn die Kapsel oben vollkommen abgeschlossen wird und die Mischkammer umchliefst, wie dies in punktierten Linien veranschaulicht worden ist.

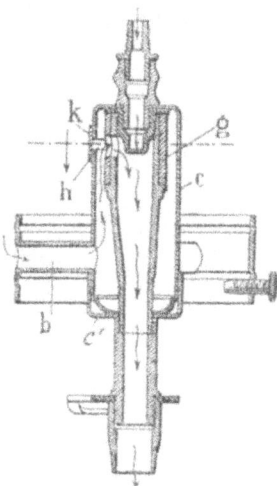

Fig. 79.

Ähnlich ist die englische Lampe von B o w e r ausgeführt (Fig. 79 und 79 a). Der obere Teil des in der Mitte eingeschnürten Mischrohres wird von einem Behälter *c* umschlossen, der durch Luftzutrittsrohre *b* mit der Brennergalerie verbunden ist. Um die Zufuhr der in dem Behälter vorgewärmten Luft zur Saugkammer des Mischrohres zu regeln, ist um diese ein Schieber *g* angeordnet, dessen Durchtrittsöffnungen beim Drehen des Schiebers mit den Zuflufsöffnungen der Saugkammer mehr oder weniger sich decken. Der Schieber ist durch einen Schraubenstift *h*, der in einem Schlitz des Behälters geführt wird, mit einem Ring *k* verbunden, welcher beim Einstellen des

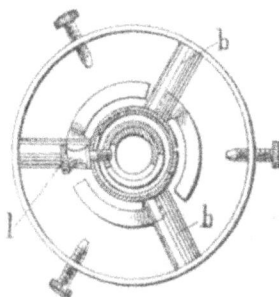

Fig. 79 a.

Schiebers mittels des Griffes *l* den Schlitz verdeckt. Der untere Abschlufs des Vorwärmbehälters wird durch eine Kappe *c* bewirkt, die auf dem unteren Mischrohrstutzen gelagert ist.

Eine auſserordentlich hohe Vorwärmung der dem Mischrohr zugeführten Luft wird bei den von Dr. Mannesmann
(Sparlichtgesellschaft in Remscheid) neuerdings gebauten Invertlampen erreicht (Fig. 80), indem über der obern Öffnung
der Glasumhüllung eine innen von den Abgasen beheizte
topfförmige Haube und um diese mit Abstand eine gleich-
gestaltete Haube ange-
ordnet ist, so daſs die
Primärluft gezwungen
wird, den Zwischenraum
zwischen den Hauben
zu durchstreichen, bevor
sie in die Saugkammer
des Mischrohres gelangt.
Auch die Sekundärluft
wird insofern vorge-
wärmt, als sie den um die
Hauben gelegten Lam-
penmantel durchströ-
men muſs und dann in
der Pfeilrichtung durch
den Raum zwischen dem
Innenzylinder und der
geschlossenen Auſsen-
glocke dem Glühkörper
zufließst. Als Material für
die Hauben wird eine
Aluminiumlegierung be-
nutzt, die sich gut hält
und bei längerem Ge-
brauch der Lampe noch ansehnlich bleibt. Der Abzug der
Verbrennungsgase erfolgt durch Rohre, welche den Raum
zwischen den Hauben durchsetzen. Bei diesen Lampen mit
Doppelhauben sind die durch die Abzugöffnungen entweichenden Verbrennungsgase noch sehr heiſs. Um diese zur weiteren
Vorwärmung der Mischluft nutzbar zu machen, wird über der
Doppelhaube noch eine dritte Haube vorgesehen (Fig. 81),
durch welche die Abgase nach abwärts geführt werden, so daſs

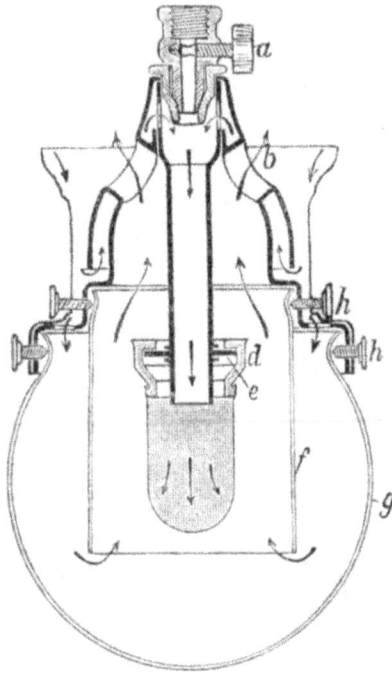

Fig. 80.

der Raum, den die Primärluft durchstreichen muſs, von innen
und auſsen durch die Verbrennungsgase beheizt wird. Die
Abgase werden dadurch wesentlich abgekühlt, so daſs sie den
über dem Brenner befindlichen Lampenteilen weniger schäd-
lich sind. Die Vorwärmung der Mischluft kann noch mehr

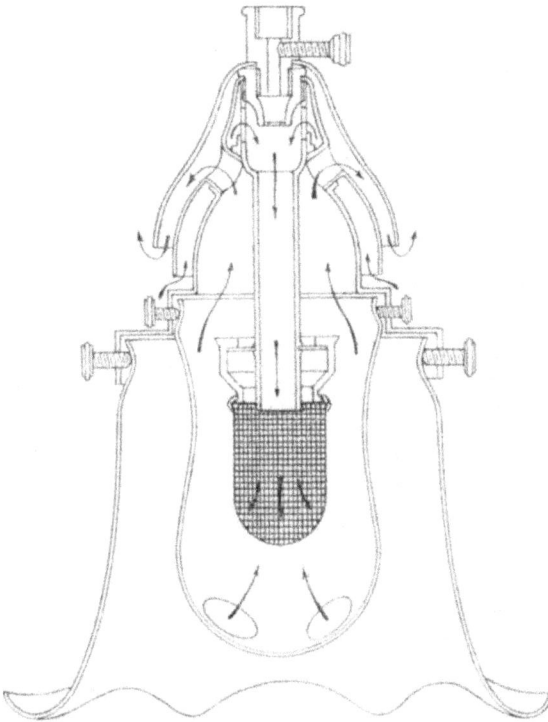

Fig. 81.

gesteigert werden, wenn die Heizfläche der Hauben durch
Wellung oder durch Rippen vergröſsert und die äuſsere Haube
aus einem schlechten Wärmeleiter, z. B. Porzellan, hergestellt
wird. Die äuſsere Haube ist am unteren Rande zweckmäſsig
mit Einkerbungen versehen, um die Austrittsstelle der Abgase
mehr über die untere Öffnung der mittleren Haube zu verlegen (Fig. 82).

Eine den oberen Teil des Mischrohres umschliefsende
Haube, welche die Primärluft durchströmen mufs, bevor sie
der Saugkammer des Brenners zuflieſst, wird auch bei den
Invertlampen von W. M a a s k e in Berlin zur Vorwärmung
der Mischluft benutzt (Fig. 83 bis 85). Die Haube ist jedoch

Fig. 82.

unten durch eine Ablenkplatte für die aufsteigenden Verbrennungsgase abgeschlossen; die Primärluft tritt durch Löcher
am unteren Rande der Haube ein, so daſs sie sowohl an der
heiſsen Ablenkplatte, als auch durch das infolge der Wärmeleitung erhitzte Mischrohr beim Durchströmen der Haube vorgewärmt wird. Die Ablenkplatte ist mit einem nach unten
abgebogenen Rand versehen, in dem eine Austrittsöffnung

zum Ableiten der Verbrennungsgase nach einer Seite hin angeordnet ist. Aus dieser schlitzartigen Abzugöffnung blasen
die Abgase mit großer Geschwindigkeit seitlich ab, so daß
sie nicht durch die Luftzutrittslöcher der Haube in diese zurückgesaugt werden, obwohl ein Teil der Löcher unmittelbar
über dem Abzugschlitz der Verbrennungsgase gelegen ist. Die
gelochte Glasumhüllung wird von oben in die Bekrönung

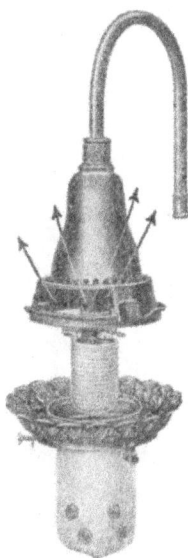 

Fig. 83.   Fig. 84.

eingehängt und diese über am Brenner befindliche Zapfen
bajonettartig befestigt. Infolge der intensiven Vorwärmung
wird offenbar die in der Glocke befindliche Luft stark ver-
dünnt und strömt mit größerer Energie in das Mischrohr als
für ein ruhiges Brennen der Lampe erforderlich ist. Um in
dieser Hinsicht einen Ausgleich herbeizuführen, ist bei den
neueren Lampen von Maaske in dem oberen verengten Teil
der Glocke eine Anzahl kleinerer Durchbrechungen angeordnet,
durch welche kältere Luft zuströmt, die sich mit der durch
die Öffnungen am unteren Haubenrand eintretenden vorgewärmten Luft mischt und der Saugkammer des Brenners zu-

fließt (Fig. 85). Die Messungen mit einem Maaskebrenner ergaben eine mittlere hemisphärische Lichtstärke von 99 HK bei einem Druck von 40 mm und einem Gasverbrauch von 100 l. Der Verbrauch pro Kerzeneinheit beträgt demnach etwa 1 l.

Die von der Kramerlicht-Gesellschaft in Charlottenburg gebauten Brenner werden neuerdings ebenfalls so ausgeführt, daß sie mit mäßig vorgewärmter Primärluft arbeiten. Zu diesem Zweck ist die bei den älteren Brennern (Fig. 68) die Saugkammer umschließende Kappe unter Fortlassung des

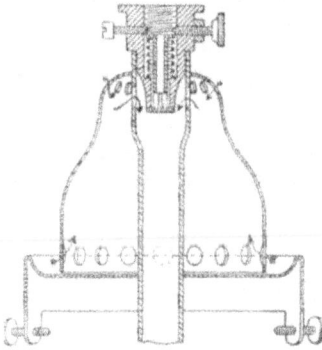

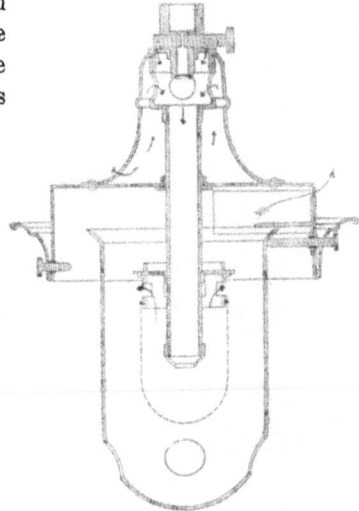

Fig. 85.   Fig. 86.

Trichters nach unten verlängert, und an ihrem erweiterten Rande mit der Auffanghaube für die Abgase vernietet (Fig. 86 und 87). Die letztere ist mit einem einseitigen Schlitz für den Abzug der Verbrennungsgase versehen, und die Bohrungen in der Wandung der Vorwärmekappe für den Zufluß der Luft werden vorzugsweise nur an der dem Schlitz gegenüberliegenden Seite angeordnet, damit die Abgase nicht in die Kappe und die Mischkammer des Brenners zurückgesaugt werden (Fig. 86). Der mit dem Düsenstutzen verschraubte Boden der Saugkammer des Brenners ist mit kleinen Bohrungen versehen, durch welche kalte Luft angesaugt wird, die sich innerhalb der Saugkammer mit der durch die Vorwärm-

kappe zufliefsenden Luft und dem Gasstrahl mischt. Die mit
dem neueren Kramerbrenner ausgeführten Untersuchungen
ergaben bei einem Gasdruck von 38 mm und einem Verbrauch
von 82 l stündlich eine mittlere Intensität der unteren Hemisphäre von 61 HK; der Verbrauch pro Kerzeneinheit beträgt
also 1,34 l.

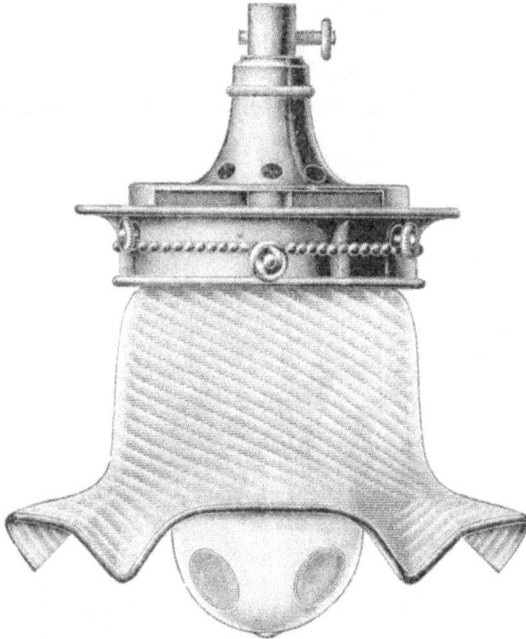

Fig. 87.

Bei den neueren Brennern von Maaske und Kramer
wird die Vorwärmung der Luft nicht so weit getrieben wie
bei denjenigen Invertlampen, bei denen um das Mischrohr
eine von dem vollen Strome der Verbrennungsgase bestrichene
Vorwärmkammer angebracht ist. Den gleichen Zweck erreicht
Riemer in Niederpoyritz i. S. dadurch, dafs die Verbrennungsgase teils durch die einseitige Auslafsöffnung der Auffanghaube abgeleitet, teils durch die Decke der letzteren hindurch
an der Aufsenseite der Vorwärmkammer entlang und dann
durch eine zweite Ablenkschale zur Seite geführt werden

(Fig. 88). Die aufsteigenden Verbrennungsgase ziehen einerseits durch die einseitige Abzugöffnung *l*, anderseits durch Kanäle *f* ab, die in beliebiger Zahl die Decke der Auffanghaube durchsetzen. Die die Vorwärmkammer bestreichenden Abgase stofsen gegen eine Schale *h*, an der sie mit der von der Seite her eintretenden kalten Luft verteilt werden. Die Abgase erwärmen sowohl die Decke der Auffanghaube als auch den über dieser angeordneten Mantel *g* und die Kammer *i*; die zwischen Decke und Mantel zuströmende Primärluft umspült die beheizten Kanäle, gelangt in die Vorwärmkammer und durch diese in

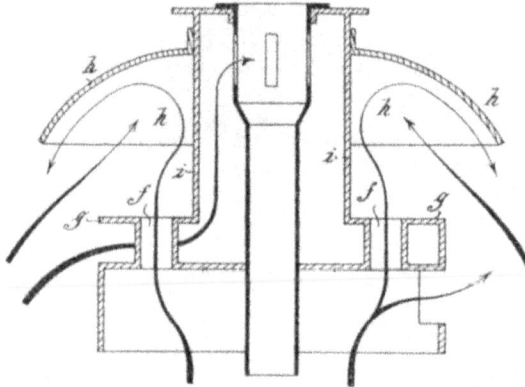

Fig. 88.

das Mischrohr. Oberhalb des einseitigen Auslasses für die Verbrennungsgase ist der Raum zwischen der Decke und dem Mantel seitlich abgeschlossen, so dafs die Abgase nicht in die Vorwärmkammer zurückgesaugt werden können.

Die Vorwärmung der Primärluft kann auch in dem Raum sich vollziehen, den die Glasumhüllungen der Lampe zwischen sich einschliefsen. Die Lampe gemäfs Fig. 89 ist zur Erreichung dieses Zweckes mit zwei übereinanderliegenden geschlossenen Galerien für die gelochte Innenglocke und den Schirm versehen, zwischen denen die Saugkammer des Brenners gelagert ist. Die Zufuhr der vorgewärmten Mischluft und die Ableitung der Verbrennungsgase ist durch Pfeile angedeutet worden; die Abgase werden durch Rohre abgeführt, welche

den Raum zwischen den Galerien durchsetzen, so daſs die
angesaugte Mischluft jene Rohre umspült, nachdem sie ab-
kühlend die Wandungen der Glas-
armatur bestrichen hat. Die an-
laufenden Metallteile der Galerie
werden zweckmäſsig durch eine
Porzellanschale überdeckt, die
über den Abzugrohren entsprechende Durchtrittsöffnungen hat.

Wenn um den Glühkörper
einer Invertlampe eine gelochte
Glasumhüllung angeordnet ist, so
wird nach kurzer Brenndauer infolge der Erhitzung der Glasumhüllung auch eine Vorwärmung
der durch die Lochungen dem
Glühkörper zuflieſsenden äuſseren Verbrennungsluft stattfinden.

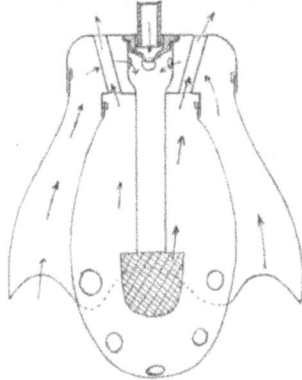

Fig. 89.

Dasselbe tritt in noch höherem
Maſse ein, wenn um einen gelochten oder unten offenen Zylinder, der den Glühkörper um-
schieſst, eine geschlossene Glocke
vorgesehen wird, so daſs die Sekundärluft gezwungen wird, den
Raum zwischen beiden Glasumhüllungen zu durchstreichen, bevor sie gegen den Glühkörper
geführt wird. Die Vorzüge, welche
eine solche Führung der Sekundärluft bietet, werden indessen
häufig dadurch wieder aufgehoben, daſs bei Inbetriebsetzung
des Brenners sich das Gasluftgemisch in dem Glockenraum an-
sammelt, wenn die Lampe nicht

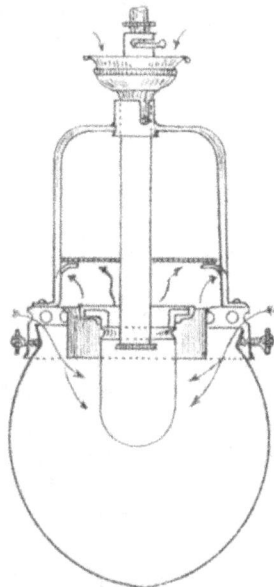

Fig. 90.

sofort angezündet wird, so daſs eine explosionsartige Zündung erfolgt, infolge welcher der Glühkörper beschädigt

wird. Eine geschlossene Glocke wurde bereits von Bernt benutzt, um der Lampe möglichst das Aussehen eines elektrischen Beleuchtungskörpers zu geben. Wenn die Verbrennungsgase nicht durch Zugrohre abgesaugt werden, ist nach übereinstimmender Ansicht der meisten Sachverständigen die Verwendung einer gelochten Glasumhüllung am vorteil-

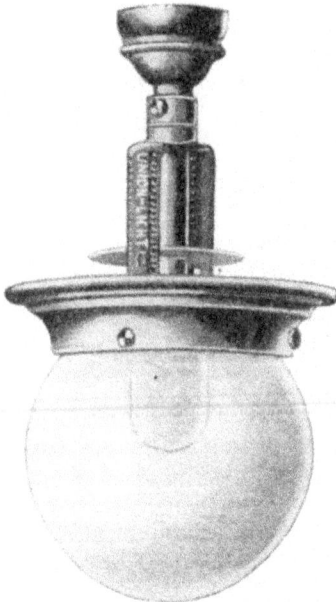 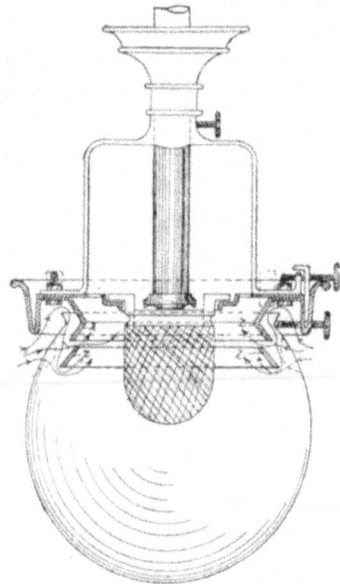

Fig 91.   Fig. 92.

haftesten, um die zur vollkommenen Verbrennung des Gases erforderliche Sekundärluft dem Glühkörper zuzuführen. Wird indessen eine geschlossene Glasumhüllung ohne Innenzylinder benutzt, so muſs die Sekundärluft über den oberen Glocken-rand oder durch die Glockengalerie so geführt werden, daſs sie den Glühkörper auch wirklich bespült. Zur Erreichung dieses Zweckes werden bei den Lampen von Kindermann & Co. in Berlin (System Steinicke) in der Glockengalerie um den Glühkörperfuſs Einsätze befestigt (Fig. 90 und 91), mittels welcher die durch Öffnungen in der Glockengalerie angesaugte und in dieser vorgewärmte Sekundärluft nach unten gegen die Strumpfwandung geleitet wird. Die Verbrennungsgase werden durch eine mittlere Durchbrechung der Galerie abgeleitet, in

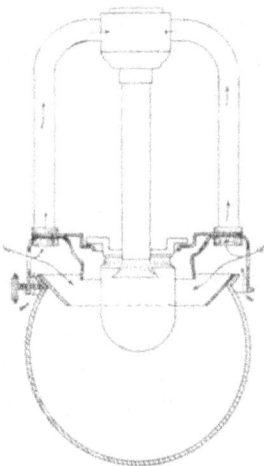 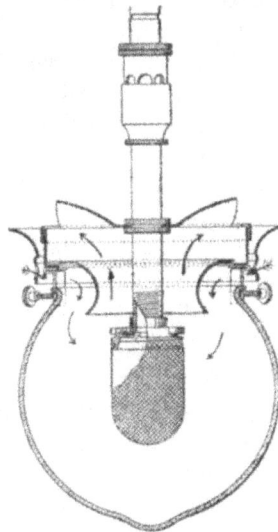

Fig. 93.   Fig. 94.

welcher der Glühkörper gelagert ist. Anstatt eines zylindrischen Einsatzes können auch mehrere kegelförmig gestaltete mit Abstand übereinander angewendet werden (Fig. 92), so dafs die Luft in einzelne Ströme zerteilt gegen die Glühkörperwandung geführt wird. In Höhe dieser Einsätze können in der Glocke auch Durchtritts-öffnungen für die äufsere Verbrennungsluft vorgesehen sein.

Fig. 95.

Um auch die Primärluft vorzuwärmen, kann die Saugkammer des Brenners mit dem in der Glockengalerie gelagerten Vorwärm-raum durch Rohre verbunden werden, die von den aufsteigenden Verbrennungsgasen bespült werden (Fig. 93). Sämtliche zur Verbrennung des Gases erforderliche Luft wird also dem Vorwärmraum entnommen. Auf dem oberen

Glockenrand ist bei diesem Brenner noch ein nach unten
konischer Glas- oder Glimmerring gelagert, der die Sekundärluft gegen den Glühkörper leitet. Das Brennermundstück ist
trompetenförmig erweitert, um das Gasluftgemisch beim Austritt auszubreiten.

Während bei den von Kindermann gebauten Lampen
der Führungsring 'für die Sekundärluft den Glühkörperfuß umschließt, verwenden Proskauer & Co. in Berlin einen mit
seinem erweiterten unteren Rand oberhalb des Glühkörperträgers
gelagerten Einsatzring (Fig. 94 und 95). Die am Mischrohr befestigte Auffangschale für die Verbrennungsgase ist
mit zwei ausgeschnittenen, nach oben gebogenen Lappen versehen, durch welche die Abgase seitlich abgeleitet werden.
Der Einsatzring wird mittels Zapfen am oberen Rand bajonettverschlußartig durch Schlitze im Innenflansch ;der Auffangschale geführt und dann durch Drehung auf dem Flansch
gelagert. Die Luftzufuhr zur Saugkammer des Brenners wird
durch einen auf dem Mischrohr auf und ab schiebbaren Ring
geregelt, dessen oberer Rand die Luftzutrittsöffnungen mehr
oder weniger verdeckt.

Fünfter Abschnitt.

Invertlampen mit gebogenem Brennerrohr.

Bei den bisher besprochenen Lampen wird durchweg ein senkrecht abwärts gerichtetes Brennerrohr angewandt, das mehr oder weniger von den Abgasen beheizt wird. Eine Ausnahme bilden diesbezüglich nur die bereits 1897 von Kent vorgeschlagenen Lampen (Fig. 10 bis 12), bei denen die Saugkammer des Brenners außerhalb des Bereiches der aufsteigenden Verbrennungsgase gelagert ist, indem ein aufrechtstehendes oder zur Horizontalebene geneigtes Bunsenrohr mit senkrecht nach unten umgebogener Mündung, an die sich der Brennerkopf anschließt, benutzt wird. Diese Ausführung hat offenbar den Vorzug, daß das Brennerrohr nicht in dem Maße beheizt wird, wie bei einer Invertlampe mit senkrecht nach unten hängendem Bunsenbrenner. Wenn auch bei den letzteren die Verbrennungsgase seitlich abgeleitet werden, so bleibt doch häufig die Erhitzung der Saugkammer des Brenners infolge der Wärmeausstrahlung der oberhalb der Ablenkvorrichtung für die Abgase gelagerten Lampenteile bestehen. Um zu verhindern, daß die Verbrennungsgase in den Bereich der Saugkammer des Brenners gelangen und vollkommen getrennt von dieser abziehen, sind zahlreiche Fabrikanten auf die Anwendung des Kentschen Prinzips zurückgekommen; dadurch, daß ein aufrechtstehendes Bunsenrohr mit senkrecht nach unten gebogener Mündung zur Anwendung gelangt, bespülen die Abgase im wesentlichen nur den von der Glasumhüllung umschlossenen oberen Teil des Mischrohres, so daß

bei entsprechender Länge des aufsteigenden Schenkels des
Bunsenrohres auch die Hitzeübertragung auf die Düse infolge
der Wärmeleitung vermindert wird. Bei den K e n t schen Lampen mit umgekehrt U-förmig gebogenem Bunsenrohr hat
der Schenkel des Mischrohres, der den Brennerkopf und den

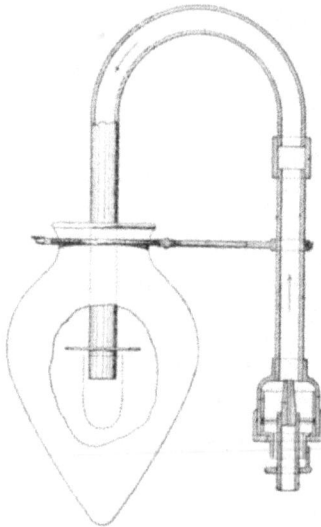

Glühkörper trägt, eine erheblich
geringere Länge als der an die
Düse angeschlossene Schenkel,
um dadurch das Zurückschlagen
der Flamme auf die Düse zu
verhindern. Die neueren Erfahrungen haben indessen gelehrt, daſs mit einem gebogenen
Mischrohr eine ruhige, den
Glühstrumpf in allen Teilen
zum gleichmäſsigen Erglühen
bringende Flamme erzeugt wird,
wenn man den Schenkeln des
Mischrohres ein solches Längen-
verhältnis gibt, daſs der Brennermundschenkel infolge der Erhitzung durch die ihn bestreichenden Abgase als Staurohr
wirksam wird. Dies läſst sich
dadurch erreichen, daſs man
diesem Schenkel für einen Gasdruck bis zu 44 bis 50 mm die
gleiche Länge wie dem anderen
Schenkel gibt. Bei den Brennern von P. V i s in Rotterdam
(Fig. 96) hat sich eine Normal-
länge von etwa 10 cm für den

Fig. 96.

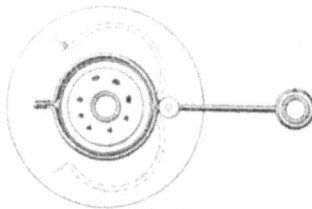

Fig. 97.

Anschluſsschenkel als zweckmäſsig erwiesen. Der die beiden
Schenkel verbindende Rohrteil kann auch gradlinig oder knie-
förmig verlaufen. Der Anschluſsschenkel erweitert sich unten
zu einer offenen Kammer, in welche die aufwärts gerichtete
Gasdüse hineinragt. Die Mischluft, deren Menge mittels einer
Scheibe genau geregelt werden kann, wird durch einen ring-

förmigen Spalt zwischen dem Düsenrohr und der unten verengten Mischkammerwandung angesaugt. Um die Hitzeübertragung durch Wärmeleitung auf die Düse zu verhindern, ist
ein aus schlecht leitendem Material bestehender Ring unterhalb
der Biegung des Mischrohres in den Anschlußschenkel eingeschaltet. Oberhalb der Brennermündung ist eine Prallplatte
angeordnet, die zur Erzielung einer vollkommenen Verbrennung des Gasluftgemisches beitragen soll. Zum Tragen der
Glocke dient ein am Brennerrohr befestigter Arm, an den zwei
federnde Klemmbacken angelenkt
sind, die den Glockenhals umgreifen
und an den freien Enden mittels
einer Klammer zusammengehalten
werden (Fig. 97). Anstatt einer gelochten Glocke kann auch eine geschlossene benutzt werden, die einen
unten offenen Zylinder umgibt, so
daß die Sekundärluft zwischen beiden vorgewärmt wird (Fig. 98).

Gut eingeführt haben sich diejenigen Invertlampen, bei denen das
gebogene Brennerrohr mit dem Beleuchtungskörper mittels des Anschlußschenkels unmittelbar auf den
Mischrohrstutzen eines aufrechtsteh-

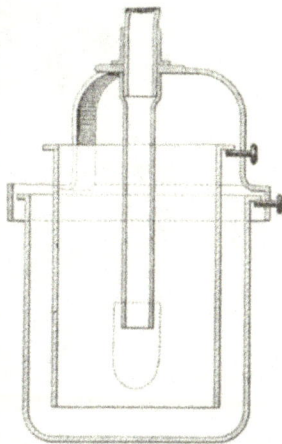

Fig. 98.

enden Bunsenbrenners aufgesetzt werden kann. Wird hierbei
eine gewöhnliche Auerdüse benutzt, so ist das im Mischrohrstutzen erzeugte Gasluftgemisch zum Betriebe von zwei entsprechend dimensionierten Invertbrennern ausreichend. Von
dem Anschlußschenkel werden in diesem Falle zwei gebogene
Brennerrohre abgezweigt. Derartige Lampen werden u. a. von der
Kramerlicht-Gesellschaft in Charlottenburg vertrieben (Fig. 99).
Um die Verbrennungsgase von den abwärts gerichteten Schenkeln der Brennerrohre abzulenken, ist die die obere Glockenöffnung abschließende Auffangschale mit einer Abzugöffnung
versehen, die in dem den Brennerrohrschenkeln gegen
überliegenden Außenrand der Schale angeordnet ist. Im
allgemeinen wird sich bei diesen Lampen die Anwendung

6*

einer Regulierdüse empfehlen, um die Brenner auf ihre höchste
Leuchtkraft einstellen zu können. Fig. 100 veranschaulicht

Fig. 99.

eine Invertlampe mit gebogenem Mischrohr von Fischer
& Co. in Mainz, bei der das letztere durch eine Klemm-
muffe auf dem Mischrohrstutzen be-
festigt wird.

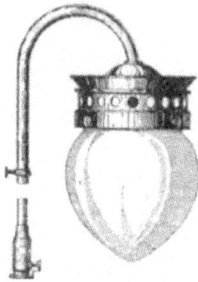

Fig. 100.

Der Anschluß eines Invertbrenners
an vorhandene Gasnippel für aufrechtstehende Brenner ist oft mit Schwierigkeiten verbunden, meistens muß ein gebogenes Anschlußrohr benutzt werden.
Bei den neueren Invertbrennern von Bray
in Leeds können die Teile des gebogenen Brennerrohres so zueinander gestellt
werden, daß der Brenner sowohl an auf-
wärts als auch an abwärts gerichtete Gasnippel angeschlossen
werden kann. Der Anschlußschenkel des Mischrohres ist

mit dem Brennermundschenkel verschraubt (Fig. 101 und
102), während die Glockengalerie zwischen einem Flansch am
Brennermundschenkel und einer auf dem Anschlußschenkel
verstellbaren Schraubenmutter befestigt wird.   Soll dieser
Brenner an einen nach unten gerichteten Gasnippel angeschlossen werden, dann werden die Brennerrohrteile durch
Drehung des Brennermundschenkels um 180° S-förmig zueinander gestellt (Fig. 103 bis 103 b). Anstatt der Schrauben-
verbindung sind hier die Brennerrohrteile bajonettverschlußartig miteinander vereinigt (Fig. 104) und werden mittels

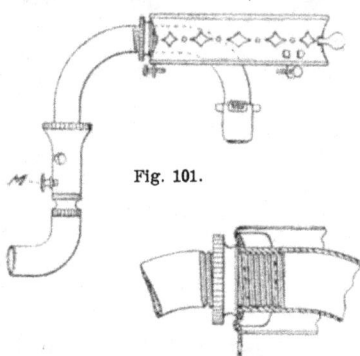

Fig. 101.

Fig. 102.

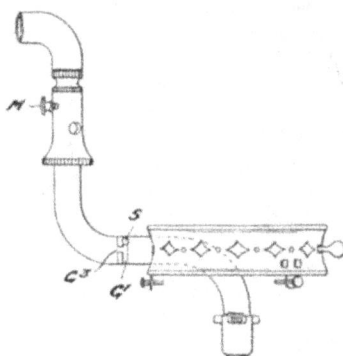

Fig. 103.

einer durch die Wandung des Anschlußschenkels geführten
Schraube S zusammengehalten, welche in die Bajonettschlitze
G^1 G^3 des Brennermundschenkels greift.   Eine andere Einrichtung zur Kuppelung der Brennerteile ist in Fig. 105 dargestellt. Der Brennermundschenkel A ist gasdicht über den
Anschlußschenkel A^1 geschoben, mit Außengewinde versehen,
über das der Flansch C geschraubt wird, und durch eine
Öffnung in der Wandung der Glockengalerie D geführt. Zur
Befestigung der Galerie dient eine Mutter G^2, die mittels einer
erweiterten Nut G^4 über einen am Anschlußschenkel A^1 angeordneten Flansch R greift; dieser ist mit einer Rille R^1 versehen, in die eine durch die Mutter geführte Schraube S^1
greift. Die Brennerrohrteile sind auf diese Weise gasdicht so
vereinigt, daß der Anschlußschenkel beliebig nach oben oder

nach unten gedreht und mittels der Schraube S^1 festgestellt
werden kann, um dann die Verbindung mit einem entsprechend

Fig. 103 a.

Fig. 103 b.

gestellten Gasnippel herzustellen. Diese Verbindung wird
mittels einer Klemmschraube *M* bewirkt, die durch die Wan-

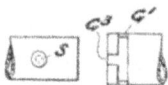

Fig. 104.

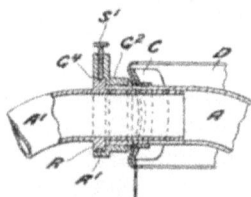

Fig. 105.

dung des Anschlußschenkels und des
Düsenrohres geführt ist und die
gleichzeitig zum Feststellen der mit
einem Schlitz versehenen Regulier-
hülse für die Luftzufuhr zur Saugkammer des Brenners dient.

Die Lampen von Fischer & Co.
in Mainz werden zweckmäßig auch
so ausgeführt, daß zwecks Auswechselung des Glühkörpers nicht der
ganze Beleuchtungskörper vom Mischrohrstutzen abgenommen zu werden
braucht, sondern nur das gebogene
Brennerrohr mit dem Glühkörper nach oben abhebbar über
den Mischrohrstutzen gestülpt ist (Fig. 106). Zu diesem

Zweck ist der Glockenträger mit dem Gaszuleitungsstutzen
für den Anschluſs des Düsenkörpers verbunden und die
oben offene Glockengalerie als Auflager für die Biegung
des Brennerrohres ausgebildet. Das mit dem Glühkörper ab-
hebbare Brennerrohr wird in der Gebrauchslage durch eine
am Glockenträger befestigte federnde Klemme am Mischrohrstutzen gehalten. In ähnlicher
Weise hat B r a y in Leeds das
Brennerrohr mit dem Glüh-
körper abhebbar in einer der
Form des gebogenen Rohres
angepaſsten Hülse gelagert, die
auf dem Düsenstutzen befestigt
und mit der Glockengalerie
verbunden wird (Fig. 107). Der
in der Gebrauchslage in die

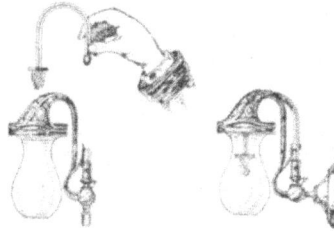

Fig. 106.

Glocke ragende Schenkel des Brennerrohres besteht aus Porzellan oder Speckstein und ist mit dem gasdicht in den
Mischrohrstutzen eingesetzten Anschluſsschenkel verschraubt.

Von dieser Ausführung der
Lampen mit nach oben abheb-
barem Brennerrohr weichen die
neuerdings von der Aktiengesellschaft Julius N o r d e n in Berlin
und London in den Handel
gebrachten »Kolumbuslampen«
(System Steinicke) insofern ab,
als das Brennerrohr vollkommen
von der Glasumhüllung des Glühkörpers umschlossen wird (Fig. 108
bis 110). Auſser der oberen Ab-

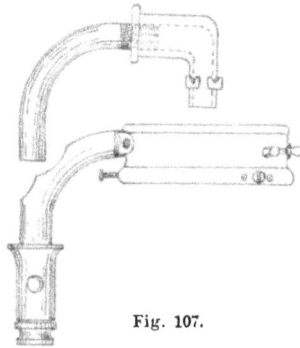

Fig. 107.

zugöffnung für die Verbrennungsgase ist die Glasumhüllung
mit einer seitlichen Öffnung versehen, vor der eine Platte
gelagert ist, welche mittels eines Ringflansches an dem
umgebogenen Rand der Öffnung durch Schrauben befestigt
wird. Die Platte ist im oberen Teile durchlocht, unten mit
einem Ausschnitt versehen und in der Mitte nach auſsen
wulstartig ausgestanzt (Fig. 109). In diesem Wulst ist ein in

die Glocke schräg nach oben hineinragender Rohrzylinder *a* befestigt, in den einerseits der untere Mischrohrstutzen,

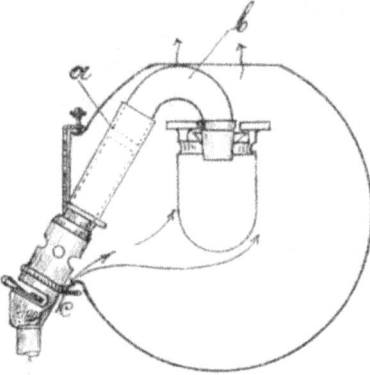

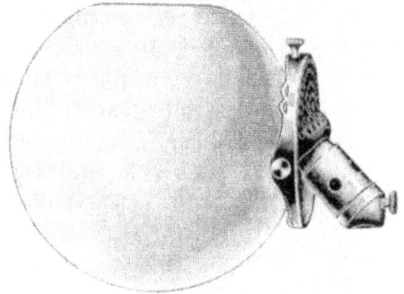

Fig. 108.   Fig. 109.

anderseits der gebogene Brennermundschenkel *b* mit dem Glühkörper von oben durch die Abzugöffnung für die Verbrennungsgase in der Glocke eingesetzt wird. Die Gasdüse

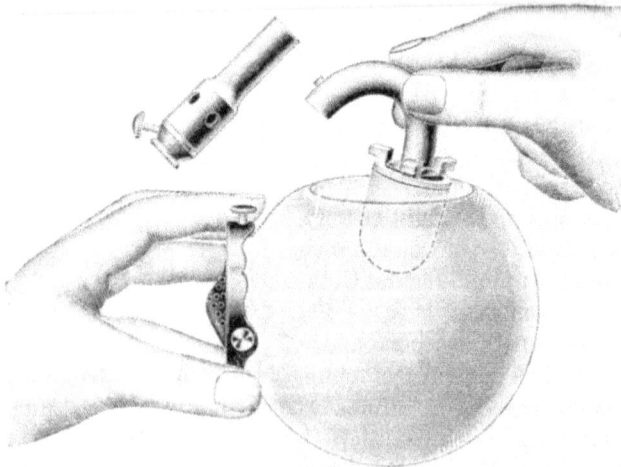

Fig. 110.

wird behufs Anbringung der Lampe auf dem Gasnippel befestigt, der Mischrohrstutzen aufgeschraubt und über diesen der Rohrzylinder *a* mit der Glocke geschoben, nachdem vorher durch die obere Öffnung der Glocke der Rohrkrümmer *b* mit dem Glühkörper in den Rohrzylinder eingesetzt worden ist. Soll ein Strumpf ausgewechselt werden, so wird der Beleuchtungskörper vom Mischrohrstutzen abgehoben und der Rohrkrümmer mit dem Glühkörper durch die obere Glockenöffnung herausgenommen. Die Sekundärluft wird teils durch den unteren Ausschnitt, teils durch den gelochten Teil der Abschlufsplatte für die seitliche Glockenöffnung angesaugt. Dadurch, dafs die Brennerteile innerhalb der Glasglocke gelagert sind, gewinnt die Lampe das Aussehen eines elektrischen Beleuchtungskörpers. Fig. 111 veranschaulicht ein Pendel, das mit drei Kolumbuslampen ausgestattet worden ist. Infolge dieser Gruppierung der Lampen wird bei Wahl einer Opalglasumhüllung eine vorteilhafte Lichtverteilung in dem zu beleuchtenden Raume erzielt.

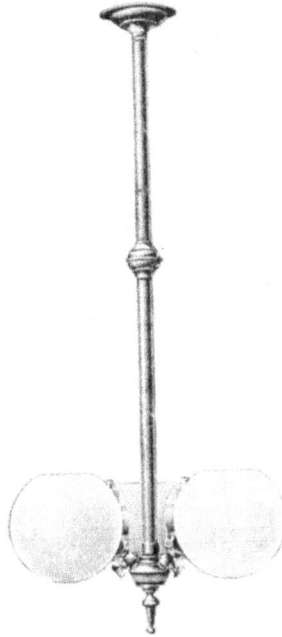

Fig. 111.

Anstatt eines aufrechtstehenden Bunsenrohres wird bei einigen Lampen ein wagerechtes Bunsenrohr mit senkrecht nach unten umgebogenem Brennerkopf an -die Gasdüse angeschlossen. Das Bunsenrohr dient hierbei gleichzeitig als Träger der Gasarmatur, durch deren obere Öffnung der Brennerkopf mit dem Glühkörper geführt ist. Die Glockengalerie kann entweder mittels einer um das Mischrohr gelegten Schelle an diesem befestigt werden (Fig. 112), oder das Bunsen-

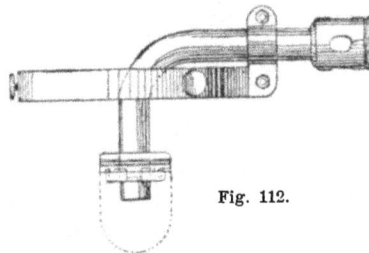

Fig. 112.

rohr wird zweiteilig ausgeführt und die Galerie dadurch befestigt, daſs ein ringförmiger Ansatz zwischen den miteinander ver- schraubten Mischrohrteilen festgeklemmt wird (Fig. 113). Der- artige Lampen werden u. a. durch die Metallwarenfabrik von A. Silbermann in Berlin in den Handel gebracht (Fig. 114) und sind insbesondere zum Anschluſs an vorhandene Wandarme

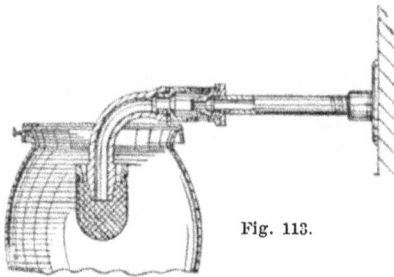

geeignet. Die Düse und das Bunsenrohr sind durch ein Isolierstück aus Speckstein mitein- ander verbunden, um die Düse möglichst kühl zu halten; das gebogene Mischrohr wird durch einen schirmartigen Auf- satz aus Glas verdeckt.

Fig. 113.

Eine Invertlampe mit geschlossener Glaskugel und über dieser wagerecht gelagertem Mischrohr wird von R. Frister (Engel & Heegewaldt) in Berlin - Oberschöneweide gebaut (Fig. 115). Die Haltung für den Glühkörper hat die Form

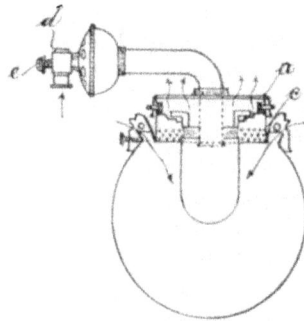

Fig. 114.   Fig. 115.

einer Kuppel c, in die der Strumpf eingehängt wird. Zwecks Auswechselung des letzteren wird die Glocke mit der Fassung etwas gedreht und aus den Bajonettschlitzen einer Kapsel a herausgenommen, umgekehrt und nach Einlegung eines neuen Glühkörpers wieder eingehängt. Die Trennung der dem Glüh- körper durch die Glockengallerie zugeführten Sekundärluft

von den Abgasen findet dadurch statt, dafs der Glühkörper
erhöht in der Kuppel aufgehängt ist. Die Anbringung der
Lampen auf einem Gasnippel für stehende Brenner geschieht
mittels einer knieartigen Düse *d*; durch die Rückwandung
der letzteren ist ein Nadelventil geführt, das zur Regelung

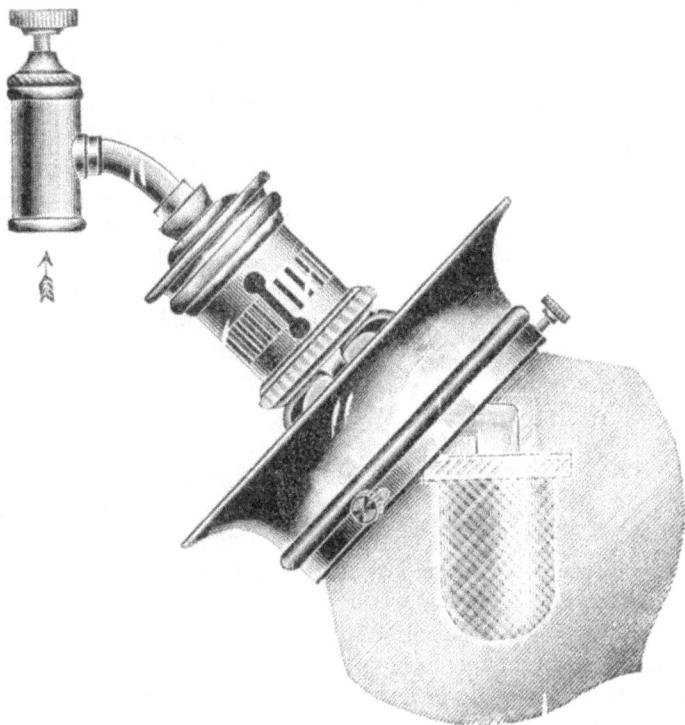

Fig. 116.

der Gaszufuhr durch die Düse dient. Anstatt eines Regelungs-
ventiles wendet B a c h n e r in Berlin bei seiner neuen »Elektro-
formlampe« (Fig. 116) im Anschlufskörper ein Gasabsperrventil
als Ersatz für einen Hahn an. Der Anschlufskörper besteht
aus einem T-Rohrstück, in welches das Ventil von oben eingeschraubt wird. Das Brennerrohr ist unter einem spitzen
Winkel nach unten geneigt zur Achse des Absperrventils
gestellt und mit einem senkrecht nach unten abgebogenen

Brennermundstück versehen. Die Regelung des Gaszuflusses zur Saugkammer erfolgt mittels einer durch die Wandung des Düsenrohres geführten Spindel (Fig. 117). Der Saugraum des Brenners, welcher sowohl gegen das Gaszuleitungsrohr als auch gegen das gebogene Brennermundrohr durch Zwischenschaltung schlechter Wärmeleiter isoliert wird, ist durch Einschaltung eines Strahlrohres in zwei Kammern unterteilt, in welche die Mischluft angesaugt wird, so dafs eine doppelte Luftzuführung vorhanden ist. Die Aufhängung des Glühkörpers an Drähten, welche mit der Galerie der geschlossenen Glocke vernietet sind, kann nicht als zweckmäfsig bezeichnet werden, da die Drähte sehr leicht durchbrennen; neuerdings wird deshalb der Magnesiatragring bajonettverschlufsartig am Specksteinbrennerkopf aufgehängt. Durch Anordnung eines mit Schlitzen versehenen Ringen um den mittleren Teil des Brennerrohres soll die Lampe den Anschein einer Nernstlampe erwecken.

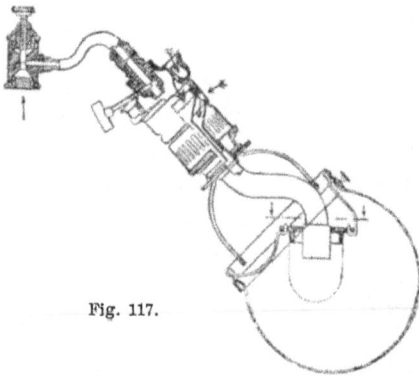

Fig. 117.

Ein gebogenes Mischrohr mit aufserhalb des Bereichs der aufsteigenden Verbrennungsgase gelagerter Saugkammer wird auch bei den in Fig. 118 bis 120 abgebildeten Invertlampen von Helps in Nuneaton (England) benutzt. Die Abzugöffnungen für die Verbrennungsgase sind in üblicher Weise an der dem gebogenen Brennerrohr abgekehrten Seite der Auffangschale vorgesehen. Anstatt der Verbindung der Lampe durch Verschraubung der Düse mit dem Gasnippel wird der letztere in einem Stutzen befestigt, der am Brennerrohr zwischen der Düse und dem Brennerkopf gelagert ist. Erforderlichenfalls kann der Stutzen an den Aufhängearm der Lampe mittels eines Kugelgelenkes angeschlossen werden, so dafs die Lampe beliebig gedreht werden kann. Der Stutzen *a* ist bei der

Hängelampe gemäfs Fig. 118 und 119 in einem Gasschlauch befestigt; von dem Stutzen führt eine Zweigleitung *b*, in welche
ein Absperrventil eingeschaltet ist, in das Gehäuse eines Hahn-
körpers, mit dem das gebogene Bunsenrohr verschraubt ist.

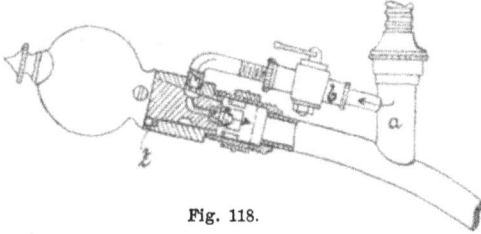

Fig. 118.

Mittels eines Ringschiebers kann die Mischluftzufuhr zur Saugkammer des Brenners geregelt werden. Die Düse ist in die
vordere Stirnwand des Hahnkükens geschraubt, dessen zentrale Bohrung in eine
Ringnut am Umfang des
Kükens mündet, welche
an die Zweigleitung *b* angeschlossen ist. Das Küken
mit der Düse wird bajonettverschlufsartig im Hahn-
gehäuse mittels eines in
entsprechende Schlitze des
letzteren greifenden Zap-
fens *z* befestigt und kann
auf diese Weise leicht ausgewechselt werden, ohne
die Lampe abzunehmen.
Die mit dem Küken ver-
bundene Hohlkugel wird
mit Schrotkörnern gefüllt
und wirkt bei der pendeln-

Fig. 119.

den Aufhängung der Lampe als Gegengewicht. Die Einrichtung kann auch so ausgeführt werden, dafs der am Bunsenrohr
befestigte Stutzen an einen senkrechten oder wagerechten
Gasnippel angeschlossen werden kann (Fig. 120). Anstatt der

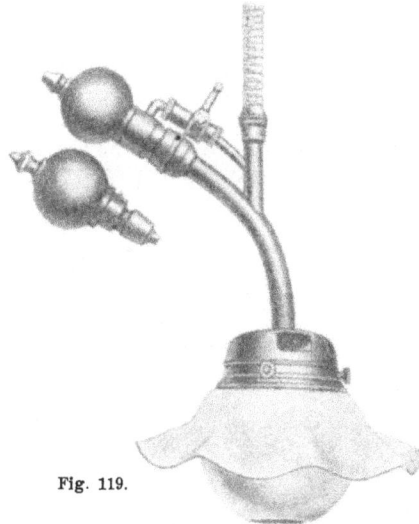

Anordnung der Düse in dem auswechselbaren Küken kann die Düse in das mit einem feststehenden Küken bajonett-verschlufsartig vereinigte, abnehmbare Hahngehäuse eingesetzt werden (Fig. 121). Das Küken ist am Umfang, das Hahn-gehäuse an der Innenwandung mit einer aufeinanderpassenden Ringnut versehen, in welche die Ver-bindungskanäle mit der Düse und dem Anschlufsstutzen münden. Das Küken, welches gleichzeitig die Saugkammer des Brenners bildet, wird mit dem Brennerrohr verschraubt; die Mischluft strömt in die Saugkammer durch Öff-nungen, welche in der Wandung des abnehmbaren Hahngehäuses vorge-sehen sind. Ein über den Öffnungen des Gehäuses einstellbarer Ringschieber dient zur Regelung der Mischluftzufuhr.

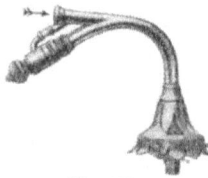

Fig. 120.

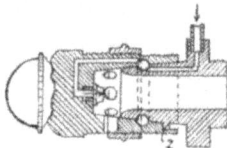

Fig. 121.

Um einer Invertlampe möglichst das Aussehen eines elektrischen Be-leuchtungskörpers zu verleihen, wird vielfach unter Benutzung einer geschlossenen Glaskugel um den Glühkörper der Brenner schräg nach unten oder wagerecht gerichtet aufgehängt. Bei den von Ahrendt & Co. in Berlin gebauten Lampen ge-mäfs Fig. 122 und 123 sind von einem gemein-samen, aufrechtstehen-den Bunsenrohr zwei oder mehrere schräg nach unten gerichtete Brennerschenkel abge-zweigt, an deren Mün-dung der Glühkörper aufgehängt wird. Die Lampen können von dem gemeinsamen Mischrohrstutzen nach oben abgehoben werden; die Sekundär-luft wird durch die obere Glockenöffnung bei b angesaugt, die Verbrennungsgase entweichen ohne Anwendung besonderer Ablenkvorrichtungen durch den oberen Teil der Glocken-

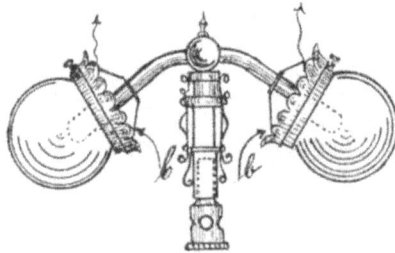

Fig. 122.

öffnung, ohne die Brennerschenkel zu treffen. Die Lampen
sind insbesondere für Schaufensterbeleuchtung beliebt. Dasselbe gilt für die von Proskauer & Co. in Berlin vertriebenen Invertlampen (Fig. 124), bei denen die schräg nach unten
gerichteten Brenner mit den Mischrohren und der Düse an
einen senkrechten Gasstutzen mit gebogenen Seitenarmen an-

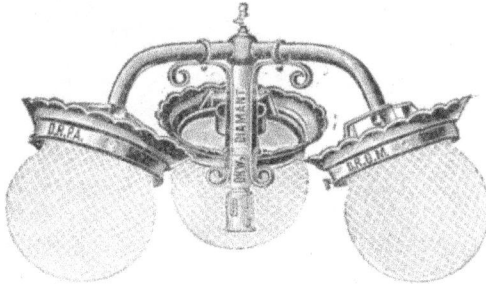

Fig. 123.

geschlossen werden. Fig. 125 veranschaulicht einen schräg
nach unten aufgehängten Brenner von Fried in New York;
das Bunsenrohr wird von einem Mantel umschlossen, der oben
konisch erweitert ist und mittels einer um die Saugkammer
gelagerten Bodenplatte *10* abgeschlossen wird.   In das mit
der letzteren verbundene Bren-
nerrohr ist der unten mit einer
verengten Durchtrittsöffnung
versehene, als Saugkammer
dienende Mischrohrstutzen eingeschraubt; um die Saugkammer ist eine Haube *27* gelegt, deren Innenwandung
als Ringschieber zur Regelung
der Luftzufuhr ausgebildet ist.

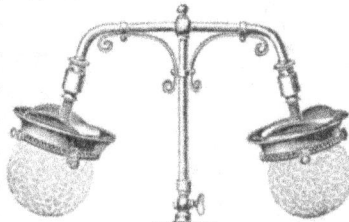

Fig. 124.

Das Gas strömt in die Saug-
kammer durch Öffnungen der breiten Düsenplatte, über der
eine mit korrespondierenden Durchtrittsöffnungen versehene
Schieberplatte zwecks Regelung des Gaszuflusses drehbar
gelagert ist.   Der Glühkörpertragring wird durch Bajonettverschluß am Schutzmantel des Brennerrohres befestigt.

Bei den schräg nach unten gerichteten Brennern werden die
Glühkörper nicht gleichmäfsig zum Glühen gebracht, weil die
aus der Brennerkopfmündung austretende Flamme infolge des
Auftriebes des Gasluftgemisches die obere Seite des Strumpfes

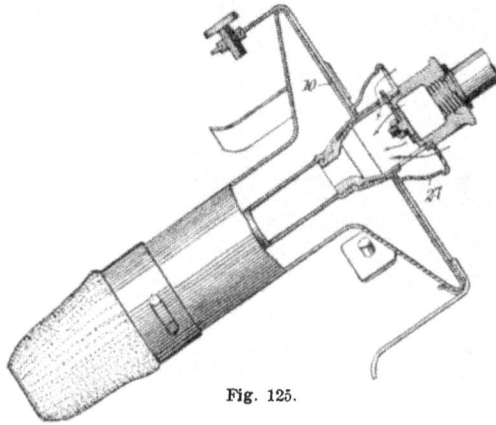

Fig. 125.

kräftiger bestreicht als die untere Hälfte des Glühkörpers.
In noch höherem Mafse tritt dies ein, wenn das Brennerrohr
mit dem Strumpf wagerecht gelagert wird. Abgesehen davon,
dafs in diesem Falle die mit einem Invertbrenner beabsichtigte
Wirkung, die Erzielung der gröfsten Lichtstrahlung des Glühkörpers nach unten, teil-
weise aufgehoben wird,
tritt infolge der ungleich-
mäfsigen Erhitzung des
Glühkörpers häufig eine
nachteilige Formverän-
derung des letzteren ein.
Man hat diesem Übel
dadurch abzuhelfen ver-
sucht (Fig. 126), dafs die
Austrittsmündung g für das Gasluftgemisch schräg nach unten
gerichtet wird oder mehrere schräge Hilfsbohrungen h in der
unteren Hälfte des Brennerkopfes eingebohrt werden. Offenbar wird jedoch auch bei diesen Brennern eine gleichmäfsige

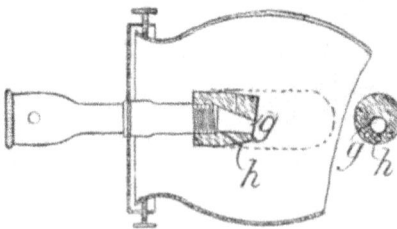

Fig. 126.

Erhitzung des Glühkörpers nicht erreicht, denn praktische Bedeutung haben bisher weder diese noch andere Lampen mit horizontal gelagertem Brennerrohr erlangt.

Bei Gasglühlichtlampen mit aufrechtstehenden Brennern werden zur Erzielung starker Lichtquellen in der Glasumhüllung entweder mehrere durch getrennte Düsen gespeiste Brenner von einer gemeinsamen Gaskammer abgezweigt, oder das Gasluftgemisch wird aus einem gemeinsamen Mischrohr mehreren Brennerköpfen und Glühkörpern zugeführt.

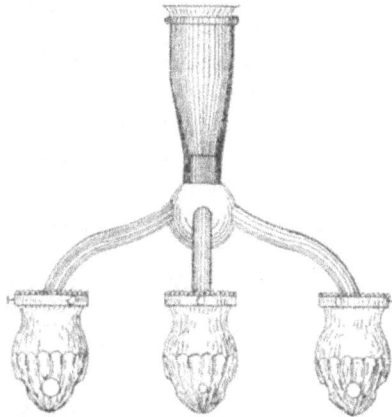

Fig. 127.

Die Übertragung dieser beiden Maßnahmen auf]Gasglühlichtinvertlampen ist bereits mehrfach vorgeschlagen worden. Fig. 127 und 128 veranschaulichen eine französische Gruppenbrennerlampe von M. Gall, bei welcher an ein senkrecht nach unten aufgehängtes Mischrohr mehrere Brennerrohre zur Beheizung einer entsprechenden Anzahl von Glühkörpern angeschlossen sind, die von gelochten Glocken umschlossen werden. Die die oberen Glockenöff-

Fig. 128.

nungen abdeckenden Platten sind an den den Brennerrohren abgekehrten Seiten mit Auslaßöffnungen f für die Verbrennungsgase versehen, so daß diese weder die Rohre noch

Ahrens, Hängendes Gasglühlicht.   7

die Mischkammer treffen, von der sie abgezweigt worden sind
und in welche die Mischluft durch Lochungen im oberen
Kammerboden angesaugt wird. Selbst wenn vorausgesetzt
wird, daſs bei diesen Lampen nur kleine Glühkörper durch
die von der gemeinsamen Saugkammer abgezweigten Brennerrohre beheizt werden, erscheint für einen sicheren Betrieb ein
verhältnismäſsig hoher Gasdruck erforderlich. Einerseits um
Druckverluste in der Saugkammer zu verhüten, anderseits
zur Erzeugung eines innigen Gasluftgemisches in der Kammer
hat man in der letzteren übereinander mehrere
Einsätze mit verengter unterer Mündung gelagert (Fig. 129). Die Mündung des mittleren
Einsatzes 10 hat geringeren Querschnitt als diejenigen des oberen Einsatzes 13; vor der Mündung des unteren Einsatzes, die den gröſsten
Querschnitt hat, ist ein kegelförmiger Verteiler 16 angeordnet.

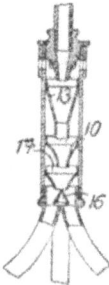

Eine Gruppenbrennerlampe, bei der eine
zweimalige Zuführung der Primärluft erfolgt,
wird von H. Darwin in Erdington (England)
gebaut (Fig. 130). Die gemeinsame Mischvorrichtung, an welche die Brennerrohre angeschlossen sind, besteht aus zwei hintereinandergeschalteten Saugkammern. Die
erste Mischkammer, in der zunächst ein luftarmes Verbrennungsgemisch erzeugt wird, mündet in eine Sammelkammer, aus
welcher das Gasluftgemisch unter Änderung seiner Strömungsrichtung in die zweite, mit Lufteinlässen versehene Mischkammer übertritt, um hier mit zusätzlicher Verbrennungsluft
innig gemischt zu werden und nun erst den Brennern zu-
zuströmen.

Der sich an die Gaszuleitung 10 und die Düse anschlie-
ſsende Rohrteil 11 ist mit Lufteinlässen 14 versehen. Die
durch diese Löcher eindringende Luft vereinigt sich in dem
Mischrohre 19 der ersten Mischkammer mit dem nieder-
strömenden Gase zu einem luftarmen Gemisch. Die durch
die Löcher 14 eingelassene Luftmenge kann je nach Bedarf
mittels einer über dem Rohrstücke 11 drehbaren, mit Löchern 16
versehenen Muffe 15 geregelt werden.

Fig. 129.

Das Mischrohr *19* ist von der entsprechend weiteren zweiten Mischkammer *18* umgeben und reicht beinahe bis zum Boden der letzteren. Das Rohr *19* mündet hier in eine Sammelkammer *20*, in welche also das in der Kammer *19* erzeugte luftarme Verbrennungsgemisch zunächst einströmt.

Diese Sammelkammer *20* ist, zweckmäfsig nur in ihrer Decke, von Löchern *21* durchbrochen, durch welche das Gas-

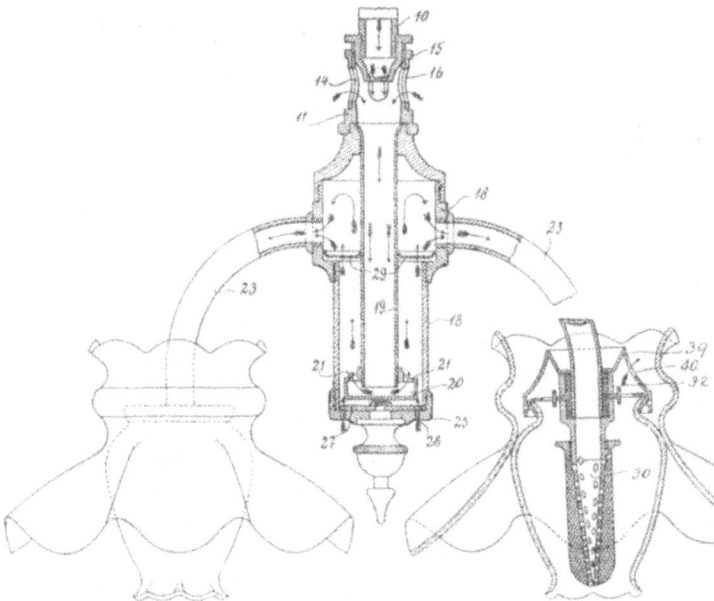

Fig. 130.

luftgemisch in die zweite Mischkammer *18* einströmen kann, und zwar indem es seine Strömungsrichtung umkehrt. Die Mischkammer *18* ist gleichfalls mit Lufteinlafsöffnungen *26* versehen, und zwar im Boden *25* oder einem anderen, unterhalb der Sammelkammer *20* belegenen Teile, durch welche zusätzliche Mischluft einströmt, deren Menge mittels einer drehbaren gelochten Scheibe *27* geregelt werden kann, indem die Löcher dieser Scheibe *27* mehr oder weniger zur Deckung mit denjenigen des Kammerbodens *25* gebracht werden.

7 *

Zweckmäfsig ist die zweite Mischkammer *18* in ihrem oberen Teile, von dem die Brennerrohre *23* ausgehen, innen weiter als im unteren Teile, und ihre beiden Teile sind voneinander durch eine oder mehrere gelochte Prallplatten oder Zwischenwände aus Drahtgaze *29* getrennt; diese tragen dazu bei, dafs das ersterzeugte, luftarme Gemisch, das durch die Löcher *21* am Fufse des Mischrohres *19* ausströmt, und die im unteren Teile der zweiten Mischkammer mit ihm zusammentreffende, durch die Löcher *26* eingedrungene zusätzliche Luftmenge innig miteinander gemischt werden, ehe sie in den oberen Teil der zweiten Mischkammer *18* und weiter in die Brennerrohre *23* gelangen.

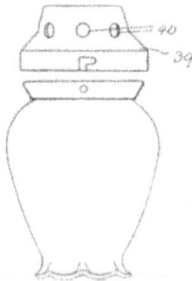
Fig. 131.

Diese gründliche Mischung des luftarmen Gemisches mit der zusätzlichen Luftmenge hat eine vollkommene Verbrennung zur Folge. Von Vorteil erweist sich hierbei der Umstand, dafs die Mischkammern zwischen den von den Rohren *23* getragenen Brennern gelagert sind, und dafs infolge der von den Brennern ausgestrahlte Wärme die Temperatur des ersten Gasluftgemisches, der zusätzlichen Luftmenge und endlich des fertigen Brenngemisches erhöht wird, bevor das Gemisch die Brenner erreicht. Die letzteren sind mit einem in den Glühkörper ragenden, durchlochten Specksteinkopf versehen, der mittels einer Hülse *32* am Brennerrohr unter Zwischenschaltung eines Asbestringes durch Klemmschrauben befestigt wird. Auf dieser Hülse ist eine mit den Ableitungsöffnungen *40* für die Verbrennungsgase versehene Metallkappe *39* gelagert, in welche die Glasglocke mit ihrer Fassung mittels Bajonettverschlusses aufgehängt wird (Fig. 131); in gleicher Weise wird der Glühkörpertragring am Brennerkopf befestigt.

Diese Ausführung der Lampe ist insofern unvorteilhaft, als stets alle Brenner in Betrieb genommen werden müssen. Um die letzteren auch einzeln ein- und ausschalten zu können, hat Darwin von einer gemeinsamen Saugkammer mehrere Brennerrohre abgezweigt (Fig. 132), die durch eine entsprechende An-

zahl von Düsen gespeist werden; die letzteren sind an Zuleitungsrohre angeschlossen, die durch Einschaltung von Hähnen einzeln abgesperrt werden und in eine Gaskammer des Aufhänge-
rohres münden. Der Luftzufluſs in die gemeinsame Saugkammer wird in derselben Weise geregelt wie die Zufuhr der
Luft zur zweiten Mischkammer bei den Lampen gemäſs Fig. 130.
Die Einrichtung kann zweckmäſsig so ausgeführt werden, daſs
die Saugkammer mit den Düsen oberhalb der Gaskammer gelagert wird (Fig. 133). Das Gas wird dann der letzteren

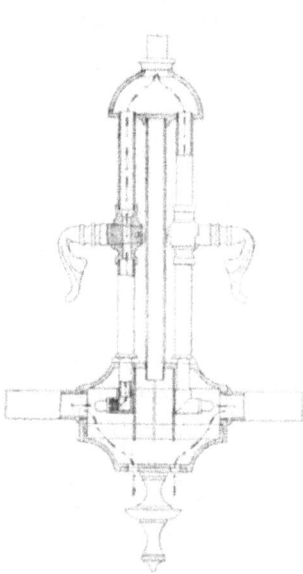

Fig. 132.

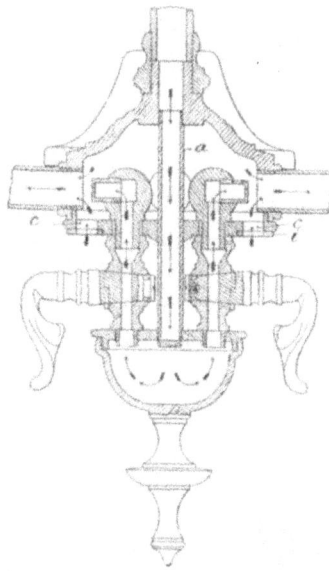

Fig. 133.

mittels eines die Saugkammer durchsetzenden Rohres *a* zugeführt. Diese ist im Boden mit Lufteinlaſsöffnungen *c* versehen; in den Boden sind auch die Düsenstutzen eingesetzt,
an welche die mit den Absperrventilen versehenen Rohre zur
Verbindung mit der Gaskammer angeschlossen werden. Die
Luftzufuhr in die Saugkammer wird mittels eines Schieberringes *i* geregelt, in dem entsprechende Durchtrittsöffnungen
angeordnet sind.

Die Reinigung und Auswechselung der Düsen ist ohne das Auseinandernehmen des Beleuchtungskörpers bei den Darwinschen Lampen nicht möglich. Zur Erreichung dieses Zweckes hat Helps in Nuneaton bei seinen zurzeit in England vielfach eingeführten Gruppenbrennerlampen den Düsenkörper leicht herausnehmbar in der Saugkammer, von der die Mischrohre abgezweigt sind, gelagert. Die Düsen sind in einen Rohrstutzen *a* eingesetzt (Fig. 134), der in einer die Saugkammer bildenden Hülse gelagert und mit dem Gaszuleitungsrohr verschraubt wird. Oben und unten ist diese Hülse durch aufgesetzte Kappen abgedeckt; die untere Kappe wird mittels eines Schraubenbolzens mit dem Rohrstutzen *a* verbunden. Die Regelung der Luftzufuhr erfolgt durch einen um die Hülse drehbaren Ringschieber. Nach Lösung der Verschraubung des Düsenstutzens mit dem Gaszuleitungsrohr kann ersterer durch Abnahme der unteren Kappe aus der Hülse herausgenommen werden. Die Reinigung der Düsen erfordert hierbei ebenfalls durch Trennung der Beleuchtungskörper vom Gaszuleitungsrohr. Um auch diese umständliche Arbeit zu ersparen, besteht bei den Lampen gemäß Fig. 135 bis 138 die gemeinsame Saugkammer aus zwei zusammenschraubbaren Kapseln. In der unteren Kapsel sind die Luftzuflußöffnungen zur Saugkammer vorgesehen. Die obere Kapsel, von der die Brennerrohre abgezweigt sind, kann mit dem Gaszuleitungsrohr verbunden werden, so daß der

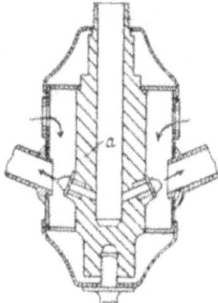
Fig. 134.

Fig. 135.

Düsenstutzen leicht auswechselbar in das Verbindungsstück
der Kapsel mit dem Zuleitungsrohr eingesetzt und nach Lösung der unteren Kapsel ohne Abnahme der oberen Kapsel
mit den Beleuchtungskörpern herausgenommen werden kann.
Fig. 138 veranschaulicht eine Gaskrone, bei welcher der Düsen-

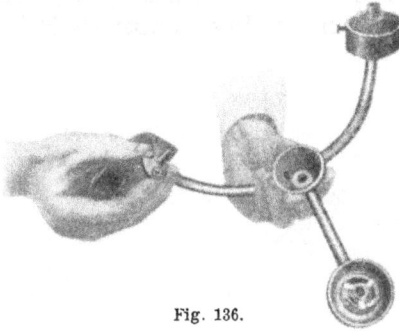

Fig. 136.

körper zwecks Reinigung nach Abnahme der unteren Kapsel
aus der gemeinsamen Saugkammer herausgenommen worden
ist. Da die Düsen stets genau zentrisch vor den Mündungen
der Brennerrohre in der Saugkammer gelagert werden müssen,

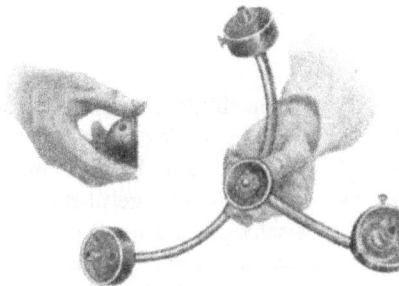

Fig. 137.

dürfte das Einsetzen des Düsenstutzens in die obere Kapsel
häufig mit Schwierigkeiten verbunden sein. Unvorteilhaft erscheint es aufserdem, dafs die Lampen nicht einzeln in und
aufser Betrieb gesetzt werden können, ein Nachteil, der auch
durch die Möglichkeit der leichten Auswechselung der Düsen

nicht aufgewogen werden dürfte, da von den Konsumenten
erfahrungsgemäfs in erster Linie die Forderung nach einem
möglichst geringen Gasverbrauch gestellt wird, die nicht erfüllt werden kann, wenn alle Beleuchtungskörper in Betrieb
genommen werden müssen. Diese Erwägungen haben offenbar zu der Ausführung der Düsenanordnung gemäfs Fig. 139
geführt, bei welcher der Düsenkörper als Hohlküken ausge-

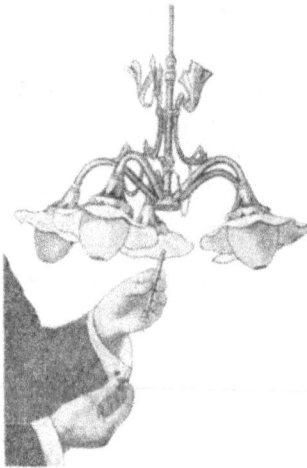

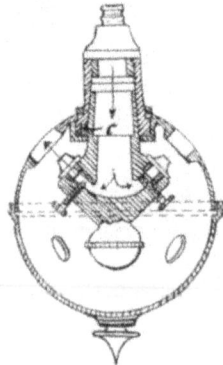

Fig. 138.   Fig. 139.

bildet ist, das bajonettverschlufsartig in einem als Hahngehäuse dienenden Verbindungsstück mit dem Gaszuleitungsrohr
eingesetzt wird. Ein Stift c am Hohlküken ist in einer
entsprechenden Nut des Gehäuses geführt; durch Anschlag
des Stiftes gegen die Seitenwandung der Nut wird die Drehung
des eingesetzten Hohlkükens begrenzt, so dafs in dieser Stellung
die Düsen zentrisch vor den Mündungen der Mischrohre in
der Saugkammer gelagert sind. Nach Abnahme der unteren
Kapsel kann der Gaszuflufs zu den einzelnen Brennern durch
Schraubenventile abgesperrt werden, welche in der Wandung
des Düsenkörpers in die Düsenkanäle geführt sind.

Glühkörperträger und Vorrichtungen zum Auswechseln der Glühkörper.

Die einfachste Vorrichtung zum Aufhängen und Auswechseln der Glühkörper bei Invertbrennern besteht in der Befestigung des Glühkörpertragringes am Brennerkopf mittels Bajonettverschlusses. Der letztere ist in den verschiedenartigsten Formen ausgeführt worden, je nachdem eine mehr oder weniger feste Verbindung des Glühkörpertragringes mit dem Brennerkopf hergestellt werden soll. Im allgemeinen wird diejenige Aufhängung als die zweckmäßigste anzusehen sein, bei welcher eine genaue Führung des Tragringes beim Aufhängen desselben am Brennerkopf erforderlich ist, so daß der Glühkörper genau zentrisch zur Brennerkopfmündung gelagert wird und die Verbrennungsgase durch den Raum zwischen dem Tragring und der Brennerkopfwandung gleichmäßig nach oben entweichen. Bei den ersten Lampen von Ehrich & Grätz in Berlin wurde dies dadurch erreicht, daß am Brennerkopf (Fig. 140 und 141) ein Flansch f befestigt ist, der mittels dreier Stege s den Mantel m trägt, derart, daß zwischen f und m ein Ringraum verbleibt.

Über diesen Mantel m wird der Tragring des Glühkörpers geschoben, welcher aus einem Mantel o, an den sich zweckmäßig eine Einkerbung e schließt, über die der Strumpf gebunden wird, besteht. m und o bilden Zylinder, die sich aufeinander führen und durch Bajonett- oder anderen Verschluß miteinander verbunden werden können. Zu diesem Zwecke

ist der Mantel *o* mit Ausschnitten zur Aufnahme der Nasen *n*
versehen. Der zwischen Einkerbungsring *e* und Flansch *f* vorhandene Ringraum *r* für den Abzug der Gase ist genau zentrisch
infolge der zentrischen Führung der Ringe und sichert dadurch den gleichmäſsi-
gen Abzug der Gase, eine
Einrichtung, die für in-
vertierte Brenner ebenso
wie die Zentrierung des
Strumpfes von Bedeu-
tung ist.

　　Um eine vollständige
Festklemmung des Glüh-
körpertragringes zu er-
zielen, wendet Dr.-Ing.
Kramer in dem ba-
jonettartigen Verschluſs
schräge Auflaufflächen
an, so daſs eine pen-
delnde Bewegung des
Glühkörpers ausge-
schlossen ist. Das Bren-
nerrohr trägt einen mit
Durchlaſsöffnungen für
die Abgase versehenen
Teller *b*, an welchem
der Glühkörpertragring *c*
lösbar befestigt wird
(Fig. 142); der letztere
erhält an zwei oder meh-
reren Stellen schräge
Schnitte im oberen zy-
lindrischen Teile, so daſs

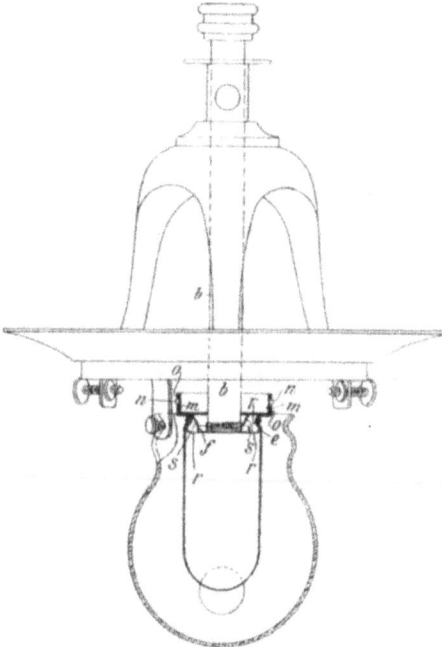

Fig. 140.

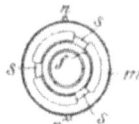

Fig. 141 a.　　Fig. 141 b.　　Fig. 141 c.

die über diesen Schnitten liegenden Flächen f^1 und f^2 (Fig. 142
und 144) nach innen gedrückt werden können. Der Teller
hat dagegen an zwei oder mehreren Stellen Abflachungen
oder Ausnehmungen d^1 und d^2 (Fig. 143). Der Ring *c* wird
beim Aufsetzen so über den Teller *b* geschoben, daſs d^1 und d^2

mit f^1 und f^2 zusammenfallen; der Ring stöfst dann mit dem Flansch h gegen die Unterfläche des Tellers und kann nun so weit gedreht werden, dafs f^1 und f^2 über die Rundung des Tellers greifen. Das Festklemmen des Tellers am

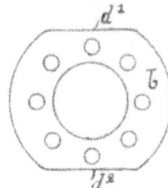

Fig. 143.

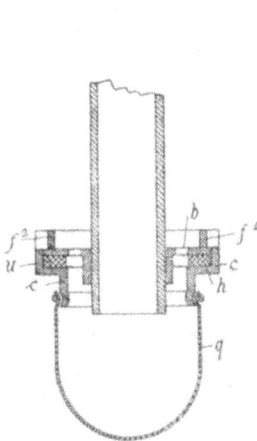

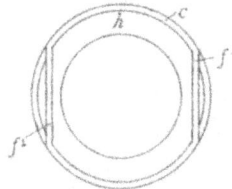

Fig. 142.   Fig. 144.

Ring b wird dadurch bewirkt, dafs die Vorsprünge f^1 und f^2 nach der Seite des Tellers hin eine schräge Kante haben, welche sich über die Ausnehmungen d^1 und d^2 nicht völlig

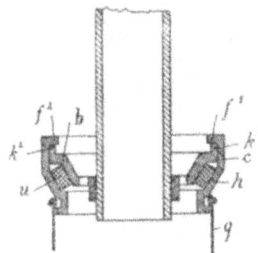

Fig. 145.   Fig. 146.

hinüberschieben läfst (Fig. 145). Zwischen den Glühkörpertragring und den Teller kann eine Asbestpackung u gelegt, werden. Auf demselben Prinzip beruht die Vorrichtung gemäfs Fig. 146, nur sind hier die schrägen Flächen k^1 und k^2

zum Festklemmen des Glühkörpertragringes am Teller *b*
angeordnet, während der Ring zwei Klauen f^1 und f^2 trägt,
unter welche die Klemmflächen greifen. Bei den neueren
Kramerbrennern (Fig. 86) sind die Öffnungen für den Abzug der Verbrennungsgase aus dem Glühkörperinnern in der
Seitenwandung des Glühkörpertragringes vorgesehen.

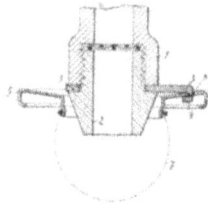 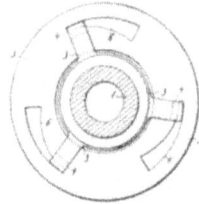

Fig. 147.   Fig. 147 a.

Ebenso wie Kramer benutzt Liais in Paris eine Glüh-
körperbefestigung, bei welcher der Tragring durch Keilwir-
kung am Brennerkopf befestigt wird, und zwar mittels eines
Exzenterverschlusses (Fig. 147 und 147 a). Der Specksteinbrenner-
kopf *2* ist mittels Gewindes in das Brennerrohr eingesetzt.
Der Brennerkopf dient gleichzeitig zum Festklemmen eines
Klauenringes *3*, über den der Strumpfträger geschoben wird.
Der Glühkörper ist kugelig gestaltet und auf eine Traghülse *5*

Fig. 148.   Fig. 149.

aufgesetzt, die mit Ausschnitten *6* versehen ist; diese sind
gegen das eine Ende verjüngt, so daß beim Drehen der
Hülse die Klauen *4* in den verjüngten Teil des Schlitzes eintreten und infolgedessen durch Keilwirkung festgehalten
werden. Ein zwischen das Brennerrohr und den Brennerkopf
eingesetztes Sieb verhindert das Durchschlagen der Flamme.

Infolge der Verbindung des Glühkörpers mit einem am
Brennerkopf aufzuhängenden Tragring aus Metall findet nicht
selten ein Abplatzen oder eine Beschädigung des Glühkörpers
gerade an der Verbindungsstelle beider Teile statt; augenscheinlich sind die Ursachen dieser Erscheinung in der ver-

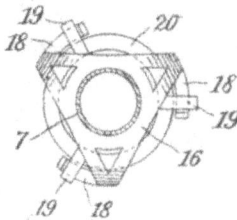 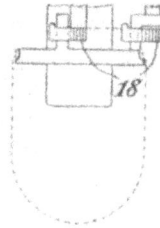

Fig. 150.   Fig. 150a.

schiedenartigen Expansion und Kontraktion der Teile bei der
Erhitzung und Abkühlung, also beim Zünden und Löschen
der Flamme zu suchen. Bei den meisten neueren Invertbrennern wird deshalb der Glühkörper an einem Magnesia-
ring befestigt (Fig. 148), der mittels Klauen in entsprechende
Zapfen am Brennerkopf bajonettverschlußartig
eingehängt wird. Diese zweckmäßig aus Nickel
hergestellten Zapfen können z. B. so gebogen
werden, daß die Klauen des Tragringes beim
Einsetzen des Glühkörpers auf den schräg nach
oben gerichteten Zapfen gleiten und sich in der
Umbiegung lagern (Fig. 149). Meistens werden
indessen die Zapfen, welche an einem zwischen
dem Brennerkopf und dem Mischrohr befestigten
Ring vorgesehen sind, mit wagerechten, in einer
Ebene liegenden Stützen versehen (Fig. 150).
An dem zwischen dem Mischrohr 7 und dem
Brennerkopf befestigten Ring 16 sind senkrechte

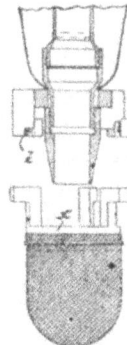

Fig. 151.

Arme mit in einer Ebene liegenden Stützen 18 angeordnet,
auf denen die Klauen 19 des Glühkörpertragringes 20 gelagert
werden. Senkrecht nach oben gerichtete Ansätze an den freien
Enden der Stützen verhindern das Abgleiten der Klauen des
eingehängten Tragringes. Der Spielraum zwischen den senk-

rechten Armen der Klauen und der Innenwandung der wagerechten Stützen ist zweckmäßig so gering, daß eine zentrische
Lagerung des Brennermundstückes innerhalb des Glühkörpers
erreicht wird. Die Dauerhaftigkeit der Aufhängevorrichtung
kann dadurch erhöht werden, daß auch der zwischen dem
Brennerkopf und dem Mischrohr befestigte Träger aus Magnesia
oder anderem feuerfestem Material hergestellt wird. Insbesondere werden solche Träger dann benutzt, wenn auch das Brennermundstück aus diesem Material besteht. Um eine sichere Führung des Glühkörpertragringes beim Einhängen in die Zapfen
des Magnesiaträgers zu bewirken, der zwischen dem Magnesia-

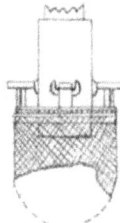
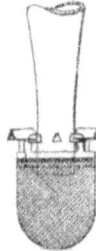

Fig. 152.   Fig. 153.   Fig. 154.

brennerkopf und der erweiterten Siebkammer des Mischrohres
befestigt wird, ist bei den Brennern der Auergesellschaft in
Berlin (Fig. 151) die Innenwandung der senkrechten Arme
der Zapfen mit einer Aussparung z versehen. Der Glühkörper
wird an den drei Magnesiawinkeln des Glühkörperfußringes
erfaßt und so über den Brennerkopf geschoben, daß der
Fußring x beim Drehen in der Aussparung geführt wird, bis
die Winkel gegen die senkrechten Arme anschlagen, worauf
der Glühkörper gesenkt und auf den wagerechten Zapfen der
Arme gelagert wird.

Die Aufhängevorrichtung kann auch so ausgeführt werden,
daß die als Haken ausgebildeten Klauen des Glühkörperringes über entsprechende Zapfen am Brennerkopf gehängt
werden (Fig. 152), oder die nach innen ragenden Klauen
werden in pfannenartigen Ansätzen des Magnesiabrennerkopfes
gelagert (Fig. 153). Bei den Brennern der neuen Invertgas-

glühlichtgesellschaft in London wird eine ähnliche Einrichtung benutzt, bei welcher die wagerechten Arme der Klauen Dachform haben, die über entsprechend pyramidenförmigen Zapfen des Brennerkopfes aufgehängt werden (Fig. 154). Ebenso sind bei der in Fig. 155 und 156 dargestellten Aufhängevorrichtung die Zapfen am Brennerkopf dachförmig ausgebildet. Der Glühkörpertragring ist an der Innenwandung mit Ansätzen g^1 g^2 versehen, deren Innenfläche entsprechend der Neigung der Zapfen $i j$ nach unten verjüngt ist. In der

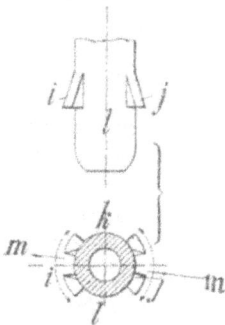
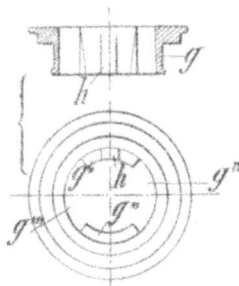

Fig. 155.   Fig. 156.

Mitte des einen Ansatzes ist ein Vorsprung h angebracht, dessen Innenfläche nicht verjüngt, sondern senkrecht verläuft. Die Zapfen sind an dem Brennermundstück aus Speckstein oder Porzellan paarweise angeordnet; der Zwischenraum m zwischen den Zapfen entspricht der Querschnittsform des Vorsprungs h am Ansatz g^1. Der am Tragring erfaßte Glühkörper wird so über den Brennerkopf geschoben, daß die Ansätze g^1 g^2 in den Führungen $k l$ gleiten; wenn die Ansätze sich oberhalb der Zapfen befinden, wird der Tragring so gedreht, daß bei dem darauffolgenden Senken des Ringes der Vorsprung h in dem Raum m zwischen zwei Zapfen gleitet, bis die nach unten verjüngten Innenflächen der Ansätze $g^1 g^2$ sich auf der entsprechend dachförmigen Außenwand der Zapfen $i j$ lagern.

Die Anwendung größerer Sicherheitsmaßregeln gegen das Herausspringen der Klauen des Glühkörpertragringes über die

ihre Bewegung begrenzenden Ansätze des Brennerrohrringes
hält Farkas in Paris für erforderlich, wenn die Invertbrenner heftigen Erschütterungen, z. B. bei ihrer Verwendung
als Waggonbeleuchtung, ausgesetzt sind. Oberhalb der Mündung des Brennerrohres sind zwei Ringe oder Kragen *b* und *c*
(Fig. 157) mit Abstand übereinander 'angebracht; der obere
Kragen bildet einen geschlossenen Ring, während der untere
an drei oder mehr Stellen entsprechend der Zahl und Gröfse
der Klauen des Glühkörpertragringes aufgeschnitten ist, so
dafs durch die Ausschnitte *g* die nach innen ragenden Klauen *i*
des Aufhängeringes beim Einsetzen und Abnehmen des Glühkörpers hindurchgeführt werden können. Die Kragen sind

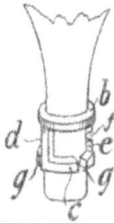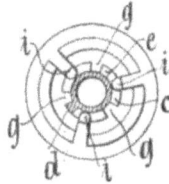

durch Stege *d e* miteinander verbunden, die parallel
der Brennerrohrachse an-
geordnet werden. Der eine
der beiden Stege hat etwa
in seiner halben Höhe einen
Ausschnitt *f*, der so bemessen ist, dafs eine Ring-
klaue *i* durch ihn hindurchgeführt werden kann. Soll

Fig. 157.   Fig. 157 a.

ein Glühkörper an der Brennermündung aufgehängt werden,
wird er mit seinem Tragring so über die letztere geschoben, dafs
die Klauen *i* durch die Auschnitte *g* des Kragens *c* geführt werden; hierauf werden die Klauen bis in die Ebene des Aus-
schnittes *f* angehoben; indem man den Glühkörperring etwas
dreht, führt man die zunächst liegende Klaue durch den Ausschnitt *f* und dreht den Ring weiter, bis eine zweite Klaue an
den Steg *d* anschlägt. Der Ring wird dann gesenkt und mit
den Klauen auf den unteren Kragen gelegt. In dieser Lage
des Glühkörpertragringes ist es ausgeschlossen, dafs die Klauen
infolge von Erschütterungen über die Auschnitte des unteren
Kragens gelangen können, weil die Drehung des Tragringes in beiden Richtungen durch den Anschlag der Klauen
an die Stege begrenzt ist. Da beim Herausnehmen des
Glühkörperringes die eine der Klauen unmittelbar am
Steg *d* gleitet, so erübrigt sich jedes Herumtasten, um die

Klauen mit den Ausschnitten *g* zum Zusammenfallen zu
bringen.

Um bei denjenigen Aufhängevorrichtungen, bei welchen
die nach innen ragenden Klauen des Glühkörpertragringes in
pfannenartigen Ansätzen des Brennerkopfes gelagert werden,
ein Herausspringen der Klauen aus den Pfannen zu verhindern, können die Klauen mittels einer auf dem Mischrohr
verstellbaren Schraubenmutter festgeklemmt werden, wie dies
von Altmann in Birmingham (Fig. 158) ausgeführt worden ist.

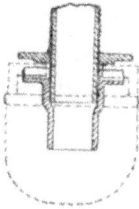

Fig. 158.

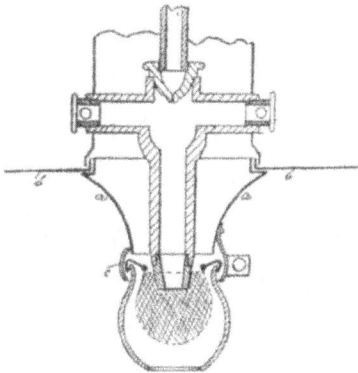

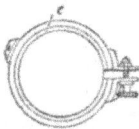

Fig. 159.   Fig. 160.

Die Auswechselung des Glühkörpers bei Verwendung
eines Bajonettverschlusses bietet oft dann Schwierigkeiten,
wenn die unmittelbar der Flammenhitze ausgesetzte Aufhängevorrichtung aus Metall besteht und Keil- oder Klemmver-
schlüsse zum Befestigen [des Tragringes am Brennerkopf benutzt werden. Um eine möglichst leichte Auswechselbarkeit
des Glühkörpers zu erreichen, hat bereits 1901 Liais in Paris
vorgeschlagen, den 'Glühkörper vollkommen getrennt vom
Brennerkopf aufzuhängen und die Glasumhüllung als Auflager für die Klauen des Glühkörpertragringes zu benutzen
(Fig. 159 und 160). Der letztere ist am oberen Glockenrand
mittels federnder Klauen aufgehängt. Die Aufhängung der
den Glühkörper aufnehmenden Glocke an dem Lampen-

Ahrens, Hängendes Gasglühlicht.   8

reflektor erfolgt mittels eines federnden Ringes *c* und einer Klemmschraube. Die Luft wird dem Mischrohr des Brenners in üblicher Weise durch den Abzugschornstein durchque-
rende Rohre zugeführt, wobei die Menge der an-gesaugten Mischluft mit-tels hohler Schrauben mit in der Wandung vor-gesehenen Luftzutritts-öffnungen geregelt wer-den kann. Um den Glüh-körper auszuwechseln, wird nur die Klemm-schraube gelöst und die Glocke mit dem Glüh-körper abgenommen.

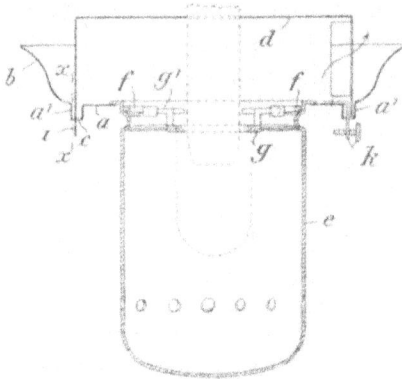

Fig. 161.

Eine demselben Zweck dienende Aus-wechselungsvorrichtung ist von F. Glinicke in Berlin aus-geführt worden (Fig. 161 bis 163). Die Schutzglocke *e* ruht vermittelst eines Flan-sches auf einer mit einer Bekrönung *b* versehenen Platte *a*, in deren ab-wärts gerichteten Lap-pen *k* Schrauben zum Festhalten der Zierschale gehalten sind. Diese Platte besitzt eine Ring-nut a^1, deren Boden mit einer Anzahl Schlitzen-paare *c*, c^1 versehen ist. Durch die Schlitze *c* fas-sen Haken *i* des Lampen-

Fig. 162.

oberteiles *d*, deren nach oben gerichtete Enden i^1 in die Schlitze c^1 eingreifen, so daſs ein unwillkürliches Lösen der Platte *a* vom Teil *d* durch Er-schütterungen verhindert ist, während durch Anheben der

Platte a und Drehen derselben diese Platte a leicht und rasch von dem Teil d abgenommen werden kann. Ebenso rasch und leicht kann auch das Zusammensetzen der Teile a und d stattfinden. Am oberen Teil der Schutzglocke e ist ein nach innen ragender ringförmiger Wulst vorgesehen, auf welchem ein mit nach innen gerichteten Armen f^1 versehener Ring f aufruht. Die Arme f^1 sind an ihrem inneren Ende mit Aus- nehmungen versehen, in welchen die Arme g^1 des Glühstrumpftragringes g ruhen. Die Arme g^1 sind nach innen verlängert, so daſs sie bis ans Mischrohr

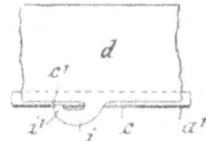

Fig. 163.

reichen. Die Verbrennungsgase werden in den durch den Oberteil d gebildeten Raum oberhalb der Platte a geführt und durch eine seitliche Öffnung abgeleitet.

Anstatt der Einhängung der als Auf- lager für den Glühkörpertragring dienen- den Glocke in entsprechende Haken der Lampenbekrönung wird bei einem fran- zösischen Brenner von Reinhold die Glasumhüllung mittels eines Halteringes mit der Bekrönung verschraubt (Fig. 164). Mit der Glocke ist eine Platte h verkittet, in der die Abzugöffnungen m für die Ver- brennungsgase angeordnet sind. Der durch die mittlere Öffnung der Platte geführte Glühkörper wird durch Zapfen q, welche unter aufgebogene, federnde Lappen n der Platte greifen, auf dieser befestigt. Die mit der Glocke verbundene Platte wird dann in den Ring g der Glockengalerie eingeschraubt. Der Querschnitt des Misch-

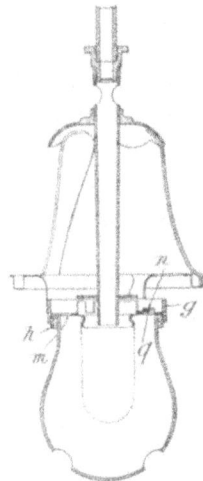

Fig. 164.

rohres, an dem die Tragarme für die Bekrönung befestigt sind, ist nach der Brennermündung zu allmählich verringert.

Die Lampen von Eckel & Glinicke in Berlin sind ebenfalls so ausgeführt, daſs der Glühkörper in die mit der Glocke abnehmbare Bekrönung eingesetzt wird. Der Glüh- körper wird mit seinen Magnesiaklauen auf dem inneren

8*

Tragring der Bekrönung gelagert (Fig. 165) und diese mittels hakenartiger Zapfen e über Schrauben c gehängt, die in zwei mit dem Brennerrohr verbundenen Tragarmen angebracht sind (Fig. 166). Nach dem Einhängen der Glocke werden die Schrauben fest angezogen, um das Pendeln der Glocke zu verhindern. Beim Ein-hängen muſs die Glocke mit der Bekrönung genau senk-recht geführt werden, damit der Glühkörper nicht beschä-digt wird. Dieser Nachteil hat augenscheinlich zu der in

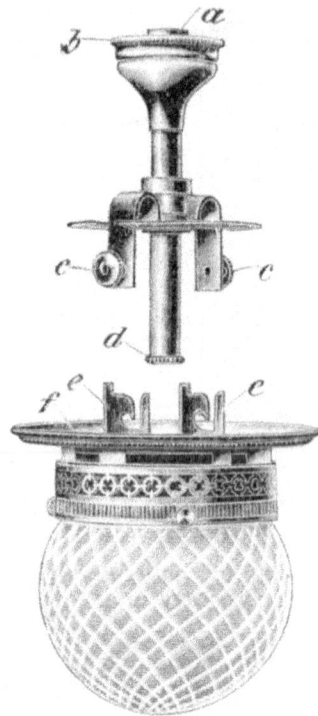

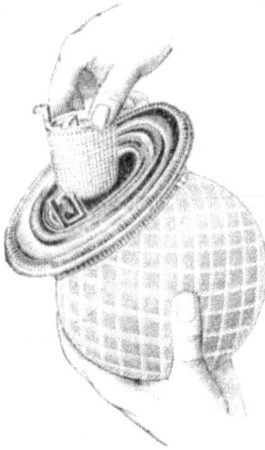

Fig. 165.   Fig. 166.

Fig. 167 dargestellten Konstruktion geführt, bei welcher eine zwangläufige Führung der Bekrönung beim Befestigen an den Tragarmen stattfindet. An den letzteren sind zwei Zapfen a mit Abstand übereinander gelagert, während die Bekrönung mit zwei U-förmig gebogenen Stegen b vernietet ist. Der innere Schenkel der Stege ist mit einem senk-rechten, der Breite der Zapfen entsprechenden Schlitz ver-sehen, in welchem die Zapfen beim Anheben der Glocke

geführt werden, bis der untere Zapfen gegen die untere Quer-
wand des Schlitzes anschlägt. Beim Einsetzen der Glocke

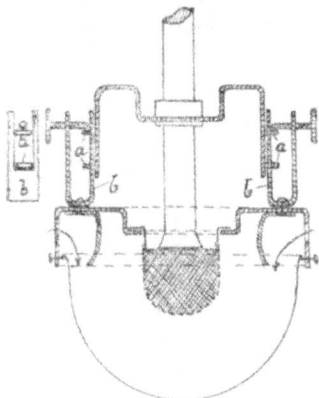

werden die in den äußeren Schenkeln der Stege geführten Schrauben
zurückgeschraubt; sie verhindern
das Herabfallen der Glocke dadurch, daß sie in der gezeichneten
Stellung sich auf den oberen Zapfen
der Tragarme lagern.

Um auch das vollkommene Abnehmen der Glasumhüllung beim

Fig. 167.

Fig. 169.

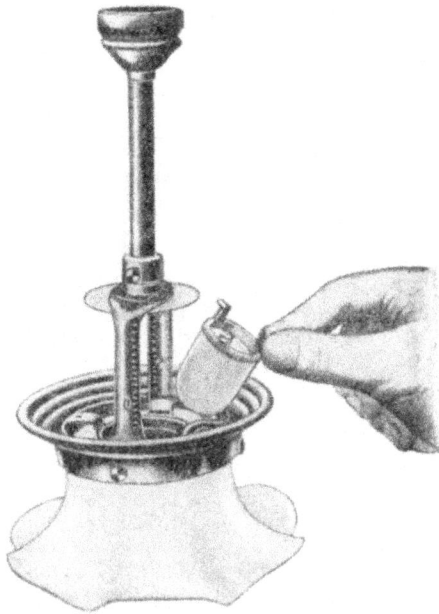

Fig. 168.

Auswechseln eines unbrauchbar gewordenen Glühkörpers zu
erübrigen, wird bei den Invertlampen von Kindermann
& Co. in Berlin (Fig. 168 bis 171) der Glockenträger mit der
Einrichtung zum Einsetzen des Glühkörpers verschiebbar und

feststellbar auf dem Mischrohr des Brenners angebracht, oder
der Glockenträger wird ausschwingbar an der Lampe gelagert.
Bei der Lampe gemäfs Fig. 168 ist der Glockenträger mittels
Streben mit einem auf dem Mischrohr verschiebbaren und

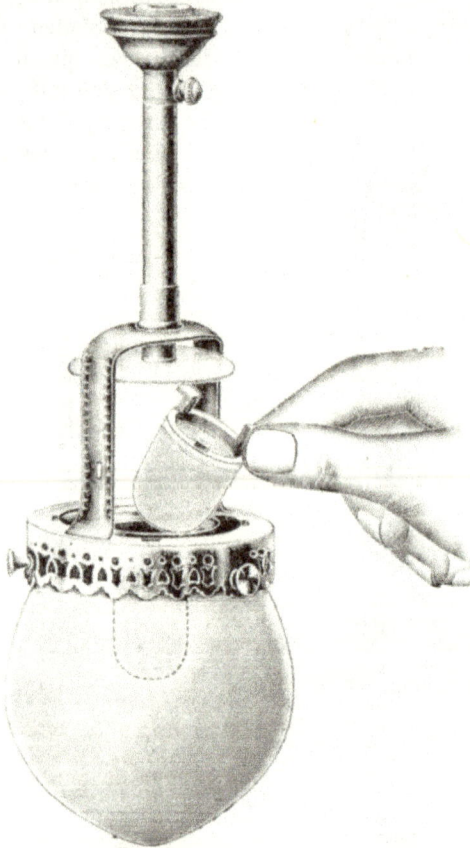

Fig. 170.

durch eine Klemmschraube feststellbaren Ring verbunden.
Der Tragring des Glühkörpers wird mittels Zapfen auf einem
mit dem Glockenträger durch Streben verbundenen Ring gelagert. Nach dem Einsetzen des Strumpfes wird der Glockenträger angehoben und durch die Klemmschraube am Misch-

rohr befestigt (Fig. 169). Die aufsteigenden Abgase werden durch eine Glimmerplatte aufgefangen und seitlich abgelenkt. Der Glühkörper ist von einer offenen Schale umschlossen,

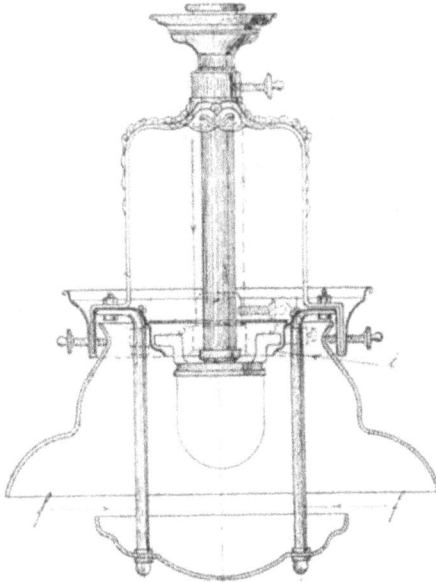

Fig. 171.

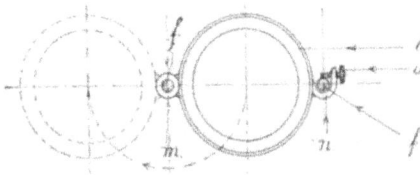

Fig. 172.

deren untere Mündung durch einen Augenschützer abgedeckt ist, so daſs die äuſsere Verbrennungsluft zwischen beiden Gläsern hindurch frei zum Glühkörper gelangen kann. Der Augenschützer ist mit der Galerie für die Schale durch Stangen f (Fig. 171) verbunden. Bei den neueren Lampen wird indessen

eine geschlossene Glasumhüllung benutzt und die Sekundärluft durch Öffnungen der Glockengalerie angesaugt (Fig. 170);
ferner kann der verschiebbare Ring mit der Glocke auch

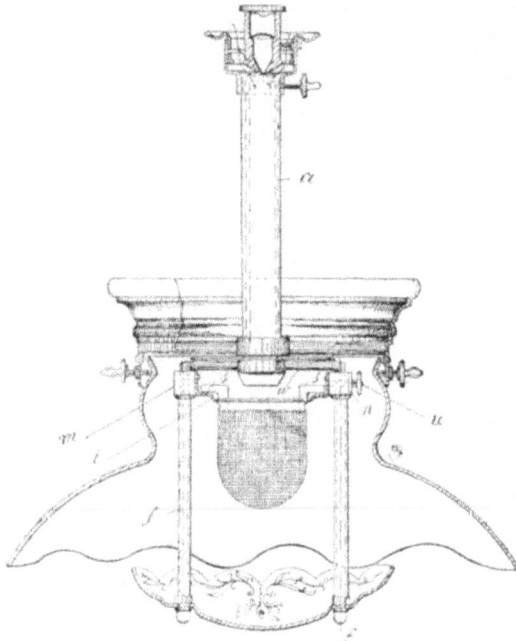

Fig. 173.

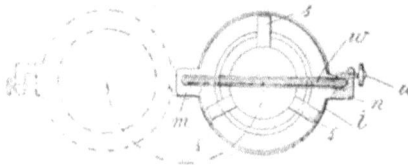

Fig. 174.

mittels eines Bajonettverschlusses in der Gebrauchslage gehalten
werden. Obwohl die beschriebene Vorrichtung zur Auswechslung des Glühkörpers vorzuziehen ist, kann der Stützring i
für den Glühkörperträger auch herabschiebbar auf den Stangen f

des Augenschützers gelagert werden, wie dies in vollen
Linien in Fig. 172 im Grundriſs veranschaulicht worden ist.
Der Stützring ist hier mittels Schellen *m* und *n* auf den Stangen
geführt und kann durch eine Schraube *u* festgestellt werden.
Die Schellen können auch derart an den Stangen gelagert
werden, daſs der Stützring zwecks Auswechslung des Strumpfes

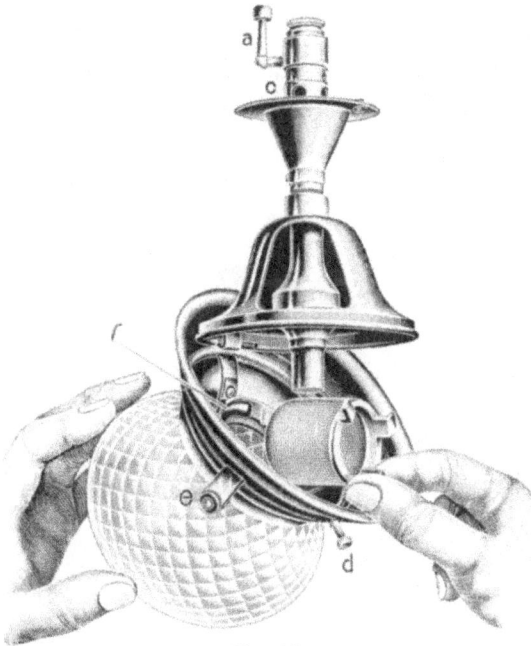

Fig. 173.

seitlich ausgeschwungen werden kann (Fig. 172, punktiert).
Bei der Verwendung dieser verschiebbaren oder ausschwingbaren Lagerung des Stützringes für den Strumpfträger auf
den Stangen *f* werden diese zweckmäſsig durch Streben *w*
(Fig. 173 und 174) mit einem Brennerrohr *a* verbunden, welches
teleskopartig in einem äuſseren Rohr verschiebbar und feststellbar ist, so daſs der Augenschützer mit der verschiebbaren
oder ausschwingbaren Tragvorrichtung für den Strumpf gesenkt und dann der Glühkörper ausgewechselt wird.

Die Lampen von Gebrüder Jacob in Zwickau werden zur Erreichung desselben Zweckes so ausgeführt, daſs die Glockengalerie, in welcher der Glühkörper gelagert ist, mittels eines Scharnieres herunterklappbar an der Auffanghaube für die Verbrennungsgase gelagert ist (Fig. 175); die letzteren werden durch eine seitliche Öffnung in der Haube abgeleitet.

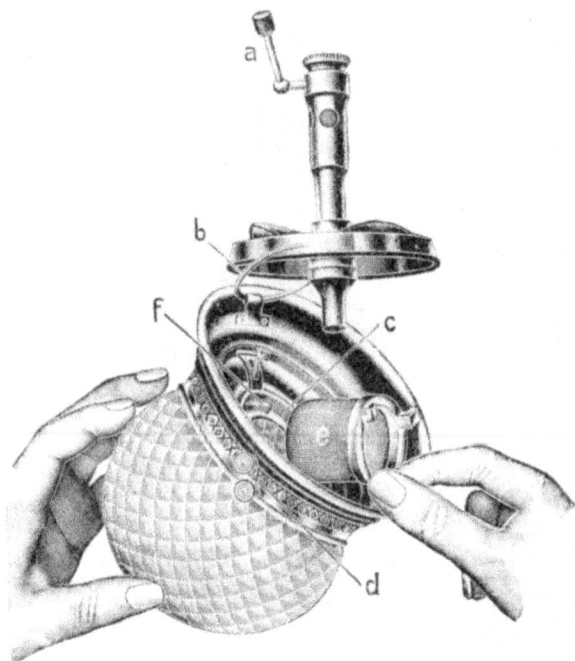

Fig. 175 a.

Wenn der Glühkörper eingesetzt und durch geringe Drehung in dem Auflagring an drei Vorsprüngen f in der Mittellage festgeklemmt ist, wird die Galerie hochgeklappt und mittels zweier über den unteren, vorspringenden Rand der Haube greifenden Schrauben d in dieser Stellung gehalten. Neuerdings werden, die Lampen so gebaut, daſs die Glockengalerie an einem in Gelenken an der Auffangschale für die Abgase gelagerten Drahtbügel b herabklappbar ist (Fig. 175 a). Ferner ist der Strumpfträger c auswechselbar (Fig. 175 b) und wird auf einem vorspringenden Rand der Galerie mittels zweier Lappen gelagert, die unter entsprechende Zapfen am Galerierand bajonettartig greifen. Die Regelung der Gaszufuhr erfolgt durch Düsen a mit Hebelantrieb, die später besprochen werden.

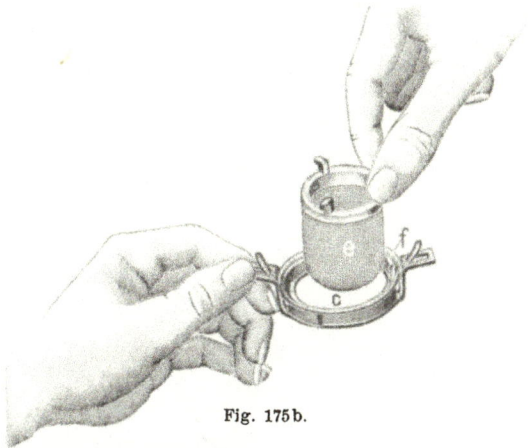

Fig. 175 b.

Mit der Glocke herabklappbar ist auch der in der Galerie der letzteren gelagerte Glühkörper bei den Lampen der Wolfflicht-Gesellschaft in Berlin (Fig. 176) gelagert. Die Galerie der Glasumhüllung ist hier mittels eines Gelenkes an einem der beiden Tragarme aufgehängt, die am Brennerrohr befestigt sind. In der Gebrauchslage wird die Glocke mittels einer Schraube gehalten, welche in einen Schlitz des zweiten Tragarmes greift.

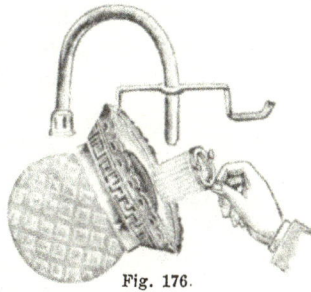

Fig. 176.

In ähnlicher Weise werden die Glühkörper bei den Gruppenbrennerlampen von Braunstein in Berlin ausgewechselt (Fig. 177 und 178). Auf einem Absatz der Glockengalerie ist mittels der Arme 9 eine Platte 8 befestigt, welche mit der An-

zahl der benutzten Brenner entsprechenden runden Öffnungen 7
versehen ist. In diese Öffnungen werden die Glühkörper
mittels der Zapfen 17 der Tragringe eingehängt (Fig. 178). Die

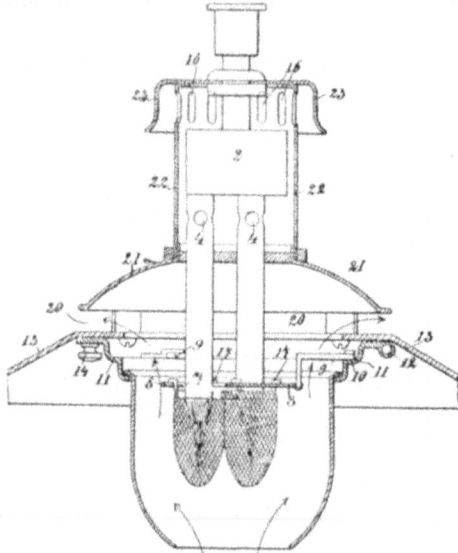

Fig. 177.

Arme 9 sind in der Glockengalerie durch Bajonettverschlüsse
o. dgl. befestigt und auf diese Weise die Glühkörpertragvor-
richtung fest in der Glasumhüllung gelagert. Die Galerie 11

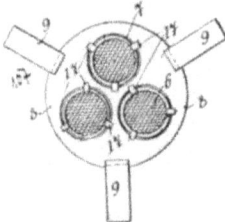

Fig. 178.

mit der Glocke ist an dem Schirm 13
auf der einen Seite in einem Gelenk 12
gelagert, während sie auf der anderen
Seite durch eine Schraube 14 oder einen
beliebigen Schnappverschluſs mit dem
Schirm verbunden wird. Nach Lösung
dieses Verschlusses kann die Glocke mit
der Einrichtung zum Tragen der Glühkörper heruntergeklappt und die letz-
teren ausgewechselt werden. Die Glühkörpertragplatte muſs
in der Glockengalerie natürlich so gelagert sein, daſs die
Mündungen der Brennerrohre beim Hochklappen der Glocke

in die Öffnungen 7 der Platte gelangen. Die aufsteigenden
Verbrennungsgase werden durch eine mittlere Öffnung des
Schirmes 13 unter eine Schale 21 geführt und durch einen
Ringspalt 21 zwischen Schirm und Schale seitlich abgeleitet.
Das Gas strömt aus einer an das Gaszuleitungsrohr ange-
schlossenen Kammer 2 in die Mischrohre der Brenner. Die
Gaskammer mit den Brenner-
mischräumen ist in einer ge-
schlossenen Hülse 22 gelagert.
Die den Bunsenbrennern zuge-
führte Mischluft wird durch Öff-

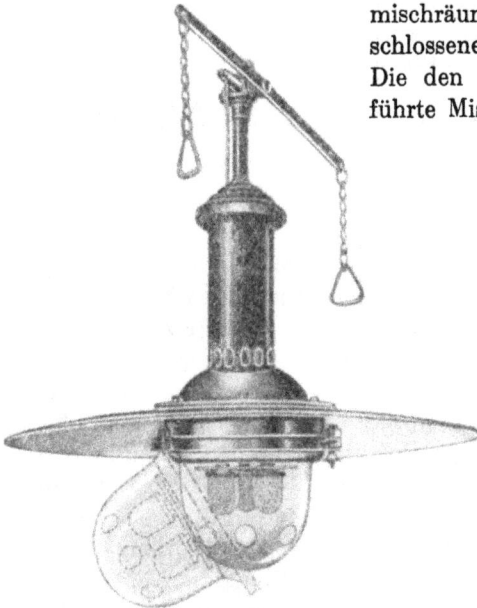

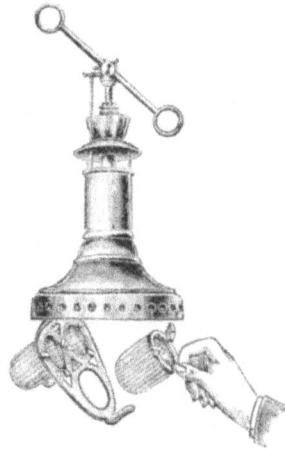

Fig. 179.   Fig. 180.

nungen 16 in der Hülse angesaugt, die durch einen Hut 23
überdeckt sind. Fig. 179 zeigt eine ähnliche Gruppenbrenner-
Invertlampe englischen Ursprungs.

Anstatt der Lagerung der Tragplatte für die in die letztere
eingehängten Glühkörper in der herabklappbaren Glocke wird
bei den Schornsteinlampen der Wolfflicht-Gesellschaft die
Platte selbst durch ein Gelenk mit der Glockengalerie verbunden, so daß nach dem Öffnen der Glocke die Platte
heruntergeklappt werden muß, um die Glühkörper auszuwechseln (Fig. 180).

Siebenter Abschnitt.

Brennerköpfe, Mischrohre, Luftzuführung.

Um ein gleichmäfsiges Erglühen des Strumpfes bei einem
Invertbrenner herbeizuführen, ist nicht allein die Erzeugung
eines geeigneten Gasluftgemisches im Mischrohr erforderlich,
es mufs auch für die Erzeugung einer entleuchteten Heiz-
flamme Sorge getragen werden, die sich der Form des benutzten Glühkörpers möglichst anpafst. Wollte man, wie dies
ursprünglich oft beabsichtigt wurde, einen für aufrechtstehende
Brenner hergestellten Glühkörper auch bei Invertbrennern benutzen, so zeigte es sich, dafs bei erhöhtem Gasdruck die
höchste Lichtwirkung nur im unteren Teile, bei schwächerem
Druck nur in der oberen Hälfte des Glühkörpers erreicht
werden konnte. Es lag nahe, dafs zwecks gleichmäfsiger
Verteilung des Gasluftgemisches im Glühkörper die nach
älteren Vorschlägen bei aufrechtstehenden Brennern über der
Brennerkopfmündung innerhalb des Glühkörpers gelagerten, fein gelochten Verteilungskörper, die sich der Form
des benutzten Glühkörpers mehr oder weniger anpafsten
und wie ein Sieb im Strumpfinnern das Gasluftgemisch
zerteilten, auch für Invertbrenner benutzt wurden. Die Anwendung eines der Form des Glühkörpers angepafsten
Drahtsiebes im Innern des Glühkörpers, so dafs das Gasluftgemisch mittels kleiner Stichflammen die Glühkörperwandung beheizte, erwies sich indessen als unzweckmäfsig, da
das Sieb schon nach verhältnismäfsig kurzer Zeit durchbrannte.
Bereits Bernt und Cervenka benutzten deshalb anfangs

einen an die Mischrohrmündung angeschlossenen, siebartig
gelochten Verteilungskörper aus Speckstein oder Magnesia,
der indessen ebenfalls bald als ungeeignet verworfen wurde.
Mit ähnlichen Brennerköpfen haben Helps in Nuneaton
(Engl.) und Lehmann in Glogau Versuche ausgeführt.
Ersterer benutzte ein in den Glüh-
körper geführtes Rohr mit Durchtrittslöchern in der Wandung (Fig. 181 und
181 a), um welche mit Abstand über-
einandergeschichtete Führungsplatten
gelegt sind, die das Gasluftgemisch
gegen die Glühkörperwandung leiten.
Die Platten werden auf einer die Brennerkopfmündung abdeckenden, gelochten Haube gelagert. Der Glühkörpertragring ist durch Stifte an einer
mit Durchtrittslöchern für die aus dem
Glühkörperinnern aufsteigenden Verbrennungsgase versehenen Platte befestigt, die auf Zapfen am Mischrohr
gelagert wird. Die Abführung der
Verbrennungsgase erfolgt durch eine
Haube g, die von Rohren durchsetzt
wird, durch welche die Mischluft in
die Mischkammer des Brenners gesaugt
wird. Neuerdings sind von Helps
Brenner ausgeführt worden, bei denen
unterhalb der Mischrohrmündung ein
etwa halbkugelförmiger Glühkörper
aufgehängt ist (Fig. 181 a), während
über diesem um das Mischrohr zwei
oder mehrere ringförmige Glühkörper

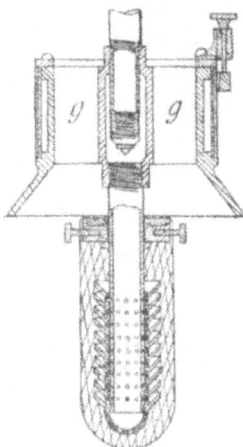

Fig. 181.

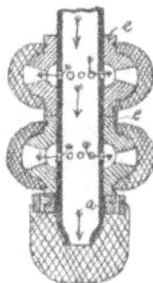

Fig. 181 a.

gelagert sind. Die letzteren sind an Ringen e aus feuerfestem
Material befestigt, welche übereinander auf einem über die
Brennerrohrmündung geschraubten Ring a gelagert sind, in
den auch der untere Glühkörper eingehängt wird. Das Gasluftgemisch strömt durch Löcher in der Wandung des Mischrohres und durch Bohrungen der Ringe e in die ringförmigen

Glühkörper. Sowohl die letzteren als auch der halbkugelförmige Glühkörper sind sehr klein bemessen.

Der von L e h m a n n vorgeschlagene Brennerkopf (Fig. 182) besteht aus einem an das Mischrohr angeschlossenen, erweiterten Hohlkörper aus feuerfestem Material, der der Form des Glühkörpers angepaſst ist und innen durch mehrere Scheidewände in einzelne Zellen oder Kammern unterteilt ist. Die Wände liegen mit ihren oberen Kanten unterhalb der Mischrohrmündung, in die ein Sieb eingesetzt werden kann; aus den Zellen strömt das Gasluftgemisch durch Öffnungen in der Wandung des Hohlkörpers gegen den Glühkörper. Daſs die Brenner von H e l p s und L e h m a n n für die Praxis Bedeutung erlangt haben, ist nicht anzunehmen.

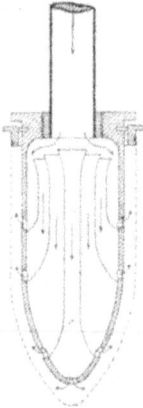

In den Glühkörper geführte, der Form des letzteren mehr oder weniger angepaſste, siebartig gelochte Brennerköpfe werden nur noch bei den von Julius H a r d t in Hamburg vertriebenen Invertlampen verwendet (Fig. 183 und 184). Der aus einer gelochten Haube bestehende Brennerkopf aus feuerfestem Material ist über der erweiterten Mündung des Mischrohres befestigt. Um die Entfernung des Glühkörperbodens von der Brennermündung ändern zu können, ist der Tragring mit den Aufhängezapfen für den Glühkörper in der Höhe verstellbar auf dem mit Aufsengewinde versehenen Mischrohr gelagert. Die Entfernung des Glühkörperbodens vom Brennerkopf muſs etwa 3 mm betragen. Ebenso sind die Bügel zum Aufhängen der Glocke in der Höhe einstellbar auf dem Mischrohr, um den Abstand des Glühkörpers von dem gelochten Boden der Birne zu regeln. Der Schirm wird durch Schrauben in einem Ring befestigt, der mittels Bajonettverschlusses an den Tragbügeln aufgehängt wird. Die genaue Abmessung eines siebartigen Brennerkopfes mit seinen Löchern wird um so schwieriger, je gröſser der Glühkörper gewählt wird, und über eine bestimmte Gröſse hinaus ist eine gleichmäſsige Gasverteilung und Flammenentwicklung mit

Fig. 182.

einem solchen Brennerkopf nicht zu erreichen. Hardt benutzt deshalb zur Beheizung größerer Glühkörper einen erweiterten Brennerkopf (Fig. 185), unter dessen Mündung eine
gelochte Platte mit-
tels eines im Kopf
befestigten Siebkor-
bes gelagert ist.
Das Gasluftgemisch
wird infolge dieser
Ausführung teils
durch die Lochun-
gen der Platte senk-
recht nach unten,
teils durch den ver-
bleibenden Ring-
spalt zwischen dem
Siebkorb und dem
Rande der Austritts-
öffnung des Bren-
nerkopfes seitlich
abgelenkt in den
Glühkörper geführt,
so daß dieser durch
die erzeugte breite
Flamme in allen Tei-
len zum Glühen ge-
bracht wird. Zwei-
felhaft erscheint es
indessen, ob bei die-
ser Ausführung des
Brennerkopfes das
Durchschlagen der
Flamme mit Sicher-

Fig. 183.

heit verhindert wird. — Die Abdeckung der Brennerkopfmündung durch Siebe, insbesondere Drahtsiebe, ist nach übereinstimmender Ansicht der meisten Sachverständigen als unzweck-
mäßig zu verwerfen, weil, abgesehen von der vorhandenen Gefahr des Durchbrennens der Drahtsiebe, die Erzeugung von

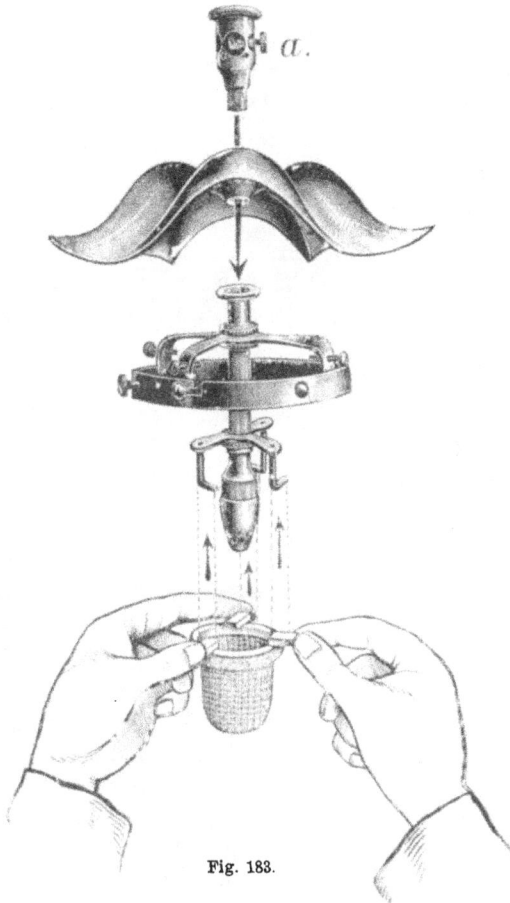

Ahrens, Hängendes Gasglühlicht. **9**

steifen Flammen, die zur Beheizung eines Glühkörpers geeignet sind, mit derartigen Brennern kaum zu erreichen ist. Bei weitem die meisten neueren Invertbrenner sind deshalb mit einer freien Austrittsöff- nung für das Gasluftge- misch im Brennerkopf versehen, und das Durch- schlagen der Flamme wird erforderlichenfalls durch Siebeinsätze im Mischrohr verhindert.

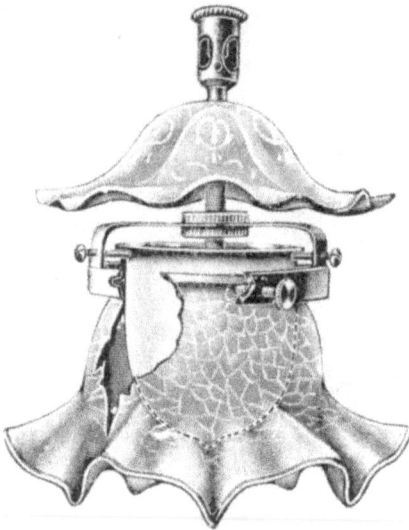

Um das Gasluftge- misch gegen die innere Glühkörperwandung zu leiten, sind neuerdings von Möller in London Brennerköpfe mit ring- förmiger Austrittsöff- nung vorgeschlagen wor- den, indem, ähnlich wie bei zahlreichen aufrecht stehenden Brennern, ein

Fig. 184.

Einsatz in der erweiterten Brennerkopfmündung angeordnet wird. Das Gas wird dem zylindrischen Brennerkopf durch mehrere im Kreise gelagerte, gebogene Mischrohre zugeführt (Fig. 186 und 186a), deren Düsen und Saug- kammern an ein ringförmiges Gaszuleitungsrohr angeschlossen sind. In den Brennerkopf ist ein Hohlkörper eingesetzt, dessen Aufsenwandung am unteren Rand kegelförmig verstärkt ist, so dafs ein Ringspalt entsteht, durch den das Gasluftge- misch in einem etwas nach aufsen abgelenkten Strom die Innenwandung des Glühkörpers be- streicht. Die obere Öffnung des Hohlkörpers mündet in ein zentrisch in die Decke des Brenner-

Fig. 185.

kopfes eingesetztes Rohr, durch welches die Verbrennungsgase aus dem Innern des Glühkörpers abgeleitet werden. Die in geringer Menge am Aufsenrand des Glühkörpers aufsteigenden

Abgase können von den Saugkammern der Mischrohre durch beliebige Ablenkvorrichtungen aufgefangen und abgeleitet werden.

Die Erzielung grofser Lichtstärken mittels ringförmig geformter Glühkörper ist wie bei aufrechtstehenden Brennern auch bei Invertbrennern versucht worden. Von Gefäll in Wien ist ein Brenner in Vorschlag gebracht worden, der eine eigenartige Ausgestaltung des Brennerkopfes und des Mischraumes aufweist (Fig. 187 und 187 a). Das Gas strömt aus der Saugkammer durch einen verengten zentrischen Kanal in den Mischraum d, der von zwei ineinander gesteckten Mänteln c aus Metall oder aus schlecht leitendem Material gebildet wird. Die Mäntel münden in Schlitzen des aus feuerfester Masse hergestellten Brennerkopfes; dieser wird von zwei ineinander

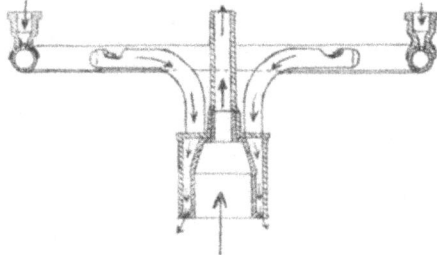

Fig. 186.

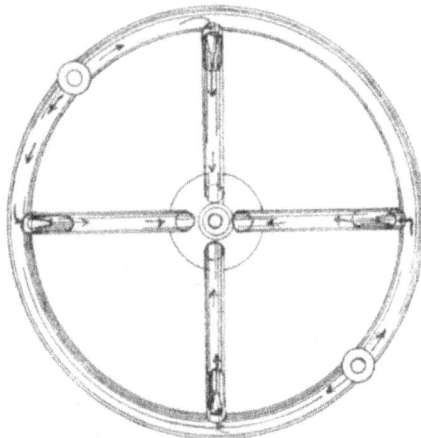

Fig. 186 a.

steckenden Zylindern gebildet, deren innere, einander zugekehrte Flächen nach abwärts divergierend verlaufen. Die Brennerkopfzylinder sind an der Basis fest miteinander verbunden, und in dem Verbindungsstücke sind Schlitze h an den Rändern vorgesehen, durch welche das Gas gegen die Wandungen des ringförmigen Glühkörpers geführt wird. Durch die obere Abschlufsplatte g des Innenzylinders werden die Abgase aufgefangen

9*

Von diesem Brenner unterscheidet sich derjenige von Clark
in Jersey insofern, als èin ringförmiger Glühkörper durch Einzelrohre beheizt wird, die von einer erweiterten Kammer des
Brennerkopfes abgezweigt sind (Fig.
188). In die an das gebogene Mischrohr angeschlossene Kammer ist ein
Sieb eingesetzt, um das Durchschlagen
der Flamme zu verhüten. Von den in
der erforderlichen Zahl um die Kammer gruppierten Rohren sind zwei mit
Ansätzen versehen, an denen die
Zapfen des Glühkörperringes durch
Klemmschrauben befestigt werden.
Anstatt eines ringförmigen Glühkörpers hat Helps in Nuneaton (Engl.)
versucht, mehrere kleine Glühkörper
von einer erweiterten Kammer des
Brennerkopfes aus zu beheizen, die
entsprechend der Zahl der Glühkörper mit mehreren Mundstücken versehen ist (Fig. 189). In der Kammer
ist ein Einbau vorgesehen, durch den
das Gasluftgemisch gezwungen wird, im Zickzackweg die
Kammer zu durchfliefsen, um ein Durchschlagen der Flamme

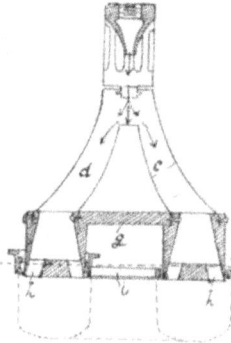

Fig. 187.

Fig. 187 a.

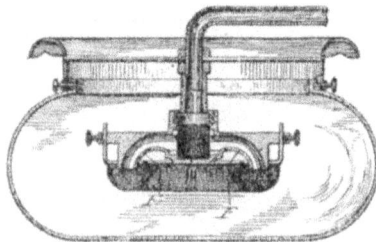

Fig. 188.

zu verhüten. Die Glühkörper werden in die mit Offnungen
versehene Bodenplatte eines Zylinders f eingesetzt, der durch
Klauen bajonettverschlufsartig an Zapfen aufgehängt wird.

Ein kegelförmiger Einsatz in der Brennerkopfmündung zwecks Erzeugung einer Ringflamme wird bei den von H. Wolff in Berlin konstruierten Brennern benutzt (Fig. 190). Dadurch, dafs der Glühkörper mit seinem oberen Ring inner-

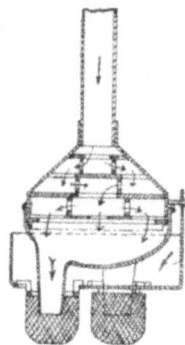

halb der Brennerkopfmündung, und zwar zwischen der umgekehrt trichterförmigen Aufsenwandung des Kopfes und dem kegelförmigen Einsatz gelagert ist, soll das Gasluftgemisch sowohl die Aufsenfläche als auch die Innenwandung des Glühkörpers bestreichen.

Im Gegensatz zu Hardt und Wolff sucht Kiesler in Hamburg eine gestreckte Flamme zu erzeugen; der untere Abschlufs des Brennerkopfes erfolgt durch eine verhältnismäfsig dicke, konkave Platte c (Fig.

Fig. 189.

191), die für den Durchlafs des Gasgemisches am Rande mit Löchern d versehen ist. Die Platte c, deren Befestigung im Brennerkopf durch eine in einen Quersteg eingreifende Schraube bewirkt werden kann, ist aus unverbrennbarem Material (Stahl, Magnesia, Speckstein) gefertigt und bietet

dem vorgelagerten Brennersiebe g nicht nur eine glatte Auflagerungsfläche, sondern schützt dasselbe auch gegen Verbrennen. Die infolge der Dicke der Platte verhältnismäfsig langen Durchlafsöffnungen d bewirken, dafs das Gasgemisch erst am unteren Rande der Löcher zu bren-

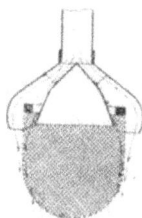
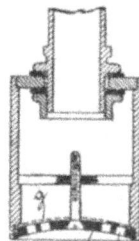

Fig. 190.   Fig. 191.

nen beginnt, so dafs die Flamme vom Brennersieb abgehalten wird. Die Öffnungen sind so angeordnet, dafs ihre Mittellinien zur Mittellinie des Brenners unter einem Winkel geneigt stehen, also unterhalb des Brenners zusammenlaufen. Durch die schräg nach innen gerichteten Austrittsöffnungen wird erreicht, dafs das Gasluftgemisch in nach unten und nach einwärts gerichteten Strahlen in den Glühkörper strömt,

die in einem bestimmten Abstande unterhalb der Platte auf-
oder gegeneinander treffen und sich zu einem Bündel ver-
einigen.

Der Übelstand, daſs bei einem Brennerkopf mit freier
Gasaustrittsöffnung und bei Verwendung eines verhältnis-
mäſsig langen Glühkörpers dieser infolge des Bestrebens der
Flamme, an der Brennerkopfmündung nach oben umzukehren,

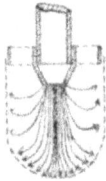

Fig. 192.

nur in seiner oberen Hälfte die höchste Lichtwirkung entfaltet, führte im wesentlichen zu der
Konstruktion von Brennerköpfen mit einge-
schnürter oder verengter Austrittsöffnung, um
das Gas in schärferem Strahl in den Glühkörper
zu führen. Damit wird zwar erreicht, daſs der
untere Teil des Glühkörpers stärker zum Glühen
gebracht wird, aber gleichzeitig tritt eine Verringerung der Lichtstrahlung der oberen Glühkörperhälfte
ein. Diese Erscheinung bezüglich der Lichtverteilung der
Glühkörperfläche wird im allgemeinen bei photometrischen
Messungen mit Brennern, deren Kopf mit einer verengten

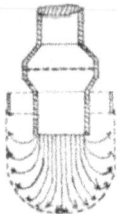

Fig. 193.

Austrittsöffnung versehen ist, bestätigt werden.
Entsprechend der Flammenform werden bei diesen Brennern zwar meistens mehr schlauchför-
mige Glühkörper verwendet, die Wirkung hinsichtlich der Lichtausstrahlung der Glühkörperfläche ändert sich dadurch jedoch nur unwesent-
lich. Diese ungleichmäſsige Lichtausstrahlung,
die häufig nur durch Messungen festgestellt
werden kann, wird offenbar dadurch hervor-
gerufen, daſs der gröſste Teil des Gasluftgemisches in scharfem
Strahl gegen den Glühkörperboden trifft und diesen durchdringt,
während die obere Hälfte des Glühkörpers nur durch die innerhalb des letzteren nach oben umkehrenden Gasstrahlen beheizt
wird (Fig. 192). Abgesehen von der ungleichmäſsigen Licht-
emission des Glühkörpers bei Brennern mit verengter Brennerkopfmündung wird auch der Glühkörperboden mehr in Mit-
leidenschaft gezogen als die Seitenwandungen, ein Umstand,
der sich nicht selten durch eine frühzeitige Beschädigung des
unteren Glühkörperteiles bemerkbar macht. Auf Grund dieser

Beobachtungen ist man neuerdings mehr und mehr dazu übergegangen, Brennerköpfe mit erweiterter Mündung und entsprechend der erzeugten Flammenform kürzere Glühkörper
von gröfserem Durchmesser zu verwenden. Dafs bei den
meisten Brennern dieser Art infolge der gleichmäfsigeren Verteilung des Gasluftgemisches innerhalb des Glühkörpers (Fig. 193)
die Lichtausstrahlung des letzteren im unteren Teil nahezu
derjenigen der Seitenwandungen gleich ist, kann durch photometrische Untersuchungen leicht festgestellt werden. Für die
gleichmäfsige Beheizung des Glühkörpers ist naturgemäfs Bedingung, dafs die Brennerkopfhülse entsprechend in den Glühkörper geführt ist. Offenbar ist auch bei denjenigen Brennern,
bei denen die Austrittsöffnung des Brennerkopfes und das

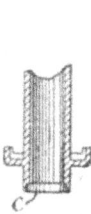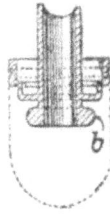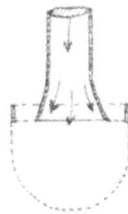

Fig. 194.   Fig. 195.

Mischrohr gleichen Querschnitt haben, die Beheizung des
Glühkörpers noch nicht gleichmäfsig, denn z. B. Kay in
London bringt am Aufsenrand der Brennermündung einen
Wulst b an (Fig. 194), durch welchen die innerhalb des Glüh-
körpers nach oben umkehrenden Gasströme in Höhe des
Wulstes gegen den oberen Teil des Glühkörpers geleitet werden
sollen. Bei einer anderen Ausführung bevorzugt jedoch auch
Kay eine erweiterte Brennermündung, welche dadurch er-
halten wird, dafs die Innenwandung des Brennerkopfes aus-
gebohrt ist; diese Ausbohrung c kann noch vergröfsert werden,
wenn sie in dem mit einem wulstförmigen Ansatz versehenen
Kopf angeordnet wird. Zu erwähnen wäre noch, dafs zwecks
Erzeugung einer breiten Flamme, die sich der Form des Glühkörpers möglichst anpassen soll, bei den Kindermannschen
Invertlampen vorzugsweise ein Brennerkopf mit trichterförmig
erweiterter Mündung angewandt wird (Fig. 195).

Aufser den verschiedenen Brennerrohrkonstruktionen, die bereits bei der Besprechung der einzelnen Lampen erwähnt wurden, mag noch auf einige Ausführungen verwiesen werden, die mit den verschiedenartigsten Brennermundstücken kombiniert zur Anwendung kommen. Das zylindrische Brennerrohr ist von der Auergesellschaft-Berlin durch ein absatzweise erweitertes Mischrohr ersetzt worden. Während bei diesen Invertbrennern über dem aus feuerfestem Material bestehenden Brennerkopf eine zur Aufnahme des Siebes dienende erweiterte Kammer vorhanden ist, benutzt F. Brooks in New York diese Einrichtung kombiniert mit einem zylindrischen Mischrohr und einem Brennermundstück mit verengter Austrittsöffnung (Fig. 196). Die letztere soll bewirken, dafs das Gasluftgemisch mit erhöhter Geschwindigkeit durch das Brennerrohr dem Glühkörper zuströmt. Die Länge der zylindrischen Bohrung des wie bei den hängenden Auerbrennern in den Glühkörper geführten Brennerkopfes darf dabei nicht kleiner sein als der halbe Durchmesser der erweiterten Kammer des Mischrohres. Eine wesentlich andere Konstruktion wird bei den von Louis Wolff in Berlin vorgeschlagenen Mischrohren für hängende Brenner angewendet; von einer ungefähr in der Mitte des Brennerrohres liegenden erweiterten Kammer aus ist das Mischrohr nach beiden Seiten hin allmählich verjüngt (Fig. 197). Einerseits wird mit der von der Düse ausgehenden allmählichen Erweiterung des Mischrohres beabsichtigt, die Saugwirkung des Gasstrahles dadurch zu unterstützen, dafs dem Gasluftgemisch die Reibungsfläche möglichst entzogen wird, andernteils soll infolge der allmählichen Verengung des unteren Mischrohrteiles nach dem Brennerkopf hin das Gasluftgemisch durch die erweiterte Kammer des Mischrohres mit erhöhter Geschwindigkeit dem Glühkörper zugeführt werden.

Fig. 196.

Fig. 197.

Während die Auergesellschaft das Brennerrohr von der Saugkammer nach der Brennermündung zu allmählich oder absatzweise erweitert, wird von Farnoff in Buffalo ein

Mischrohr bevorzugt, das nur im unteren Teil absatzweise erweitert ist, wobei der Querschnitt der oberen Mischrohrhälfte von der Saugkammer ab allmählich verringert wird

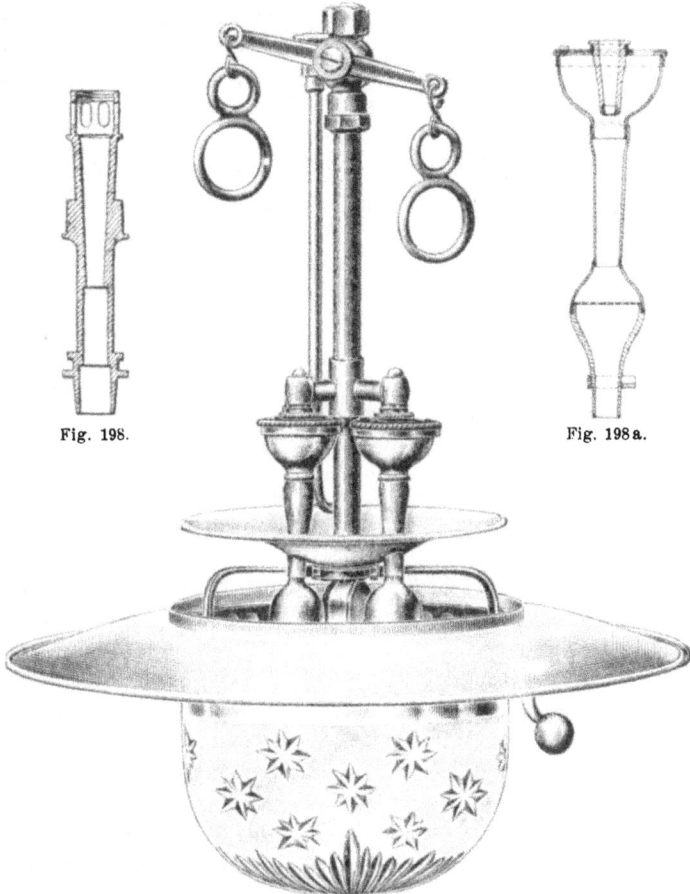

Fig. 198.   Fig. 198a.

Fig. 198 b.

(Fig. 198). Infolge dieser Ausführung soll das Zurückschlagen der Flamme mit Sicherheit verhindert werden, wenn vor der Brennermündung noch ein weitmaschiges Sieb gelagert wird.

In ähnlicher Weise werden die Mischrohre bei den Brennern von Smith in London (Fig. 198a) ausgeführt; an einen mittleren, nach unten verjüngten Mischrohrstutzen schließt sich oben eine erweiterte Saugkammer mit regelbaren Luftzutrittsöffnungen in der Decke an, während der Stutzen unten in einer Kammer mit eingeschaltetem Sieb mündet. Fig. 198b stellt eine Gruppenbrennerlampe für Innenbeleuchtung dar, bei der diese Mischrohre Anwendung finden.

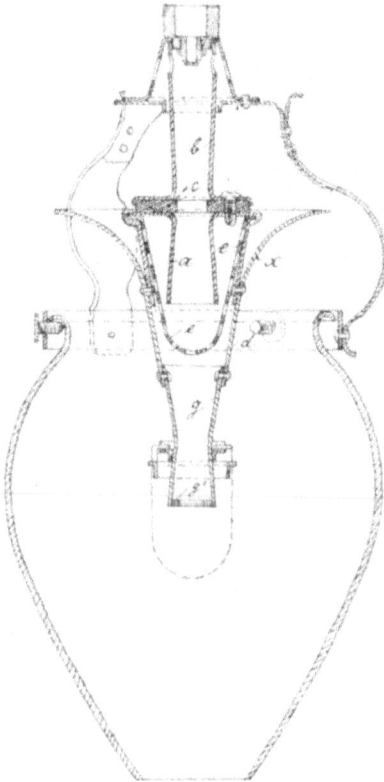

Die Einschaltung eines Siebes in einer erweiterten Kammer des Mischrohres zur Verhütung des Durchschlagens der Flamme ohne wesentliche Drosselung des zuströmenden Gasluftgemisches ist auch bei einigen neueren englischen Brennern durchgeführt worden, wobei durch eine besondere Konstruktion des in die erweiterte Kammer mündenden Bunsenrohres eine günstige Wirkung des Brenners erzielt werden

Fig. 199.

den soll. Die Lampe nach Fig. 199 von Spreadbury hat ein aus zwei Kegeln ab zusammengesetztes Mischrohr; zwischen den nach außen gebogenen Flanschen der Kegel ist eine Asbestlage c befestigt. An dem Flansch des unteren Kegels ist durch Bajonettverschluß das trichterförmige Rohr d befestigt, in welches der untere Kegel a hineinragt; dieser wird von einem durchlochten Konus oder einem Sieb e umschlossen, dessen obere, nach außen

gebogene Ringfläche zwischen dem Flansch des Kegels *a* und
einem Auflager des Trichters *d* festgeklemmt wird. Ein Absatz am Umfange des Trichters dient als Auflager für einen
Trichter *x* zum seitlichen Ablenken der Verbrennungsgase;
der letztere kann auch mit dem Trichter *d* aus einem Stück
bestehen. In den Trichter *d* ist ein in der Mitte eingeschnürtes
Brennerkopfrohr *g* eingesetzt; dieses kann aus zwei Teilen
bestehen, die durch einen Bajonettverschluſs vereinigt sind,

wobei der untere Teil
aus Speckstein oder Por-
zellan hergestellt wer-
den kann. Sowohl das
Brennerkopfrohr als
auch teilweise der Trich-
ter *d* werden von den
aufsteigenden Abgasen
beheizt. Die verengte
Gasaustrittsöffnung im
Brennerkopf wird durch
einen Ring g^1 gebildet,
der auswechselbar in
die untere Mündung des
Rohrs *g* eingesetzt ist.
Das eigentliche Misch-
rohr besteht aus zwei
mit der kleineren Basis
gegeneinandergesetzten

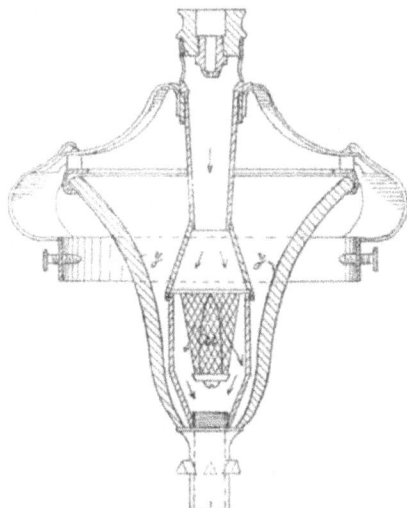

Fig. 200.

Kegelstümpfen; aus dem erweiterten Raum des unteren
Kegels strömt das Gasluftgemisch in eine erweiterte Kammer,
die das Sieb einschlieſst, und dann durch den Brennerkopf
in den Glühkörper. Dasselbe ist der Fall bei dem in Fig. 200
dargestellten Brenner der neuen Invertlampen-Gesellschaft in
London, nur ist innerhalb des Siebes noch ein kegelförmiger
Verteilungskörper *u* gelagert, durch welchen das Gasluftgemisch seitlich gegen die Siebmaschen und aus diesen in
feinen Strahlen gegen die Wandung der erweiterten Kammer
geschleudert wird, so daſs Gas und Luft innig durchmischt
dem Brennerkopf zugeführt werden. Um die Abgase seitlich

abzuleiten, so daſs die Wirkung des Injektors nicht beein-
trächtigt wird, ist nach dem Berntschen Prinzip auf einer
Schulter des Brennerkopfes ein trichterförmiger Mantel *y* aus
Porzellan oder Metall gelagert.

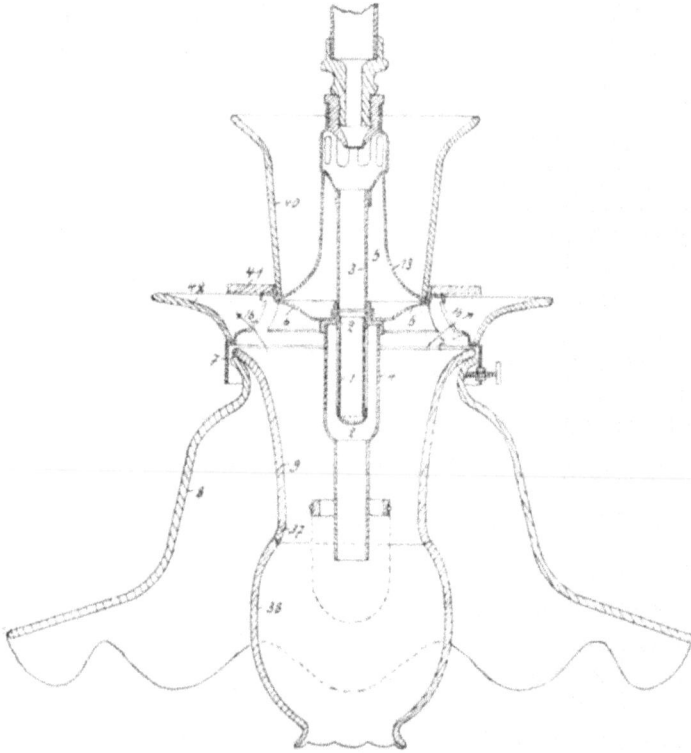

Fig. 201.

    Die in Fig. 201 bis 205 veranschaulichten Brenner mit
Siebeinsatz in einer erweiterten Kammer des Mischrohrs von
Warry & Wigley in Birmingham sind unter dem Namen
Etnabrenner in England vielfach eingeführt worden. Das
Sieb *1* (Fig. 201) ist hier in einem unten geschlossenen Rohr *2*
mit Durchtrittsöffnungen in der Seitenwandung gelagert, so
daſs das Gasluftgemisch ebenfalls gegen die Innenwandung

der erweiterten Mischkammer geschleudert wird. Die Brennerrohrteile *3* und *4* und das Rohr *2* sind in ein Verbindungs-

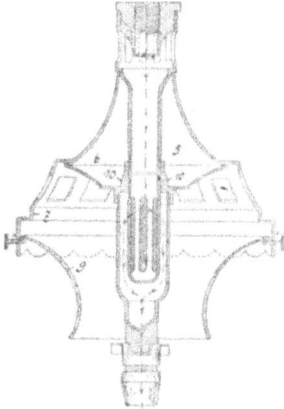

Fig. 202.

Fig. 203.

Fig. 204.

Fig. 205.

stück eingeschraubt, das als Auflager für die Glockengalerie *6, 7*
dient; wie aus Fig. 202 ersichtlich ist, können die Galerie

und das Verbindungsstück auch aus einem Stück hergestellt
werden. Die gebogene Platte 6 bildet den Boden einer Kammer 5,
welche einen wärmeisolierenden Luftmantel um den oberen
Mischrohrteil einschliefst, indem um diesen ein umgekehrt
trichterförmiges Gehäuse 13 gelegt ist, eine Einrichtung,
die bereits bei den Invert-
lampen von Dr. Ing. Kra-
mer benutzt worden ist.
Der Kammerboden 6 wird
von den aufsteigenden Verbrennungsgasen beheizt,
die durch Öffnungen 16 in
der Galerie abgeleitet werden. Um den unteren Teil
des Mischrohrs ist ein trichterförmiger Zugzylinder 9
aus Glas o. dgl. angeord-
net, dessen Einschnürung
37 den oberen Teil des
Glühkörpers umschliefst.
Dieser Zylinder, welcher
mit seiner oben erweiter-
ten Mündung auf dem
Schirm 8 gelagert ist, wird
entweder so ausgeführt,
dafs er etwa in Höhe
des Glühkörperfufses ab-
schneidet (Fig. 203 und
204), oder er wird zu einer
den Glühkörper umschlie-
fsenden, ausgebauchten

Fig. 206.

Glocke 38 ausgebildet, durch deren untere Öffnung die Luft
zuströmt (Fig. 201). Im ersteren Falle wird der Glühkörper und
der Zylinder von einer Glasglocke umschlossen, wie dies bei
der Lampe gemäfs Fig. 204 durchgeführt worden ist. Um die
Kammer 5 und die Luftzutrittsöffnungen des Mischrohres bei
der in Fig. 201 dargestellten Lampe ist ein Schutzglas 40
gelegt und auf der Galerie 6 gelagert; die letztere dient

auch als Auflager für eine Platte *41*. Während die letztere als Deflektor für die aufsteigenden Abgase wirkt, verhindert das Schutzglas den Zutritt derselben zu den Luftzutrittsöffnungen des Mischrohrs. In einer Nut der Galerie *7* ist ferner ein schirmartiger Glaskörper *42* gelagert, der die durch die Verbrennungsgase vielfach angeschwärzte Platte *41* verdeckt. Die Anordnung des Schutzglases *40* und des Schirmes *42* ist aus Fig. 205 deutlich ersichtlich.

Die Brenner der Kramerlicht-Gesellschaft in Charlottenburg sind bisher so ausgeführt worden, daß an ein zylindrisches Mischrohr ein Brennermundstück mit verengter Gasaustrittsöffnung angeschlossen wird. Von der ursprünglichen Konstruktion grundsätzlich abweichend, sowohl hinsichtlich des ganzen Aufbaues der Bekrönung, als auch bezüglich der Form des Brennerrohres und der Anordnung des Brennerkopfes, werden die neusten Kramerlampen gebaut (Fig. 206 bis 208). Das Bren-

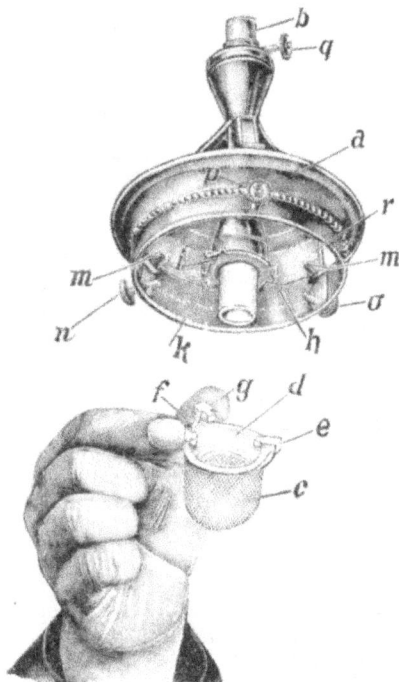

Fig. 207.

nerrohr besteht aus einem zylindrischen Mittelteil, an dem eine nach oben konisch erweiterte Saugkammer und ein nach unten kegelförmig erweitertes Rohr angeschlossen ist; in dieses wird ein zylindrisches Magnesiamundstück mit vorgelagertem Sieb eingesetzt und gleichzeitig die Tragplatte für den Glühkörper befestigt. In die unsymmetrisch angeordneten Pfannen *h i k* der Platte wird der Glühkörpertragring *d* mittels ent-

sprechender Zapfen *efg* eingehängt (Fig. 207). Die Glasumhüllung wird in einen galerieartigen Ring *t* eingesetzt, durch
dessen Ausschnitte *u* beim Einsetzen der Glocke die Schrauben *nop* geführt werden, die nach Drehung der Glocke als
Auflager und zum Fest-
stellen der letzteren dienen (Fig. 206 u. 208). Die
Bekrönung der Lampe
ist am Mischrohr mit-
tels dreier Träger aufge-
hängt, zwischen denen
eine die obere Glocken-
öffnung überdeckende
Schale zum Ableiten der
Verbrennungsgase gela-
gert ist.

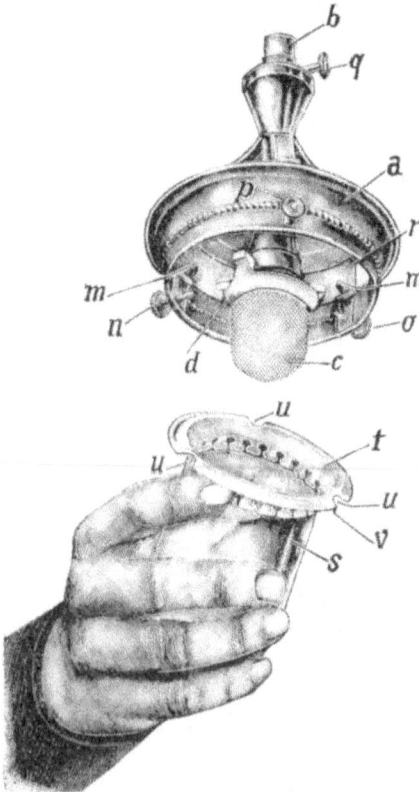

Die Zuführung der
Mischluft in die Saug-
kammer des Brenner-
rohres geschieht bei den
meisten Invertbrennern
in derselben Weise wie
bei den aufrechtstehen-
den Brennern, entweder
durch Öffnungen in der
Seitenwandung der Kam-
mer oder auch solche im
oberen Boden der Kam-
mer, durch den das Dü-
senrohr geführt wird, so
daß die Luft mit dem
Gasstrom gleich gerich-

Fig. 208.

tet angesaugt wird. Eine Regelung der Mischluftzufuhr kann
hierbei in beiden Fällen durch die üblichen Schieber bewirkt werden, deren Durchtrittsöffnungen mehr oder weniger
mit den Öffnungen der Saugkammer des Brennerrohres zur
Deckung gebracht werden. Um das Durchschlagen der
Flamme beim Anzünden zu verhüten, ist bei den Lampen

von Ehrich & Grätz in Berlin innerhalb der Saugkammer
des Brenners zwischen der Düse und den Luftzutrittsöffnungen
ein Sieb gelagert. Eine ähnliche Einrichtung (Fig. 209) verwenden Proskauer & Co. in Berlin. Die gleiche Wirkung
könnte dadurch erreicht werden, dafs die Wandung der Saugkammer selbst mit siebartig ausgeführten Durchbohrungen versehen wird. Eisner in Berlin zerlegt die Saugkammer des
Brennerrohres an einer oder mehreren Stellen übereinander
durch eine Anzahl schmaler Schnitte, so dafs nur schmale Ver-
bindungsstege *c* stehen bleiben (Fig. 210). Hierdurch soll auch

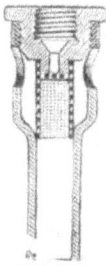  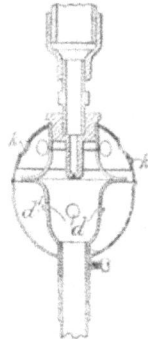

Fig. 209.   Fig. 210.   Fig. 211.

erreicht werden, dafs die Überleitung der Wärme von dem
unteren Teile des Mischrohres nach dem durch die Luft-
schlitze getrennten, höher gelegenen Teile der Saugkammer
und der Düse infolge der schmal gehaltenen Verbindungs-
brücken beschränkt wird. Aufser den Schlitzen können regelbare Luftzuführungsöffnungen im oberen Boden der Saugkammer vorgesehen werden.

Wenn eine Invertlampe an Orten angebracht wird, wo
Zugluft vorhanden ist, so ist häufig ein unruhiges Brennen
der Lampe zu beobachten. Diesem Übelstand kann durch
Schutzhauben vorgebeugt werden, welche die Luftzutrits-
öffnungen des Mischrohres umgeben. Unter Anwendung einer
solchen Schutzhaube lagert Shoob in London die Luftein-
strömungsöffnungen des Schutzgehäuses oberhalb der Zuflufsöffnungen der Saugkammer des Brenners (Fig. 211); die letztere

ist konisch ausgebildet und mit seitlichen Öffnungen d mit vorgelagerten Lappen d^1 versehen. Die Luft gelangt zum großen Teil durch Einlässe e unmittelbar in die Saugkammer, zum kleineren Teil in diese durch die Öffnungen d. Zwecks Regelung der Luftzufuhr ist um die Haube ein Schieber k gelegt, welcher durch Stifte k^1 in Schlitzen der Haube geführt ist. Am unteren Ende bildet die Saugkammer einen zylindrischen Fortsatz, der zur Aufnahme des Brennerrohres dient, welches mittels einer Klemmschraube in regelbarer Höhe eingestellt werden kann. Sicherer als bei dieser Einrichtung dürften Betriebsstörungen des Brenners bei vorhandener Zug-luft mittels der in Fig. 212 dargestellten Haubenanordnung verhindert werden. Die Saugkammer des Brenners ist von zwei ineinander gesetzten Hauben umschlossen, in denen die Durchtritts-öffnungen so angeordnet sind, daß die Luft einen Zickzackweg zu nehmen gezwungen wird.

Bernt in Prag hält die Verwendung solcher Schutzhauben nicht für ausreichend, um das Zucken der Flammen zu verhindern, und überdeckt die Saugkammer des Brenners mit einer Kapsel b (Fig. 213), in die auf entgegengesetzt zueinander gelegenen Seiten Rohrstücke c eingesetzt sind, welche über die Kapselwand nach außen ragen, erforderlichenfalls aber nur innerhalb der Kapsel vorhanden zu sein brauchen. Die Rohrstücke c sind am inneren Ende durch Platten c^1 verschlossen und zwischen diesen und der Kapselwand mit Öffnungen c^2 versehen. Bei ruhigem Wetter tritt die Luft durch beide Rohrstücke c und deren Öffnungen c^2 in den zwischen dem Rohr a und der Kapsel b vorhandenen Ringkanal d, aus dem sie durch die Luftlöcher a^1 in das Mischrohr gelangt, um sich nun mit dem durch die Düse e eingetretenen Gas zu mischen. Wenn die Zugluft direkt auf einen der Stutzen c gerichtet ist oder auch eine Komponente der Windrichtung mit der Richtung eines der Stutzen zusammenfällt, so wird die lebendige Kraft des eintretenden Luftstromes durch den

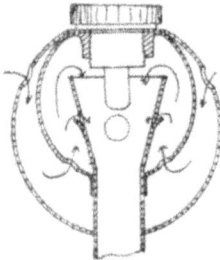

Fig. 212.

dreimaligen Richtungswechsel, den er in dem Stutzen und in
der Hülse erfährt, derartig herabgemindert, dafs eine praktische
ersichtliche Einwirkung auf die Druckverhältnisse im Innern
der Hülse nicht erfolgt. Die äufseren Teile der Rohrstutzen c
können gegebenenfalls verlängert und abwärts gekrümmt sein.

Im Gegensatz zu Bernt
und Shoob vermeidet Vis
in Rotterdam die Zufuhr
der Mischluft durch seit-
liche Öffnungen in einer
die Gasdüse umschliefsen-
den Haube, und führt die
Luft in die Saugkammer
des Brennerrohres durch
eine ringförmige Öffnung
zwischen einem Ansatzrohr
der Kammer und dem Dü-
senrohr; oberhalb der Öffnung ist zwecks Regelung
der Luftzufuhr eine volle
Scheibe parallel zu dieser
Öffnung einstellbar ange-
bracht. Die Saugkammer
(Fig. 214) ist nach oben in
Form einer die Gasleitung e
mit Zwischenraum f um-
schliefsenden Halses g verlängert, der oben offen ist
und so eine ringförmige

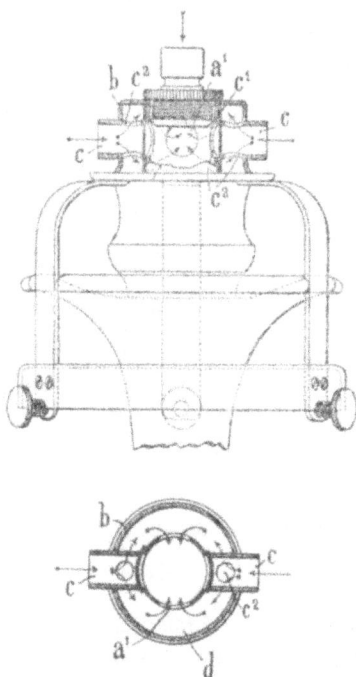

Fig. 213.

Öffnung für das Eindringen der Mischluft in die Haube herstellt. Oberhalb dieser Öffnung ist mittels eines auf dem Gasrohr vorgesehenen Gewindes h eine Scheibe i in axialer Richtung und parallel zur genannten Öffnung verschiebbar, so dafs
der Luft ein entsprechend schmalerer oder weiterer Ringspalt k
zur Einströmung dargeboten wird. Der Scheibe kann vermittelst eines Fingers l noch eine zusätzliche Führung am Halse g
gegeben werden. Zwischen Halsöffnung und Mund der Düse a
ist zur Beruhigung der Luft ein Drahtnetz m eingeschaltet.

10*

Es kann nicht verwundern, daſs die bei aufrechtstehenden
Brennern angewandten Grundsätze fast durchweg auch auf
Invertglühlichtbrenner zu übertragen versucht worden sind.
Insbesondere trifft dies zu bezüglich der Einrichtungen zur
Erzeugung eines möglichst sauerstoffreichen Gasluftgemisches
im Brennerrohr durch Hintereinanderschaltung meherer Saug-
kammern.   Schon die älteren Brenner der Gesellschaft für
hängendes Gasglühlicht in Berlin, bei denen um das Misch-

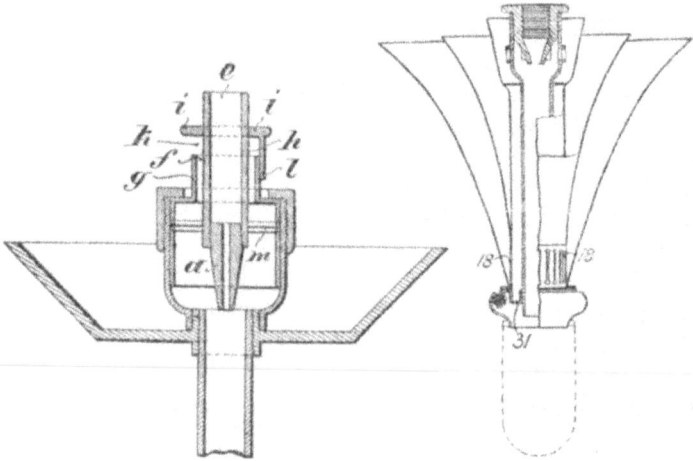

Fig. 214.   Fig. 215.

rohr ein Doppelmantel zur Erzeugung eines künstlichen Luft-
zuges gelegt ist, wurden so ausgeführt, daſs in den erweiterten
Brennerkopf zusätzliche Luft aus dem Raum zwischen dem
Brennerrohr und dem inneren Mantel angesaugt wird (Fig. 215).
Der Innenmantel ist mit einer das Mischrohr und die Saugkammer umschlieſsenden Hülse verbunden, so daſs die Luft
durch Anordnung von Schlitzen 18 in der Hülsenwandung in
den Mantelräumen zirkuliert; durch Öffnungen 31 im Hülsen-
boden soll ein Teil der Luft in den erweiterten Brennerkopf angesaugt werden.   Der Umstand, daſs diese Brenner in der Praxis
keine Verwendung gefunden haben, läſst vermuten daſs die
beabsichtigte Wirkung nicht eintritt; offenbar wird infolge der
Stauung des Gasluftgemisches innerhalb des Glühkörpers eher

ein Rückfluſs unverbrannten Gases durch die Öffnungen *31*
stattfinden, als zusätzliche Luft in den Brennerkopf angesaugt
werden. Zweckmäſsiger erscheint die Ver-
legung der mehrfachen Luftzuführungsöffnungen in die Wandung der Saugkammer des Brenners. Unter Beibehaltung
der die Saugkammer umschlieſsenden-
kugelförmigen Schutzhülse, lagert S h o o b
in London (Fig. 216) die Düse so weit
oberhalb der Schutzhülse innerhalb einer
zweiten Kammer, daſs die Luft teils
durch die mittels eines Schiebers regelbaren Öffnungen der Düsenkammer, teils
durch die Zufluſsöffnungen der unteren

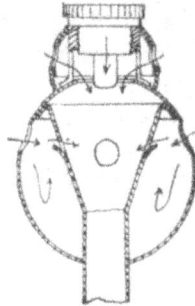

Fig. 216.

Schutzhülse in die Mischkammer des Brenners angesaugt wird.

Eine ähnliche Wirkung wird bei den Invertlampen von
Gebrüder Jacob in Zwickau erreicht, indem auſser den üb-

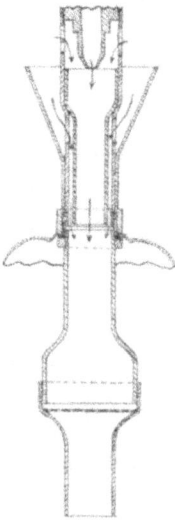

Fig. 217.

Fig. 218.

lichen Luftzutrittsöffnungen in der Wandung der Saugkammer
(Fig. 217) eine zweite Reihe von Zufluſsöffnungen für die Misch-

luft in dem verengten Teile des Mischrohres vorgesehen sind,
der von einer kegelförmigen Haube umschlossen wird. Die
zusätzliche Mischluft wird durch den Ringraum zwischen der
Innenwandung des Mischrohres und der Aufsenwandung eines
in der Saugkammer gelagerten Einsatzrohres angesaugt. Das
Brennerrohr ist zweiteilig ausgeführt und die die beiden Teile
verbindenden Schraubenmuttern dienen gleichzeitig zum Befestigen der Auffangschale für die Verbrennungsgase. Das
Brennermundstück mit Siebeinlage wird mit dem erweiterten

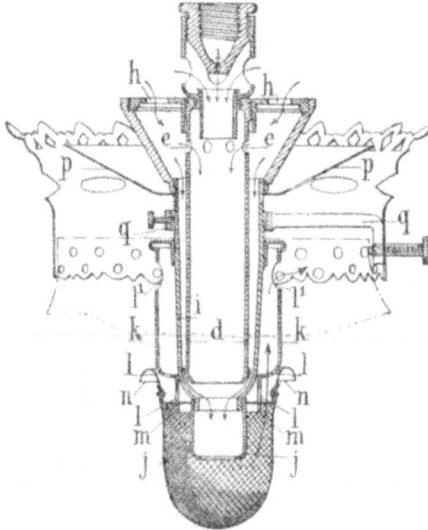

Fig. 219.

unteren Brennerrohrteil verschraubt. Die mit dem »Jacobus-
brenner« ausgeführten Messungen ergaben bei einem Gasdruck
von 38 mm und einem Verbrauch von etwa 100 l pro Stunde
eine Leuchtkraft von 75 HK, mithin einen Gasverbrauch
von 1,33 l pro Kerzeneinheit. Bei den neuesten Jacobus-
lampen (Fig. 218) ist einerseits von einer doppelten Luftzuführung zum Mischrohr Abstand genommen worden, anderseits ist die Auffanghaube zum Ableiten der Verbrennungsgase vertieft in der Lampenbekrönung gelagert, so dafs sie
nicht sichtbar ist.

Eine dreifache Luftzuführung zum Mischrohr ist bei dem
in Fig. 219 dargestellten französischen Brenner von Compin
vorhanden. In der Saugkammer des Brenners ist ein kurzer
Einsatzstutzen gelagert. Um das Mischrohr d ist mit Zwischenraum ein Rohr i angeordnet, das sich oben an eine kegelförmig
erweiterte Kammer anschließt; die durch Öffnungen h in der
Decke der Kammer zufließende Luft wird teils durch Bohrungen e, teils durch den Raum zwischen den Rohren d und i
in das Mischrohr gesaugt. Sowohl die untere Mündung des
letzteren als auch diejenige des Aufsenrohres, an welche das
mit verengter Austrittsöffnung versehene Specksteinmundstück j
angeschlossen wird, ist eingeschnürt.

Mit dem Aufsenrohr i ist eine dieses umschließende Hülse
k verschraubt, an welcher der Glühkörpertragring n mittels
Bajonettverschlusses aufgehängt wird. Die unmittelbar aus
dem Glühkörperinnern aufsteigenden Verbrennungsgase werden
durch Öffnungen $l\,l^1$ abgeleitet, die in der Hülsenwandung
und in einem verengten Fortsatz m der Hülse augeordnet sind.
Das Aufsenrohr i dient zum Befestigen eines Reflektors p und
des Glockenträgers q.

Achter Abschnitt.

Regelungsdüsen, Schmutzfänger, Zündvorrichtungen.

Die in die Mischkammer eines Gasglühlichtbrenners angesaugte Luftmenge ist in erster Linie abhängig von der Stärke des Gasdruckes in der Rohrleitung und von der Gröfse der Düsenöffnungen. Da der Gasdruck in den einzelnen Ortschaften und in den verschiedenen Strafsen auch nicht annähernd gleich ist, so ist es für die Fabrikanten unmöglich, Brenner mit richtig eingestellter Düse zu liefern, es mufs deshalb den Installateuren überlassen werden, für jede Anlage die erforderliche Gröfse der Düsenöffnungen zu ermitteln. Da die Glühkörper nie ganz gleichmäfsig herzustellen sind, insbesondere schon geringe Abweichungen in der Weite zur Folge haben, dafs die Glühkörperwandung nicht mehr in der heifsesten Zone der erzeugten Bunsenflamme liegt, so ist beim Auswechseln eines schadhaft gewordenen Glühkörpers sehr häufig eine neue Regelung der Weite der Düsenöffnungen notwendig. Diese Arbeit ist für den Konsumenten sehr zeitraubend und kann oft nur durch den mit den erforderlichen Werkzeugen ausgerüsteten Installateur ausgeführt werden. Bei einem Invertbrenner wird die Regelung der Weite der Düsenöffnungen noch dadurch erschwert, dafs der Brenner stark erhitzt wird und man zwecks Abschraubens des Brenners bis zur Erkaltung desselben längere Zeit warten mufs, wenn man sich nicht die Hände verbrennen will. Dieses mehrmalige Abnehmen und Wiederanschrauben des Brenners bei der Einregulierung der Düsenöffnungen ist meistens notwendig, weil bei dem erstmaligen Versuch in der Regel nicht gleich die richtige Weite der Düsenöffnungen getroffen wird. Das Aufbohren oder Zustanzen der Düsenöffnungen bei einem Invertbrenner ist deshalb eine viel umständlichere Arbeit als bei einem aufrechtstehenden Brenner. Die Regelungsdüse bietet ein Mittel, mittels dessen nicht nur das willkürliche Aufbohren und Zustanzen der Düsenlöcher durch eine einfache Einrichtung ersetzt wird, sondern welches auch dem Konsumenten die Möglichkeit gibt, beim Auswechseln des Glühkörpers oder bei stärkeren Druckschwankungen in der Gasleitung jederzeit das günstigste Verhältnis zwischen Leuchtkraft und Gasverbrauch herzustellen. Erschwerend fällt bei einem Invertbrenner ins Gewicht, daſs die in die Mischkammer angesaugte Luftmenge von der Stärke des Gasdruckes und von der mit der Erhitzung des Brenners sich ändernden Dichte der Luft abhängig ist; die letztere expandiert und wird daher in geringerer Menge angesaugt als in kaltem Zustande des Brenners. Die Zufuhr der erforderlichen Luftmenge könnte zwar durch eine nachträgliche Regelung der Weite der Luftzufluſsöffnungen der Saugkammer erreicht werden, die Erfahrung hat jedoch gelehrt, daſs die Anwendung einer Regelungsvorrichtung für die Luftzufuhr auſser der Regelungsdüse zum Einstellen der Gaszufuhr nicht zweckmäſsig ist, weil der Konsument in den meisten Fällen auſserstande ist, die beiden vorhandenen Regelungsvorrichtungen in richtiger Weise zu benutzen. Bei den meisten Invertbrennern wird deshalb ausschlieſslich eine Regelungsdüse zum Einstellen der Gaszufuhr angewandt, und da gerade bei einem Invertbrenner die Einstellung des Gaszuflusses die gröſste Sorgfalt erfordert, so kann es keinem Zweifel unterliegen, daſs die Anwendung einer Regelungsdüse für den Invertbrenner eine Lebensfrage ist. Die einfachste Einrichtung zur Regelung des Gaszuflusses besteht in einem in der Wandung des Düsenrohres geführten Ventil, dessen konische Spitze die Bohrung des Düsenrohres mehr oder weniger verengt. Derartige Regelungsvorrichtungen werden u. a. bei den Brennern der Sparlichtgesellschaft in Remscheid benutzt (vgl. Fig. 80).

Anstatt eines Ventils mit konischer Spitze sind bei den
Brennern der Kramerlicht-Gesellschaft in der Wandung des
Düsenrohres zwei Schraubenbolzen gelagert, deren gegenüber-
liegende Stirnflächen einen in der Weite regelbaren Schlitz
für den Durchfluſs des Gases bilden (Fig. 220). Bei beiden
Brennern ist die regelbare Gasdurchtrittsöffnung oberhalb der
gelochten Düsenplatte im Düsenrohr angebracht. Dasselbe

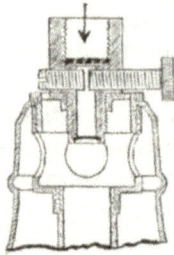
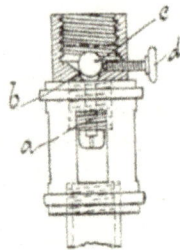

Fig. 220.   Fig. 221.   Fig. 222.

ist der Fall bei der in Fig. 221 dargestellten Regelungsvorrichtung von Kleinhans in Dresden, bei welcher der Gaszufluſs mittels eines kugelförmigen Ventilkörpers geregelt
wird. Die Durchgangsöffnung *a* für das Gas ist nach oben
hin zu einem Ventilsitz *b* erweitert, dessen Verschluſs durch
eine Kugel *c* bewirkt wird. Das durch das Düsenrohr geführte
Spitzschräubchen *d* greift etwas unterhalb der Kugelmitte an
und bewirkt beim Einwärtsdrehen eine Lüftung der Kugel
von ihrem Sitz und damit die Herstellung eines mehr oder
minder groſsen Durchgangsquerschnittes. Brooks in New York

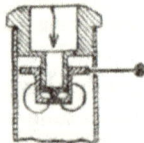

zieht es vor, die Weite der Düsenbohrung
selbst durch ein Nadelventil zu regeln und
führt die Gaszuleitung seitlich in den Düsenkörper ein (Fig. 222). Die gleiche Wirkung
erreicht Jost in Philadelphia dadurch, daſs
die regelbare Gaszutrittsöffnung in einer Kappe

Fig. 223.

angebracht ist, die über einem mit dem Düsenkörper verbundenen Kegelventil · einstellbar gelagert wird
(Fig. 223); die Kappe ist zu diesem Zweck mit einem Arm
verbunden, der in einem schrägen Schlitz der Saugkammer-

wandung geführt wird, so daſs die Kappe beim Drehen des
Armes gehoben oder gesenkt wird und das Kegelventil die
Gaszuflufsöffnung mehr oder weniger verengt.

Soll eine Regelungsdüse ihren Zweck erfüllen, so muſs sie
so ausgeführt werden, daſs das Gas an den Durchflufsöffnungen
möglichst wenig gedrosselt wird, sondern unter dem vollen
Leitungsdruck der Saugkammer des Brenners zufliefst. Ist
dies bei einem Invertbrenner nicht der Fall, so ist infolge
der Verringerung der lebendigen Kraft des Gases dieses nicht
mehr imstande, die erforderliche Luftmenge in die Saugkammer
des Brenners anzusaugen. Die Weite der Gasaustrittsöffnungen

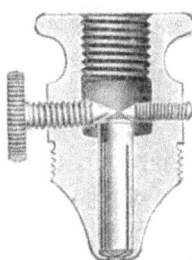
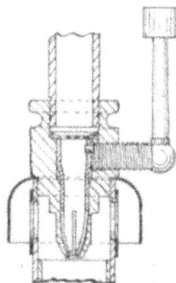

Fig. 224.   Fig. 225.

der Düse muſs also so verändert werden können, daſs nur die
Gasmenge, nicht aber der Gasdruck abgedrosselt wird. Um diese
Wirkung zu erreichen, verwendet die Auergesellschaft in Berlin
einen Regelungskörper, der den Querschnitt der inneren Bohrung
des Düsenrohres möglichst wenig verringert; in die Bohrung,
die am unteren Ende verengt wird, ist ein nur oben offener
Hohlzylinder lose eingesetzt (Fig. 224), welcher mit einer
Anzahl von Schlitzen versehen ist, so daſs gegeneinander
federnde Wände entstehen; der untere Rand des Hohlzylinders
ist entsprechend der unteren Verengung der Düsenbohrung
konisch abgedreht. In der Wandung des Düsengehäuses ist
gasdicht eine Schraube geführt, deren konische Spitze über
den oberen Rand des Zylinders greift; ein in die Düsenbohrung ragender Stift verhindert das Herausfallen des Zylinders
beim Umkehren der Düse. Vermittelst der konischen Spitze
der Seitenschraube wird beim Drehen der letzteren der Hohl-

zylinder höher oder tiefer eingestellt, und dessen federnde Wände mit den entsprechenden Schlitzen in der Bodenplatte werden an der oberen Düsenöffnung mehr oder weniger zusammengedrückt. Beim Zurückdrehen der Schraube senkt sich der Zylinder infolge des Druckes der federnden Sektoren gegen die untere Einschnürung der Innenbohrung des Düsengehäuses. Anstatt einer Schraube mit konischer Spitze wird bei der Regelungsdüse von Gebrüder J a c o b in Zwickau (Fig. 225) der im Düsengehäuse gelagerte, mehrteilig aufgeschnittene Hohlzylinder mittels eines durch die Wandung des letzteren greifenden Stiftes eingestellt, der exzentrisch an der Stirnfläche der Seitenschraube angebracht ist; der Antrieb der letzteren erfolgt mittels eines Griffes,

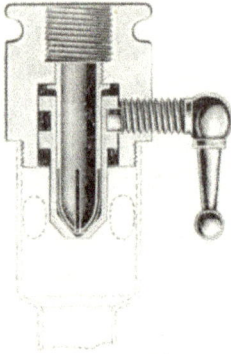
Fig. 226.

der mit einem Knopf aus Fiber oder anderem Isoliermaterial versehen ist. Die Regelungsvorrichtung wird neuerdings auch so ausgeführt, dafs über dem mit dem Düsenkörper fest verschraubten Hohlzylinder eine gasdicht auf diesem geführte Kappe mittels des exzentrisch an der Seitenschraube befestigten Stiftes in der Höhe verstellbar angeordnet ist (Fig. 226).

Die Invertlampen von E h r i c h & G r ä t z in Berlin sind mit einer Regelungsdüse ausgerüstet (Fig. 227), bei welcher der Regelungskörper aus einem Nadelventil besteht, das mit einem in der Bohrung des Düsengehäuses geführten Hohlzylinder verbunden ist. Die Einstellung des Nadelventils gegen die Gasaustrittsöffnung in der Düsenplatte wird ebenfalls mittels einer durch die Wandung des Düsengehäuses geführten Seitenschraube bewirkt, deren schlank konische Spitze über den oberen Rand des Hohlzylinders greift. Zwischen einem Ringflansch am oberen Zylinderrand und dem Boden der

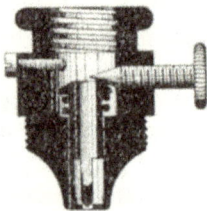
Fig. 227.

Erweiterung des Düsengehäuses ist eine Schraubenfeder um den Hohlzylinder gelegt, die beim Zurückdrehen der Seitenschraube das Anheben des Nadelventiles bewirkt.

Namentlich bei Anwendung von Regelungsdüsen in den Aufsenlampen kommt es vor, dafs die Einstellvorrichtung sich infolge der Hitzeeinwirkung festsetzt, wenn Schraubenstifte als Antriebsmittel für das Ventil benutzt werden. Karl Reifs in Berlin sucht diesen Übelstand dadurch zu beseitigen, dafs er bei der Antriebsvorrichtung für das Nadelventil jedes Schraubengewinde vermeidet (Fig. 228). Der Antrieb des mittels eines Hohlzylinders im Düsenrohr geführten Ventils erfolgt mittels einer in einer Buchse seitlich des Düsengehäuses geführten Welle, an deren inneren Kopfscheibe ein in den Hohlzylinder greifender Stift exzentrisch befestigt ist. Eine in der Buchse gelagerte Feder prefst die Kopfscheibe gegen die innere Stirnwand der Buchse,

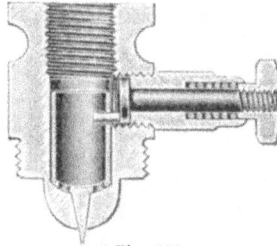

Fig. 228.

um den Gaszutritt in diese möglichst zu verhindern. Der Antrieb der Welle erfolgt mittels eines auf dieser aufserhalb der Buchse befestigten, geriffelten Knopfes oder Stellhebels.

Der Wert einer Regulierdüse kann illusorisch werden, wenn Zufälligkeiten eintreten, die eine Verkleinerung oder Verstopfung der Düsenöffnungen zur Folge haben. In der Gasleitung bröckeln häufig Rufs oder Teilchen von Dichtungsmaterial od. dgl. ab, das beim Zusammenschrauben der Rohre und Brennerteile benutzt wird; diese Schmutzteilchen fallen dann in die mit den Gasaustrittsöffnungen nach unten gerichtete Düse und verstopfen die letztere, so dafs der Brenner nicht mit vollständig entleuchteter Flamme brennt uud der Glühkörper verrufst. Diesem Übelstand hat man dadurch zu begegnen versucht, dafs vor den Gasaustrittsöffnungen oder vor dem Regelungsventil innerhalb des Düsengehäuses Drahtsiebe eingeschaltet werden (vgl. Fig. 220 und 221). Bei zahlreichen neueren Brennern ist indessen von der Einschaltung dieser Drahtsiebe Abstand genommen worden. Offenbar bleiben

die gröberen Schmutzteilchen auf dem Drahtsieb liegen, während
die feineren Teilchen, welche gerade wegen ihrer Feinheit die
Düsenöffnungen verstopfen können, die Siebmaschen durchdringen; augenscheinlich wird aufserdem durch die auffallen-
den Fremdkörper der Durchgangsquerschnitt der Siebmaschen
beträchtlich verringert, so dafs eine Drosselung des Gasdruckes
im Düsengehäuse und eine Verminderung der Lichtwirkung des
Glühkörpers eintritt. Die neueren Schmutzauffangvorrichtungen
sind deshalb gröfstenteils so ausgeführt worden, dafs eine
Drosselung des Gases vor der Düse vermieden wird. Hinton
& Andrews in London schalten zwischen das Düsenrohr
und die Gaszuleitung einen Schmutzsammler ein (Fig. 229),

Fig. 229.   Fig. 230.   Fig. 231.

der aus einem kugelförmigen Messingstück mit zickzackartiger
Durchbohrung besteht, deren nach unten gerichteter Scheitel
durch eine Schraube verschlossen wird. In dem Scheitel
sollen sich die Staub- und Schmutzteile sammeln, die nach
Lösung der Schraube durch den Gasdruck herausgeschleudert
werden. Ein Schmutzfänger, der oberhalb der Regelungsdüse
in das Gaszuleitungsrohr einzusetzen ist und aus einem in das
letztere ragenden Rohrztutzen besteht (Fig. 230), ist bei den
älteren Invertlampen von Ehrich & Grätz in Berlin angewandt worden. Der Rohrstutzen ist oben geschlossen, und
das Gas fliefst durch die Öffnungen in der Wanduhg des
Stutzens der Düse zu; die Schmutzteile werden auf dem
Boden des Verbindungsstückes gesammelt, in den der Rohr-

stutzen eingesetzt ist. Ähnliche Schmutzfängerkonstruktionen werden von der Neuen Invertlampen-Gesellschaft in London ausgeführt. Der Rohrstutzen b (Fig. 231) mit den Gasdurchtrittsöffnungen c kann mit einer Platte e verbunden werden, die in das mit Innengewinde versehene Gaszuleitungsrohr eingesetzt wird. Zweckmäfsiger erscheint die Ausführung gemäfs Fig. 232, bei welcher die Platte mit dem Rohrstutzen in eine erweiterte Ausbohrung des Düsenkörper eingesetzt ist, in welche das Gaszuleitungsrohr eingeschraubt wird, so dafs dessen unterer Rand die Platte festklemmt. Die Vorrichtung kann auch so abgeändert werden, dafs

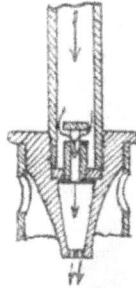 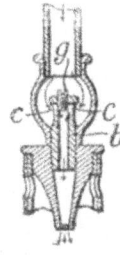

Fig. 232.   Fig. 233.

der Rohrstutzen selbst zum Verbinden der Düse mit dem Gaszuleitungsrohr benutzt wird (Fig. 233). Als Schmutzsammler dient ein erweitertes, kugelförmiges Gehäuse, in das einerseits

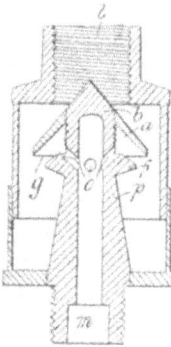 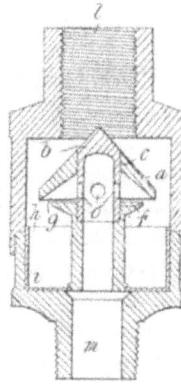

Fig. 234.   Fig. 235.

das Gaszuleitungsrohr, anderseits der Rohrstutzen b eingeschraubt wird; der letztere ist aufserdem mit dem Düsenkörper verschraubt. Um die Menge des der Düse zufliefsenden Gases zu regeln, kann in der Decke des Rohrstutzens ein Schrauben-

bolzen *g* angeordnet werden, der die Innenbohrung des Rohrstutzens mehr oder weniger verschließt. Nach demselben
Prinzip sind die in Fig. 234 und 235 dargestellten Schmutzfänger von Richmond in Plymouth (England) gebaut. Das
als Schmutzsammelraum dienende Gehäuse ist zweiteilig ausgeführt; in den Boden des unteren Gehäuseteiles ist der mit
Gasdurchtrittsöffnungen *o* in der Seitenwandung versehene
Rohrstutzen *p* eingesetzt, dessen unterer Zapfen *m* mit der
Düse verschraubt wird (Fig. 234). Der konisch abgedrehte

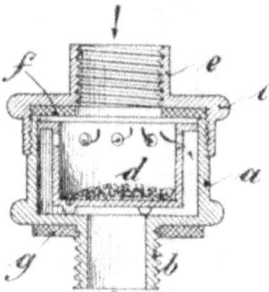

Fig. 234.

Kopf *b* des Rohrstutzens ist zentrisch unterhalb der Gaseintritts-
öffnung *l* gelagert und mit einem
Ableitungskegel *a* verschraubt, durch
den die Schmutzteile gegen die Ge-
häusewandung geworfen und auf
dem Boden des Gehäuses gesammelt
werden. Das Gas durchströmt einen
ringförmigen Schlitz *g* zwischen dem
Rand des Ableitungskegels und
einem Flansch *f* des Rohrstutzens
und gelangt durch die Öffnungen *o*

des letzteren zur Düse. Die Weite des Schlitzes *g* und damit
die der Düse zufließende Gasmenge kann dadurch geregelt
werden, daß der Ableitungskegel höher oder tiefer gegen
den Seitenflansch *f* des Rohrstutzens eingestellt wird. Bei
der Einrichtung gemäß Fig. 235 ist der aus zwei Teilen bestehende Rohrstutzen in einer als Schmutzsammler dienenden
zylindrischen Schale *h i* angeordnet, die in das Gehäuse eingesetzt wird; diese Ausführung bietet den Vorteil, daß der
Schmutzsammler aus dem Gehäuse zwecks Reinigung leicht
herausgenommen werden kann. Die Richmondschen
Schmutzfänger sind auch insofern zweckmäßig, als sie größere
Mengen von Staub- und Schmutzteilchen aufzunehmen im
stande sind und eine Querschnittverengung der Gaszuleitung
zur Düse und eine Drosselung des Gasstromes nicht stattfindet; die Zusammensetzung der Schmutzfängerteile und
ihre fabrikatorische Herstellung erscheint indessen etwas
kompliziert.

Eine aufserordentlich einfache Schmutzfängerkonstruktion wird von der deutschen Gasglühlicht-Aktiengesellschaft in Berlin ausgeführt.   Die Vorrichtung (Fig. 236) besteht aus einer Kapsel *a*, mit deren Stutzen *b* die Düse verschraubt wird, und welche oben durch einen Deckel *c* verschlossen ist, in den das Gaszuleitungsrohr eingeschraubt wird.   In der Kapsel ist leicht herausnehmbar ein napf- oder topfartiger Behälter *d* gelagert,

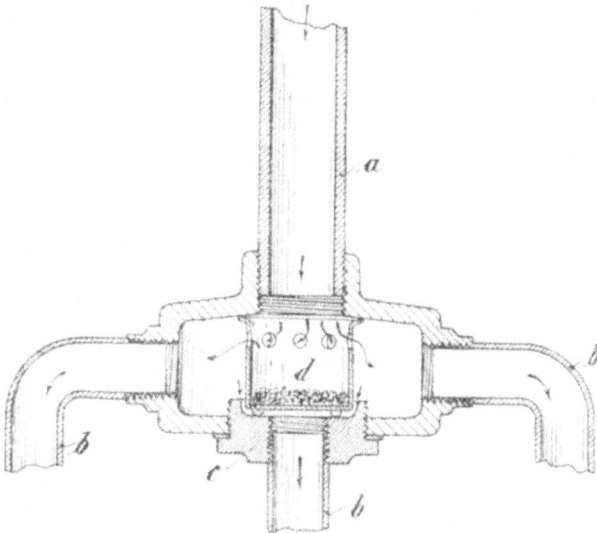

Fig. 237.

der einen gröfseren Durchmesser hat als das Gaszuleitungsrohr und mittels eines Seitenflansches an der Innenwandung der Kapsel geführt wird.   Der durch mehrere Füfse auf dem Boden der Kapsel gelagerte Behälter ist unterhalb des Seitenflansches mit Durchtrittsöffnungen in der Wandung versehen, deren Gesamtquerschnitt mindestens dem Querschnitt des Gaszuleitungsrohres gleich ist, so dafs eine merkliche Drosselung des Gasstromes nicht stattfinden kann. *f* und *g* sind zwei Abdichtungsplatten aus Weichmetall.   Die Vorrichtung kann auch so ausgeführt werden, dafs ein gemeinsamer Schmutzsammelbehälter für mehrere Innen- oder Aufsenlampen zur Anwendung gelangt.   Der Behälter *d* wird zu diesem Zweck

in einen an das Gaszuleitungsrohr angeschlossenen Verteilungskörper eingesetzt (Fig. 237), von dem mehrere Brennerrohre *b*
abgezweigt sind.   In dem Boden des Verteilungskörpers ist
herausnehmbar ein Einsatz *c* gelagert, auf dem der Behälter *d*
steht.   Der Einsatz kann gleichzeitig als Anschlußstück für
ein senkrecht nach unten abgezweigtes Brennerrohr benutzt
werden.

Bei dieser Anordnung der Schmutzfänger ist es nicht ausgeschlossen, daß die zwischen dem Sammelbehälter und der
Düse sich absetzenden Schmutz-
teile, insbesondere abbröckelnde
Bleiweiß- oder Mennigeteilchen,
welche zur Herstellung einer gas-
dichten Verbindung des Düsenkörpers mit dem Schmutzfänger-
gehäuse benutzt werden, die Düsenöffnungen verstopfen. Am vorteilhaftesten erscheint deshalb die
Lagerung des Schmutzsammelbe-
hälters in dem Düsenkörper selbst.
Fig. 238 veranschaulicht einon mit
der Regulierdüse der Auergesell-
schaftkombinierten Schmutzfänger;
der napf- oder topfartige Sammelbehälter ist in einem erweiterten
Teil des Düsenkörpers gelagert, der
oben durch einen an das Gaszu-

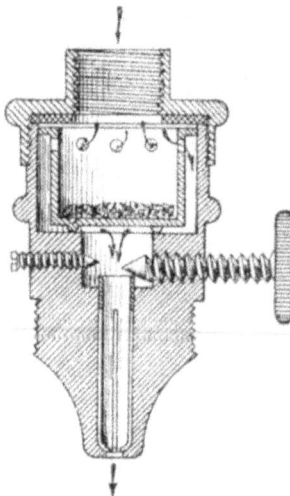

Fig. 238.

leitungsrohr anzuschließenden Deckel abgeschlossen wird.
Während bei dieser Ausführung der Napf oder Topf oben
offen ist und einen größeren Durchmesser hat als das Gaszuleitungsrohr, verwenden E h r i c h & G r ä t z in Berlin einen
hutförmigen Sammelbehälter (Fig. 239) oberhalb des die Weite
der Gasdurchflußöffnung der Düse regelnden Kegelventils.
Das Gas trifft auf die obere Decke des Hutes bevor es durch
die Öffnungen in den Hutwandungen der Düse zufließt; die
Schmutzteile werden in der seitlichen Rinne des Hutes gesammelt.   Beide Einrichtungen dürften ihren Zweck in voll-
kommener Weise erfüllen.

Aufser den durch mitgerissene Schmutzteile verursachten Betriebsstörungen können die letzteren dadurch eintreten, dafs durch Kondensation ausgeschiedenes Wasser den Gasdurchflufs beeinträchtigt. Die bei einem Invertbrenner zur Verhütung dieses Übelstandes zwischen dem Gaszuleitungsrohr und der Lampe angeordneten Gaswassersammler müssen ebenfalls so ausgeführt werden, dafs das Gas im Sammler keine Drosselung erfährt. Die Aktiengesellschaft I. C. Spinn & Sohn in Berlin erreicht dies mittels eines Wassersammelbehälters, auf dessen Boden ein Hohlkegel *3* angebracht ist (Fig. 240), dessen obere,

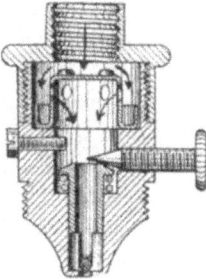 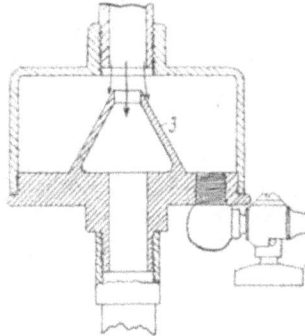

Fig. 239. Fig. 240.

unter dem Gaszuleitungsrohr gelegene Eintrittsöffnung kleiner ist als die Bohrung des Zuleitungsrohres. Das an der Wandung des Gasrohres herablaufende Wasser kann nicht durch die obere Eintrittsöffnung des Hohlkegels und von dort in das Gaszuführungsrohr der Lampe gelangen, sondern fällt auf den äufseren Mantel des Hohlkegels und wird auf dem Boden des Behälters gesammelt. Um das im Behälter angesammelte Wasser zeitweise ablassen zu können, ohne den Behälter auseinandernehmen zu müssen, ist im Boden eine Öffnung vorgesehen, in welche ein Wasserablafshahn eingesetzt wird.

Das Anzünden eines Invertbrenners geschieht gewöhnlich mittels einer Flamme, welche über die Öffnung für den Abzug der Verbrennungsgase in der Auffangschale gehalten oder durch eine Öffnung in der gelochten Glasumhüllung eingeführt wird. Um eine explosionsartige Zündung zu verhüten, ist es zweck-

11*

mäfsig, zunächst die Zündflamme über die Abzugöffnung für
die Verbrennungsgase zu halten und erst dann das Gaszuflufs-
ventil zu öffnen. Das Einführen der Zündflamme durch die
gelochte Glasumhüllung ist insofern unvorteilhaft, als ein An-
blacken der letzteren mit der Zeit kaum zum vermeiden ist.
Die zahlreichen Versuche, Selbstzünder zum Zünden eines
Invertbrenners zu benutzen, haben bisher nicht den erwünsch-
ten Erfolg gehabt, weil bis zum Erglühen der im Bereich des
aufsteigenden Gasluftgemisches angeordneten Zündpille und
dem Eintritt der Zündung eine zu lange Zeit vergeht, während
welcher das Gasluftgemisch sich in der Glasumhüllung an-
sammelt, so dafs eine die Haltbarkeit des Glühkörpers be-
einträchtigende explosionsartige Zündung erfolgt. Die mehr
oder weniger komplizierten elektrischen Zündvorrichtungen
in ihrer Anwendung auf Invertbrenner haben sich ebenfalls
nicht besonders vorteilhaft erwiesen; eine einigermafsen sichere
Zündung ist bisher wohl nur mit den nach dem Borchardt-
schen System ausgeführten elektrischen Zündern und den elektrischen Multiplex-Gasfernzündern erreicht worden. Die kon-
struktiven Einrichtungen zum Umschalten des Gaszuflusses
entsprechen im Wesentlichen den bekannten Borchardt-
schen Zündvorrichtungen für aufrechtstehende Brenner, so dafs
auf eine ausführlichere Besprechung verzichtet werden kann.

Die elektrische Multiplex-Gasfernzündung, die sich bei
stehendem Gasglühlicht gut bewährt hat, wird bei den
Invertlampen von Ehrich & Grätz in Berlin mit Erfolg
angewendet. Je nachdem es sich um die Zündung einer einzelnen Flamme oder um Flammengruppen handelt, wird der
Schalter zum Einschalten der galvanischen Batterie verschieden
gestaltet. Fig. 241 stellt einen Grätzinbrenner dar, an welchem
die bekannte Elektrode a b (Zündnadel) der Multiplex-Fern-
zündung angebracht worden ist. Der obere Teil der Elektrode
ist dabei zwischen den Abzugsrohren für die Verbrennungsgase gelagert, so dafs sie durch die letzteren nicht übermäfsig
beheizt und schadhaft wird.

Abgesehen von einer Zündung durch eine freie Zündflamme dürfte die sicherste Zündung eines Invertbrenners
mittels einer Dauerzündflamme erreicht werden, die erforder-

lichenfalls während der Brennzeit der Hauptflamme ausge-
schaltet wird. Bezüglich der Anordnung des Zündbrenner-
rohres sind im wesentlichen dieselben Grundsätze maſsgebend
wie bei den für aufrechtstehende Brenner bestimmten Zündvorrichtungen mittels Nebenflammen, indem das Zündflammenrohr entweder auſserhalb des
Brenners oder innerhalb des
Mischrohres bis zum Brennerkopf geführt wird. Erhebliche
Schwierigkeiten bestehen hierbei indessen insofern, als das
schwache Zündflammenrohr
zum Teil im Bereiche der Flammenhitze und der aufsteigenden Verbrennungsgase gelagert
ist, deren Einwirkung es auf
die Dauer nicht standzuhalten
vermag. Zur Zeit ist man noch
mit eingehenden Versuchen
zur Erzielung einer brauchbaren Zündrohranordnung beschäftigt. Die Schwierigkeiten
machen sich insbesondere bei
Gasglühlichtlampen mit Invertbrennern für Auſsenbeleuchtung bemerkbar, scheinen jedoch durch einige zweckmäſsige
Konstruktionen, auf die bei der
Besprechung der Schornstein-

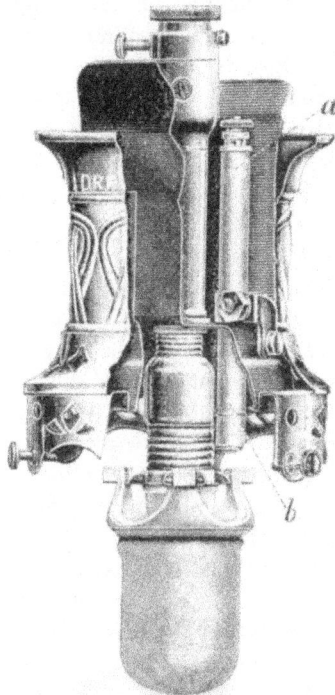

Fig. 241.

lampen' verwiesen werden wird, beseitigt worden zu sein.
Erwähnung verdient noch eine neuerdings von Dr. Otto
Mannesmann in Remscheid vorgeschlagene Fernzündvor-
richtung für Invertbrenner, bei welcher ein besonderes bis zum
Brennerkopf geführtes Zündflammenrohr entbehrlich ist und
eine kleine in der Nähe der Düse oder im Innern des Mischrohres unterhaltene Flamme durch Vermehrung der Gaszufuhr
an die Austrittsöffnung des Mischrohres getrieben wird und
den Glühkörper zum Leuchten bringt, während bei Ver-

ringerung des Gaszuflusses die Flamme wieder in die Nähe der Düse oder in das Mischrohr zurückgeführt wird. Bei den gebräuchlichen Abmessungen des Mischrohres und der Düsenöffnungen besteht das Mittel, bei einem Invertbrenner eine kleine an der Düse brennende Flamme bei Vermehrung der Gaszufuhr bis zur Mündung des Mischrohres zu treiben, in einer solchen Beschränkung der Luftzufuhr zur Saugkammer des Brenners, dafs die während des Öffnens des Gashahnes zufliessende, vermehrte Gasmenge an der Düse oder in der Saugkammer zu wenig Sauerstoff findet, um dort weiter brennen zu können, die Mischkammer sich also mit einem luftarmen Gasluftgemisch anfüllt, das sich entsprechend der Vermehrung der Gaszufuhr nach der Mündung des Mischrohres hinwendet. Die zweckmäfsige Lage und Gröfse der Zuflufsöffnungen für die Mischluft läfst sich für jeden einzelnen Fall durch Versuche feststellen. Tritt nämlich das Wandern nicht ein, so genügt es, diese Öffnungen zu verkleinern oder nach oben zu verschieben, um bei Vermehrung der Gaszufuhr das Wandern der Flamme hervorzurufen. Dieses Wandern wird erleichtert, wenn in der Mischkammer keine Netze oder durchlochte Bleche vorhanden sind.

Bei den Brennern gemäfs Fig. 242 bis 244 beträgt der Durchmesser des Düsenloches c etwa 1 mm. Das an die Gasdüse sich anschliessende Mischrohr hat auf eine Länge von 10 mm vom Boden der Düse an gerechnet einen inneren Durchmesser von 15 mm und verengt sich dann zu einem zylinderischen Rohr e von 9 mm innerem Durchmesser. Der untere Rand der sechs Öffnungen d, durch die die Mischluft zur Saugkammer strömt, und die einen Durchmesser von 5 mm haben, befindet sich 3 mm oberhalb des Düsenbodens.

Wendet man statt des zentralen Loches c der Düse eine Mehrzahl von Düsenlöchern an, so ändert sich die Lage der seitlichen Düsenlöcher d und der Abstand des Düsenbodens von der Verengung des Mischrohres. Zum Beispiel ist es empfehlenswert bei acht Löchern, die in einem Kreis von 8 mm Durchmesser in dem Düsenboden liegen und die bei 30 mm Gasdruck zusammen 70 l Gas stündlich durchströmen lassen, den Abstand des Düsenbodens von dem oberen Rande des

zylindrischen Mischrohres auf nur 8 mm zu bemessen, dem
Mischrohr selbst einen inneren Durchmesser von 12 mm zu
geben und den Durchmesser der Luftlöcher d auf 7 mm zu
vergröfsern. Ebenso sind Veränderungen in Lage und Gröfse
der einzelnen Teile vorzunehmen, wenn man die Mischluft
nicht durch die seitlichen Löcher d, sondern über den ganzen
oberen Rand des Mischrohres oder in anderer Richtung in
die Mischkammer einströmen läfst oder wenn das Mischrohr

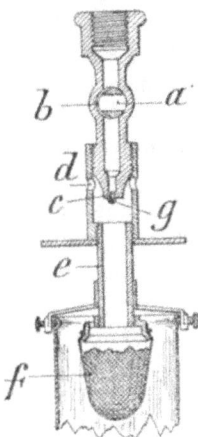
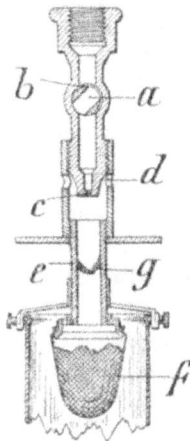
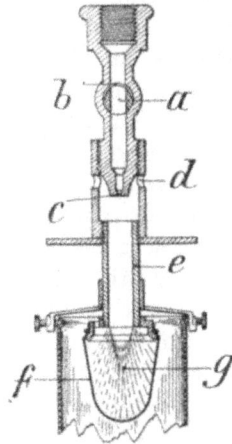

Fig. 242.   Fig. 243.   Fig. 244.

von einem Mantel umgeben ist, der das Durchströmen der
Mischluft durch die Löcher d beeinflufst.

Ein Wandern der Flamme von der Düse oder aus dem
Innern der Mischkammer bei Vermehrung der Gaszufuhr
kann auch noch auf andere Weise erreicht werden. Man
wählt die Abmessung der Gasdüse und des Mischrohres so,
dafs bei Vermehrung der Gaszufuhr und der dadurch bedingten gröfseren Austrittsgeschwindigkeit des Gases die Geschwindigkeit des Gasluftgemisches bei der Düse und im
Mischrohr so grofs wird, dafs die Flamme, die bei geringer
Gaszufuhr in der Nähe der Düse brannte, bis zur Mündung
des Mischrohres abgehoben oder zu dieser Mündung hin-
geblasen wird, doch ist der vorher beschriebene Weg, das

Wandern nur durch geeignete Bemessung und Lagerung der
Lufteinlässe hervorzurufen, vorzuziehen.

Zur Erreichung des Zieles wird der Gashahn zweckmäfsig
mit einer kleinen Öffnung versehen, die senkrecht oder geneigt
zur Hauptöffnung des Hahnes steht und die in Wirkung tritt,
wenn diese abgeschlossen ist. Die Öffnung kann mit einer
Reguliervorrichtung beliebiger Art versehen sein, durch die
die Zündflamme auf die gewünschte Gröfse eingestellt wird.
Auch kann der Gashahn so eingerichtet werden, dafs bei
einer bestimmten Stellung genügende Mengen Gas durchströmen, um die grofse Flamme zu unterhalten, während bei
einer zweiten Stellung nur das Zündflämmchen unterhalten wird.

Um ein Ersticken der im Innern der Saugkammer brennenden Flamme durch angesammelte Abgase zu verhindern, mufs
bei invertierten Brennern oberhalb der Gasdüse eine Öffnung
angebracht werden, durch die die Abgase abziehen können,
falls die Abmessungen des Brenners nicht so grofs gewählt
sind, dafs die Abgase leicht in die äufsere Luft übertreten.
Die Öffnung für die Abgase ist auch für solche Brenner nicht
erforderlich, bei denen die Mischluft seitlich oder oberhalb
der Gasdüse unmittelbar von aufsen her in das Mischrohr
einströmt.

In vielen Fällen, insbesondere wenn die Zündflamme
ganz von Röhren eingeschlossen ist, die jeden äufseren Zug
abhalten, genügt es, die Flamme so klein zu machen, dafs
sie als Blauflamme brennt. Die Gefahr, durch die Zündflamme die Düsenöffnungen zu beschädigen, wird vermindert,
wenn man die Gasdüse oder ihren als Zündflamme dienenden
Teil aus Porzellan, Speckstein oder anderen die Wärme schlecht
leitenden Stoffen herstellt.

In Fig. 242 ist die Hauptöffnung des Gashahnes vollständig abgeschlossen. Es strömt dann nur durch die kleine
Öffnung b des Gashahnes eine verschwindend kleine Gasmenge durch. Die Flamme g brennt jetzt in unmittelbarer
Nähe der Gasdüse c.

In Fig. 243 ist die Hauptöffnung a des Gashahnes nur
soweit abgeschlossen, dafs nur geringe Gasmengen durch

sie durchströmen können. Die Flamme *g* brennt jetzt im Innern des Mischrohres *e*.

In Fig. 244, wo der Gashahn ganz geöffnet ist, brennt die Flamme *g* außerhalb des Mischrohres *e* und bringt das Glühgewebe *f* zum Leuchten.

Die Lampe kann von jedem beliebigen Punkte der Gas-leitung aus in und außer Betrieb gesetzt werden, wenn an der betreffenden Stelle ein Gashahn eingeschaltet ist, der während der Zeit, wo nur die Zündflamme brennen soll, den Gasdruck auf wenige Millimeter und selbst auf Bruchteile eines Millimeters Wassersäule herunterdrosselt und ganz oder teilweise geöffnet aber die große zum Erhitzen des Glüh-körpers dienende Flamme erzeugt. Wenn mehrere Lampen mit demselben Zuleitungsrohre verbunden sind, so hat das Öffnen des Hahnes natürlich das Brennen aller Lampen zur Folge, doch kann man die Wirkung auf einzelne Lampen dadurch beschränken, daß man die übrigen Lampen durch besondere Hähne absperrt.

Man kann auch die Öffnungs- und Schließungsbewegung der Türen zum Drehen des Gashahnes und damit zum selbst-tätigen Entzünden und Auslöschen der Lampe benutzen. Trägt zum Beispiel der Hahn auf seiner verlängerten Achse vier Arme, die um je 90° gegen einander verstellt sind und befestigt man ihn am oberen Rande der Tür in der Weise, daß bei jedesmaligem Öffnen der Tür der von der Tür ge-troffene Arm eine Drehung des Hahnes um 90° bewirkt, so wird abwechselnd der Hahn beim Öffnen der Tür auf und zu gedreht. Die Arme müssen natürlich so ausgebildet sein, daß sie beim Schließen der Tür umbiegen, ohne die Hand-stellung wesentlich zu ändern. Dies geschieht am einfachsten durch eine Feststellvorrichtung, die eine Drehung des Hahnes nur in einer Richtung gestattet. Man ist nicht darauf be-schränkt, die Gasdüse selbst zur Unterhaltung der Zündflamme zu benutzen, vielmehr kann auch vom Gashahn aus ein be-sonderes Röhrchen abgezweigt werden, das in der Saug-kammer oder innerhalb des Mischrohres endigt und einer Zündflamme Gas zuführt. In diesem Falle wird die Gaszufuhr

an der Düse vollständig abgesperrt, wenn nur die Zündflamme
brennen soll.

Nach dem Ergebnis langwieriger Versuche, die mit diesen
Zündvorrichtungen ausgeführt worden sind, glaubt Mannesmann zu der Annahme berechtigt zu sein, dafs dieselben
sich in vielen Fällen einzuführen geeignet sein werden. Die
Zukunft wird lehren, ob die Vorschläge von Mannesmann
für die Praxis die Bedeutung erlangen werden, die er sich
von ihnen verspricht.

Neunter Abschnitt.
Schornsteinlampen mit Invertbrennern für Innen- und Aufsenbeleuchtung.

Die Wirkung, welche die Absaugung der Verbrennungsgase mittels eines Zugrohres bei einer Gasglühlichtlampe zur Folge hat, besteht bekanntlich darin, dafs einerseits eine vermehrte Zufuhr äufserer Verbrennungsluft an die Aufsenfläche des Glühkörpers stattfindet, anderseits die Geschwindigkeit des das Mischrohr durchfliefsenden Gasluftgemisches und die durch das Mischrohr angesaugte Luftmenge erhöht wird. Bei einem Invertbrenner wird durch den infolge der gröfseren Erhitzung des Mischrohres erhöhten Auftrieb des Gasluftgemisches ein Widerstand geschaffen, der dem absteigendem Gasstrom entgegenwirkt. Je mehr dieser Widerstand verringert wird, desto mehr wird die Energie des der Düse entströmenden Gases zum Ansaugen der dem Mischrohr zufliefsenden Luft ausgenutzt. Die Anwendung eines Zugrohres bei einer Invertlampe bietet ein geeignetes Mittel, um den im Mischrohr verursachten Widerstand zu überwinden, in dem infolge der Saugwirkung des Zugrohres die Geschwindigkeit des das Mischrohr des Brenners durchfliefsenden Gasgemisches erhöht und dadurch eine jenem Widerstand entgegengesetzt wirkende Kraft gewonnen wird. Die Erzeugung einer verhältnismäfsig kurzen Flamme bei den bisher besprochenen Lampen machte die Benutzung kürzerer Glühkörper von gröfseren Durchmesser erforderlich; dadurch dafs bei Zugrohrinvertlampen der im Mischrohr hervorgerufene Widerstand mehr oder weniger auf-

gehoben wird, ist es möglich, längere Glühkörper gleichen
Durchmessers zu verwenden. Die Anwendung der Schorn-
steininvertlampen wird sich deshalb überall dort empfehlen,
wo es sich um die Erzeugung starker Lichtquellen für Innen-
und Aufsenbeleuchtung handelt. Ursprünglich befürchtete
man, dafs infolge der Saugwirkung des Schornsteins bei einer
Invertlampe die Flamme am Brennerkopf unmittelbar nach
oben umkehren und nur den oberen Teil des Glühkörpers
zum Glühen bringen würde; die Befürchtung hat sich indessen
nicht bestätigt, es wird im wesentlichen eine gesteckte
Flamme erzeugt, eine Erscheinung, die namentlich dann be-
obachtet werden kann, wenn die Zufuhr der äufseren Verbrennungsluft durch die den Glühkörper umschliefsende Glasumhüllung verringert wird. Bei den ersten brauchbaren Invertlampen mit Zugrohr wurde der Glühkörper dicht um den
Brennerkopf angeordnet, so dafs die Flammengase die Glühkörpermaschen durchstreichen mufsten; die Glühkörperaufhängung der meisten neueren Lampen wird jedoch so ausgeführt, dafs die Verbrennungsgase zum Teil unmittelbar durch
den freien Raum zwischen Glühkörpertragring und Brennerkopfwandung nach oben abziehen.

Um ein gleichmäfsig zusammengesetztes Gasluftgemisch zur
Erzeugung der den Glühkörper beheizenden Bunsenflamme
zu erhalten, mufs bei den abwärts brennenden Regenerativ-
Gasglühlichtlampen stets dafür gesorgt werden, dafs die Mischluft und die äufsere Verbrennungsluft vollkommen getrennt
von den durch den Schornstein abgesaugten Verbrennungsgasen der Saugkammer des Brenners bzw. dem Glühkörper
zugeführt werden. Die Zuführung der Sekundärluft bietet
keine Schwierigkeiten, wenn sie durch in der Glasumhüllung
für den Glühkörper vorgesehene Durchbrechungen angesaugt
wird; diese Zuführung der äufseren Verbrennungsluft eignet
sich indessen nur für Lampen, die für Innenbeleuchtung bestimmt sind, von denen einige erwähnt zu werden verdienen.
Schon die älteren Lampen von Henze und Barg (vergl.
Fig. 8) sind so ausgeführt, dafs die Mischluft der Saugkammer
des Brenners durch den Abzugschornstein durchsetzende Rohre
zugeführt wird, ein Prinzip, welches bei einigen neueren Aus-

führungen beibehalten worden ist, die mit einer gelochten Glasumhüllung ausgerüstet sind. —

Bartlett in London verwendet zum Absaugen der Verbrennungsgase ein Zugrohr K (Fig. 245), dessen untere Mündung unmittelbar oberhalb des Brenner-
kopfes gelagert und trichterförmig erweitert ist; die Mischluft wird der Saugkammer des Brenners durch Rohre zugeführt, die das Abzugrohr und das dieses umschliefsende Lampengehäuse durchsetzen. Um das Brennerrohr ist ein zweites oben und unten offenes Rohr h gelegt, an dem der Glühkörper aufgehängt wird; durch dieses Rohr werden die unmittelbar aus dem Innenraum des Glühkörpers aufsteigenden Verbrennungsgase abgeleitet, während die den Glühkörper durchdringenden Abgase durch das Zugrohr K aufge-

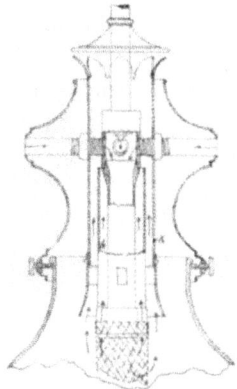

Fig. 245.

fangen werden. Zu befürchten ist bei dieser Anordnung der Rohre, dafs sowohl das Brennerrohr als auch die Düse und das Gaszuleitungsrohr stark überhitzt werden, ein Umstand, der den Betrieb des Brenners nachteilig beeinflussen mufs. In geringerem Mafse dürfte dies auf die Lampen von Heimann in Wilmersdorf zutreffen (Fig. 246), bei denen das Mischrohr oberhalb des Glühkörpers von einem weiteren schornsteinartigen, die Abgase auffangenden Mantel umgeben ist. Der Abzugschornstein ist nur an der dem Kronenarm abgewendeten Seite mit einer oder mehreren Aufslafsöffnungen versehen. Diese Einrichtung hat den Vorzug, dafs die Verbrennungsgase bei ihrem Austritt durch den schornsteinartigen Abzug bereits eine grofse Geschwindigkeit erlangt haben, so dafs die Querschnittsver-

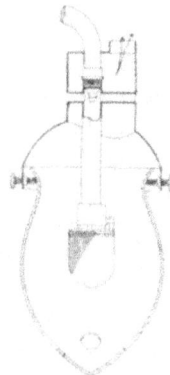

Fig. 246.

ringerung im oberen Teile des Schornsteins zufolge der nur einseitigen Auslafsöffnung eine Stauung der Verbrennungs-

produkte nicht zur Folge haben kann. Die Abgase werden
daher mit erhöhter Geschwindigkeit ohne jede schädliche
Stauwirkung abgeleitet.

Eine übertriebene Erhitzung der Zuführungsrohre für die
Mischluft verhindert Farkas in Paris dadurch, daſs der Abzugschornstein unterhalb der diesen durchsetzenden Luftrohre
zellenartig gelocht ist (Fig. 247); infolge der Wirkung des
Schornsteinzuges wird durch die Lochungen nur reine Auſsenluft angesaugt, welche die Luftrohre
kühlt und eine Überhitzung der Saugkammer des Brenners verhütet.

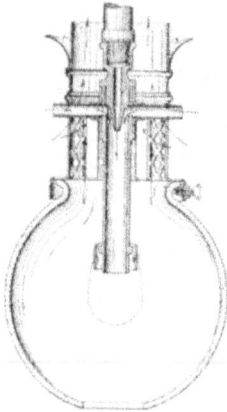

Während bei diesen Lampen die
den Abzugschornstein durchsetzenden
Rohre für den Zufluſs der Mischluft
unmittelbar an die Saugkammer des
Brennerrohres angeschlossen sind, um-
schlieſst Mannesmann in Remscheid
Brennerrohr und Saugkammer innerhalb des Abzugrohres mit einer Vorwärmhülse, die mit der Auſsenluft durch
Rohre in Verbindung steht (Fig. 248),
und in Höhe der Saugkammer erweitert
ist. Der Querschnitt des Mischrohres

Fig. 247.

ist nach unten allmählich vergröſsert, und dieses mündet in
einen erweiterten Brennerkopf mit zentraler Austrittsöffnung,
deren Querschnitt etwa $1/3$ des Strumpfquerschnittes beträgt.
Die aufsteigenden Verbrennungsgase bespülen die Auſsenwandung der Vorwärmhülse, aus der die Mischluft der Saugkammer
des Brenners zuflieſst. Bei diesen Lampen besteht die Gefahr,
daſs die Vorwärmung der Mischluft in dem das Brennerrohr
umschlieſsenden Behälter übertrieben und mit steigender Erwärmung des Brenners immer weniger Luft angesaugt, also
leicht eine ruſsende Flamme erzeugt wird. Dieser Übelstand
soll beseitigt werden, wenn ein Doppelinjektor mit dem
Brennerrohr verbunden wird (Fig. 249), der geeignet ist, die
Menge der in warmem und kälterem Zustand angesaugten
Mischluft innerhalb zulässiger Grenzen zu halten. Im kalten
Zustande wird die Energie des ausströmenden Gasstrahles

gänzlich oder fast gänzlich durch das Mitreifsen der kalten, verhältnifsmäfsig schweren Luftteilchen verbraucht, so dafs das Gemisch den zweiten Injektor ohne eine starke weitere Luftansaugung durchströmt. Sobald aber die Mischluft erhitzt wird, sinkt ihre Dichte, und die Energie des Gasstrahles wird am ersten Injektor noch nicht völlig verbraucht, so dafs eine kräftige Luftansaugung auch im zweiten Injektor stattfindet. Die Mischluft tritt durch die Röhrchen i in das Rohr k ein und strömt in die Räume b und d, nachdem sie

  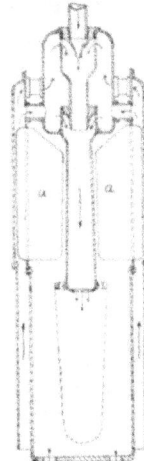

Fig. 248.   Fig. 249.   Fig. 250.

sich in beiden Röhren erhitzt hat. Im kalten Zustande wirkt hauptsächlich der Injektor bei b, während mit steigender Erwärmung der Mischluft mehr und mehr auch der Injektor bei d Luft ansaugt. Bei einem Gasdruck von 40 mm und einem Gasverbrauch von 80 l soll der Brenner eine gute, nicht rufsende Bunsenflamme liefern, die einen Glühstrumpf von 70 mm Länge und 28 mm Durchmesser vollständig zum Leuchten bringt. Für einen anderen Gasdruck und bei Anwendung gröfserer oder kleinerer Düsen mufs die Gröfse der Luftzuflufsöffnungen zu den Saugkammern, sowie der Abstand der letzteren voneinander entsprechend geändert werden. Von diesen Lampen weicht die in Fig. 250 dargestellte Ausführung

hinsichtlich ihrer Bauart insofern ab, als die Vorwärmkammer
für die Mischluft nur die Saugkammern des Brenners umschliefst und die Luft den Ringraum zwischen zwei um das
Mischrohr gelagerte Zylinder durchstreicht, an welchen die
Glasumhüllungen für den Glühkörper aufgehängt sind; der
innere Zylinder wirkt als Abzugrohr. Mit diesem können
noch Rippen *a* verbunden wer-
den, die von den Abgasen
beheizt werden und in den
Raum zwischen beiden Zy-
lindern ragen, so dafs eine
erhöhte Vorwärmung der jenen Raum durchstreichenden
Mischluft erreicht wird. Da
die letztere zunächst den Raum
zwischen den Gasumhüllungen
des Glühkörpers durchfliefst,
bevor sie durch den Raum
zwischen den Abzugzylindern
in die Vorwärmkammer und
aus dieser in die Saugkammer
des Brenners strömt, liegt die
Befürchtung nahe, dafs eine
übertriebene Vorwärmung der
Mischluft stattfindet und eine
zum Rufsen neigende Heiz-
flamme erzeugt wird.

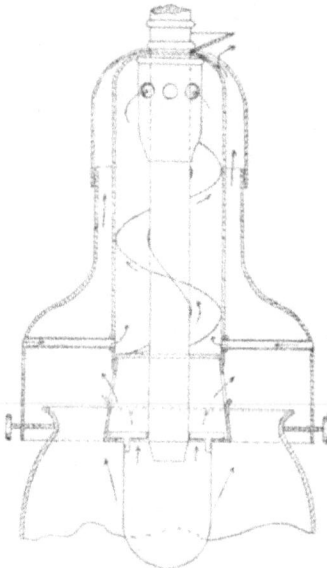

Fig. 251.

In ähnlicher Weise wie M a n n e s m a n n umkleiden P r o s -
k a u e r & C o. in Berlin das Mischrohr und die Saugkammer
des Brenners mit einem allseitig geschlossenen Mantel, der
nur unten [mit den Abzugschornstein durchquerenden Luft-
zuflufsröhren versehen ist. Zwecks Erhöhung der Luftvor-
wärmung sind innerhalb des Mantelgehäuses Widerstände eingebaut, durch welche die angesaugte Mischluft gezwungen
wird, in der Vorwärmkammer einen möglichst langen Weg
zurückzulegen und die erhitzten Widerstände zu bestreichen,
bevor sie der Saugkammer des Brenners zufliefst. Dies kann
entweder durch schneckenartig um das Mischrohr gelegte

Bleche (Fig. 251), oder durch Metallsiebe und durchlochte
Platten mit gegeneinander versetzten Löchern erreicht werden,
die in den Vorwärmraum einzuschalten sind. Die Vorwärmkammer ist innerhalb eines zweiteilig ausgeführten Schornsteins gelagert; der obere, glockenförmige Teil ist um das
Düsenrohr oder das Gaszuleitungsrohr drehbar angebracht
und mit einem einseitigen, überdeckten Auslaß für die Verbrennungsgase versehen, der nach Befestigung der Lampe
am Aufhängearm diesem ab-
gewendet eingestellt werden
kann, so daß der Aufhängearm
oder Kronenarm von den abziehenden Verbrennungsgasen
nicht getroffen wird. Der Glühkörper ist mit seinen Tragzapfen auf dem Innenflansch

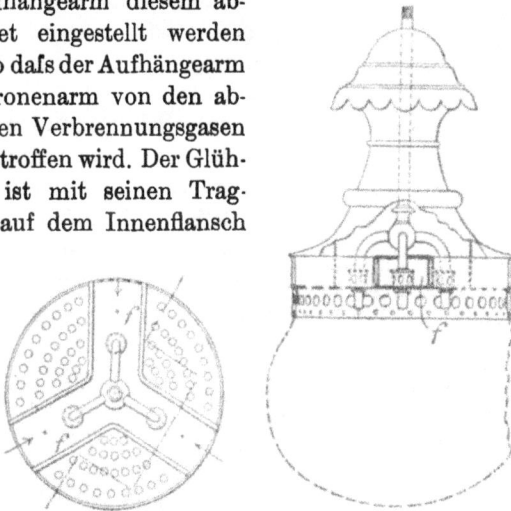

Fig. 252.

einer trichterförmigen Hülse gelagert, die in einem rohrförmi-
gen Fortsatz der Vorwärmkammer durch Bajonettverschluß
befestigt wird. Die aus dem Innenraum des Glühkörpers aufsteigenden Verbrennungsgase werden durch Löcher in der
Seitenwandung der Hülse abgeleitet. Die Lampen sollen
hauptsächlich gegen Schallwellen unempfindlich sein.

Im Gegensatz zu Proskauer & Co. lagert Shaw in Wal-
sall (England) die Saugkammern der Brenner in einem gegen
die aufsteigenden Verbrennungsgase abgeschlossenen Raum
(Fig. 252), der durch weite mit der Außenluft in Verbindung
stehende Kanäle f gebildet wird. Die an den Seiten doppel-

wandig ausgeführten Kanäle sind oberhalb einer gelochten Platte gelagert, durch welche die Verbrennungsgase abziehen, und die durch Stege am Schornstein befestigt ist. Die Zufluß-öffnungen der Kanäle für die Mischluft in der Glockengallerie werden durch gelochte Platten abgeschirmt, so daß durch vorhandene Zugluft der Betrieb der Lampe nicht gestört wird. Dadurch, daß die Kanäle einen weiten Raum bilden, soll stets verhältnismäßig kalte, frische Luft den Saugkammern der Brenner zugeführt werden, wobei die Sekundärluft durch die gelochte Glasumhüllung für die Glühkörper angesaugt wird.

Einer zweiten Gruppe können diejenigen Schornsteinlampen untergeordnet werden, bei denen ausschließlich die äußere Verbrennungsluft im Lampengehäuse oder zwischen den Glasumhüllungen vorgewärmt infolge der Zugwirkung des Schornsteins gegen den Glühkörper geführt wird, während die Saugkammer des Brenners vollkommen frei außerhalb des Zugrohres und des Bereiches der Abgase gelagert ist, so daß stets kühle frische Mischluft angesaugt wird. Bereits Bernt und Cervenka legten um den den Glühkörper umschließenden Zylinder eine geschlossene Schutzglocke, so daß die Sekundärluft den Raum zwischen beiden Glasumhüllungen durchstreicht und vorgewärmt wird. Offenbar ist diese Zuführung der äußeren Verbrennungsluft in ausreichender Menge nur dann erreichbar, wenn ihre Ansaugung durch die Wirkung eines Abzugschornsteins unterstützt wird. Zur Erzielung dieser Wirkung verbindet die Wolff-Licht-Gesellschaft in Berlin den Innenzylinder mit einem den unteren Teil des Brennerrohres umschließenden Zugrohr. Bevorzugt wird die Verbindung des Zugrohres mit einem den Glühkörper nur etwa in halber Höhe umschließenden, nach unten trichterförmig

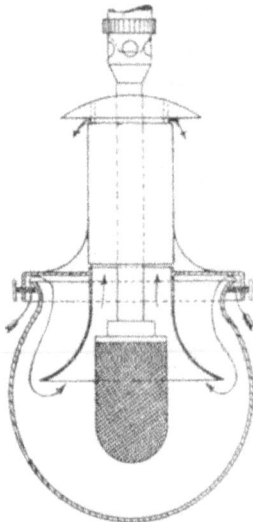

Fig. 253.

erweiterten Mantel (Fig. 253), der aus emailliertem Metall hergestellt werden kann und dann als Reflektor dient. Die Sekundärluft wird entweder über den oberen Rand der Schutzglocke oder durch Lochungen der Glockengallerie oder des Schutzgehäuses angesaugt, welches gegebenenfalls um das Zugrohr gelegt wird.

Anstatt des trichterförmig erweiterten Mantels kann ein den Glühkörperfufs umschliefsender zylindrischer Mantel benutzt werden, der erforderlichenfalls siebartig durchlocht ist, so dafs die Sekundärluft teils unmittelbar durch den gelochten Mantelteil gegen den Glühkörperfufs, teils den unteren Mantelrand umspülend gegen die Seitenflächen des Glühkörpers strömt. Die Abgase werden durch eine die obere Zugrohrmündung überdeckende Haube seitlich abgeleitet, über welcher die Saugkammer des Brenners gelagert ist; die letztere wird zweckmäfsig gegen Zugluft durch ein Schutzgehäuse abgeschirmt (Fig. 254). Nach den von Prof. W e d d i n g ausgeführten Messungen sollen die Lampen bei einem Druck von 39,5 mm und einem stünd

Fig. 254.

lichen Verbrauch von 132 l eine mittlere hemisphärische Lichtstärke von 126,5 Kerzen liefern; daraus ergibt sich ein spezifischer Verbrauch von 1,04 l.

G r o h in Berlin verwendet ein den Glühkörper möglichst dicht umschliefsendes Zugrohr *f* (Fig. 255) welches sich ober-

12*

halb des Glühkörpers trichterförmig erweitert; an die obere
Erweiterung ist das schornsteinartige Lampengehäuse *h* angeschlossen. Der nach unten gerichtete Brennerkopf bezw.
das untere Ende des Mischrohres *a* erhält an der Mündung
einen nach innen vortretenden Rand *b* oder eine Einziehung,
wodurch die Rohrweite un-
mittelbar an der Mündung
oder kurz zuvor verengt
wird. Möglichst nahe der
Brennermündung ist auf
dem Rohr *a* ein Hitze-
fänger *c* über dem ringförmigen Glühkörperhalter *d*
oder in geeignetem Ab-
stande davon befestigt. Die
Sekundärluft wird durch
Öffnungen *k* des Lampen-
gehäuses angesaugt und
strömt zwischen der Glocke *g*
und dem Rohr *f* um den
unteren Rand des letzteren
herum zum Glühkörper.
Oben können die Abgase
durch Öffnungen *i* austreten.

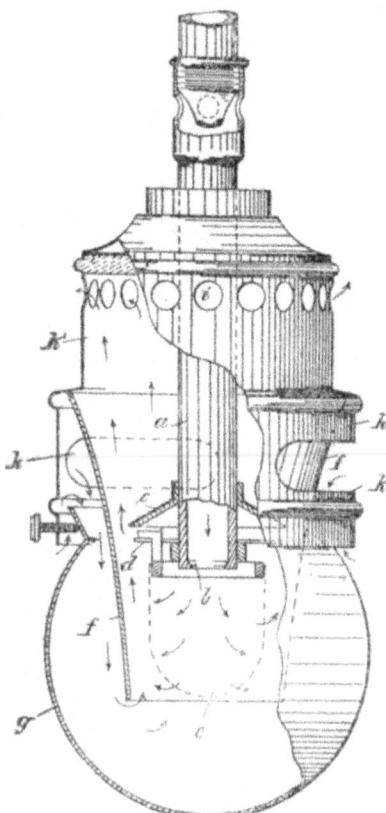

Es wird also bei dieser
Ausführung die frische oder
kalte Luft möglichst nahe
an die Flamme und an den
Glühkörper herangeführt,
auch wird durch die dem
Glühkörper *e* möglichst nahe
Lagerung des Rohres *f*, sowie durch den über dem

Fig. 255.

Glühkörper und auch möglichst nahe demselben und der Brennermündung angeordneten Hitzefänger *c* die Flammenhitze zusammengehalten. Die Abgase finden zwischen dem Rand des
Hitzefängers *c* und dem Rohr *f* nur so wenig Raum zum
Abziehen, wie unbedingt notwendig ist, um von unten her-

die erforderliche Menge frischer Luft anzusaugen. Erst oberhalb des Hitzefängers *c* finden die Abgase durch die zunehmende Erweiterung des Rohres *f* einen beschleunigten Abzug.

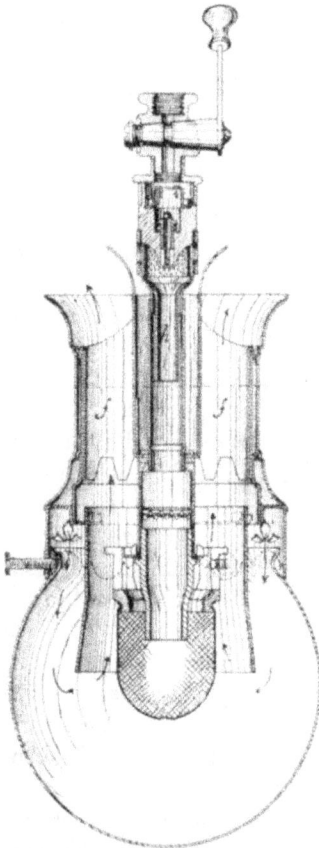

Fig. 256.

Fig. 257.

Die Vorwärmung und der Auftrieb des Gasluftgemisches im Brennerrohr wird um so gröfser, je weiter das Mischrohr in den Abzugschornstein ragt und von den Verbrennungsgasen beheizt wird. Um diese Vorwärmung auf ein Mindestmafs zu beschränken und der Saugkammer des Brenners möglichst kalte Luft zuzuführen, wird bei den Lampen von Ehrich und

Grätz in Berlin der obere Mischrohrteil so zwischen zwei
seitlich von diesem angeordneten Abzugrohren gelagert, dafs

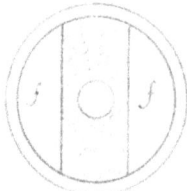

Fig. 258.

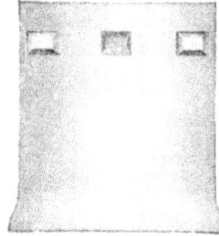

Fig. 259.

nur der untere Mischrohrteil von den Abgasen beheizt, der
obere Teil hingegen vollkommen frei gelagert wird (Fig. 256
bis 260). Der von dem Lampen-
gehäuse umschlossene Schornstein ist gewissermafsen in zwei
Abzugkanäle f unterteilt, deren
senkrechte Innenwandungen mittels einer wagerechten Brücke
verbunden sind, durch welche
das Mischrohr geführt wird; in
Höhe der Saugkammer des Brenners sind die Innenwandungen
nach aufsen umgebogen, um die
Verbrennungsgase von den Luftzutrittsöffnungen abzuleiten. Die
Abzugrohre münden unten in
einen erweiterten Teil des Schornsteins, der mit der Galerie für
die äufsere Schutzglocke verbunden ist; der nach innen vor-
springende Rand der Galerie ist
mit Aussparungen versehen, durch
welche drei am oberen Rand des
Innenzylinders vorgesehene Zapfen (Fig. 259) geführt werden,

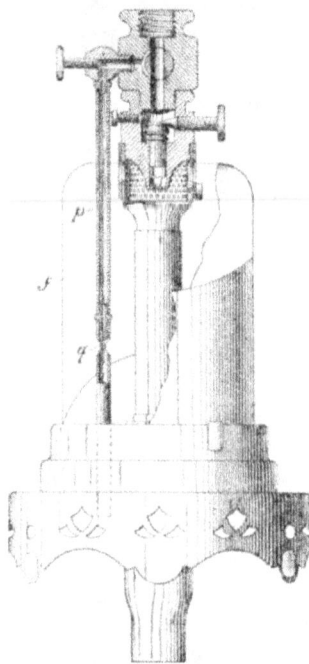

Fig. 260.

worauf dieser gedreht und mittels der Zapfen auf dem Galerierand gelagert wird. Der Brenner ist aus mehreren Teilen zu-

sammengesetzt; das Gehäuse für die Regelungsdüse ist gleichzeitig als Schmutzfänger ausgebildet. Von Wichtigkeit ist die
Anordnung eines den Querschnitt des Mischrohres verengen-
den Einsatzrohres h, das unmittelbar an die Saugkammer angeschlossen ist. Der zwischen den Abzugskanälen gelagerte
Mischrohrteil ist mit der erweiterten, unteren Brennerrohrhälfte
verschraubt, in welche ein Sieb und die Brennerkopfhülse aus
feuerfestem Material eingesetzt wird. Die in zwei Größen

hergestellten Lampen wer-
den mit und ohne Ne-
benflammenzündung ge-
liefert; als Zündflamme
wird zweckmäßig eine
kleine Bunsenflamme be-
nutzt (Fig. 260). Die Mündung des an die Zünd-
flammenleitung p ange-
schlossenen Bunsenröhr-
chens q ragt durch die
die Innenwandungen der
Abzugrohre verbindende
Brücke in den Brenner-

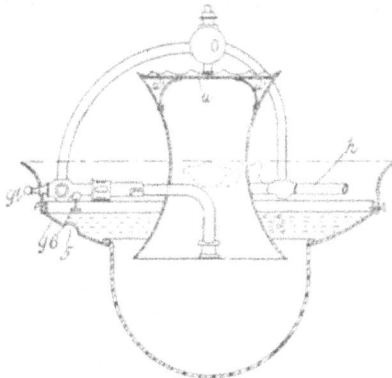

Fig. 261.

raum. Der Glühkörper wird mittels dreier Zapfen in einen
Ring mit pfannenartigen Ansätzen eingehängt. Der Glühkörper
muß bei einer Weite von etwa 26 mm eine Mindesthöhe von
37 mm haben, das äußerst zulässige Maß für die Höhe ist
43 mm. Unter günstigen Versuchsbedingungen bei einem Gasdruck von 35 mm und einem Verbrauch von etwa 90 l pro
Stunde, haben nach den Messungen von E h r i c h und G r ä t z
die größeren Lampen eine Leuchtkraft von etwa 110 HK
(horizontal), die kleineren eine solche von 80 HK bei einem Verbrauch von etwa 65 l ergeben. Der Verbrauch pro Kerzeneinheit stellt sich also ungefähr auf 0,82 l stündlich. Entsprechend
günstige Ergebnisse sollen bei der Feststellung der mittleren,
unteren hemisphärischen Intensität erzielt worden sein. — Die
Zuführung möglichst kalter Luft zur Saugkammer des Brenners
durch freie Lagerung der letzteren außerhalb des Abzugschornsteins erstrebt auch Sydney F r a n c i s in London (Fig. 261).

Vom Gaszuleitungsrohr sind drei Rohre $k\,l\,j$ abgezweigt, von denen das eine mit einem Absperrventil versehene Rohr das Gas einem wagerecht in der Lampenbekrönung gelagerten, ringförmigen Rohr h zuführt; an dieses sind ein oder mehrere Brenner angeschlossen, deren wagerechter Mischrohrstutzen mit der Saugkammer sich aufserhalb des zentrisch in die Lampe eingebauten Abzugschornsteins befinden, während die rechtwinklig nach unten abgebogenen Brennermundstücke in den Schornstein geführt sind. Die

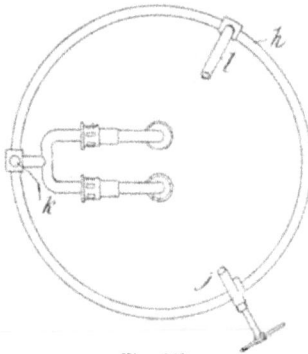

Mundstücke sind leicht auswechselbar mittels Bajonettverschlusses in die wagerechten Mischrohrstutzen eingesetzt. Die untere, erweiterte Mündung des Schornsteins mufs unterhalb des oberen Randes der geschlossenen Glasglocke liegen, so dafs die Sekundärluft durch den Ringspalt zwischen Schornstein und Glocke einströmt und den Glühkörpern zufliefst. Die obere, ebenfalls erweiterte Mündung des

Fig. 262.

Schornsteins ist durch eine Platte u abgedeckt, die am Aufsenrande mit Abflufsöffnungen u^1 für die Verbrennungsgase versehen ist, um diese von der Anschlufskugel des Gaszuleitungsrohres abzuleiten. Dadurch dafs die Saugkammern der Brenner vollkommen frei in der Lampenbekrönung gelagert sind, wird stets frische, kalte Mischluft angesaugt. Die Bekrönung wird vorzugsweise zweiteilig ausgeführt; der obere Teil ist durch Bolzen g^1 am Ringrohr h befestigt und mittels eines Gelenkes mit dem unteren, als Glockenhalter dienenden Teil verbunden, so dafs dieser nach Lösung einer Sperrung herabgeklappt werden kann. Die Brenner können entweder so in der Lampe gruppiert werden, dafs die Mischrohre gleichgerichtet in den Schornstein ragen und die Düsen durch ein entsprechendes Verbindungstück an das Ringrohr angeschlossen werden (Fig. 262), oder an das letztere werden mehrere radial in den Schornstein geführte Brennerrohre angeschlossen (Fig. 263

und 264). In das Düsenrohr jedes Brenners kann ein Absperr-
oder Regelungsventil g^6 (Fig. 261) für den Gaszufluſs eingeschaltet werden, dessen Spindel durch eine Öffnung 5 der
Bekrönung zugänglich ist.
Zwecks Erzeugung starker
Lichtquellen können die
Brennermundstücke mit
den an diesen aufgehäng-
ten Glühkörpern zentrisch
innerhalb des Schornsteins
eng aneinander gruppiert

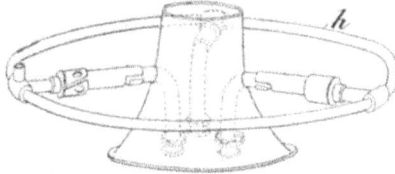

Fig. 263.

werden, so daſs der Eindruck des Vorhandenseins eines einzigen groſsen Glühkörpers erweckt wird.

Um einen einzelnen halbkugelförmigen Glühkörper gröſserer Abmessung verwenden zu können, ist von Voigt & Mader
in Hamburg eine Lampe vorgeschlagen worden, bei welcher
ein ringförmiger Brennerkopf durch mehrere getrennte Bunsenrohre gespeist wird, wobei die Verbrennungsgase durch
einen zentral über dem ringförmigen Brennerkopf gelagerten
Abzugschornstein abgesaugt werden (Fig. 265 und 266). Um
eine der Form des benutz-
ten Glühkörpers ange-
paſste Bunsenflamme zu
erzielen, wird das dem
ringförmigen Brennerkopf
entströmende Gasluftge-
misch durch einen unter
dem zentralen Abzug-
schornstein angeordneten
Einsatzkörper aus Porzel-
lan gegen die Glühkörper-
wandung geführt, eine
Einrichtung, wie sie bei
den älteren nach unten
brennenden Regenerativ-

Fig. 264.

gaslampen ohne Glühstrumpf zur Erzeugung möglichst breiter
Flammen benutzt worden ist. Das Gas tritt durch das Zuleitungsrohr a in den Verteilungsraum b und wird durch drei

Kanäle c in das ringförmige Rohr d geführt. Von hier aus
strömt das Gas durch sechs Düsen mit Stellschrauben k, welche
zur Regelung des Gaszuflusses dienen, in die Bunsenrohre e
und in den an diese
angeschlossenen ringför-
migen Brennerkopf f.
In diesen ist unterhalb
des zentralen Abzug-
schornsteins i ein halb
kugelförmiger Einsatz-
körper g aus Porzellan
eingesetzt, durch dessen
Aufsenwandung das dem
Brennerkopf entströ-
mende Gasluftgemisch
gegen die Innenfläche

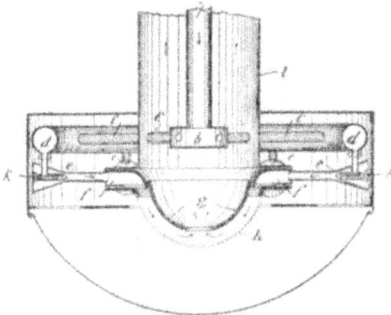

Fig. 265.

des am Brennerkopf befestigten, ebenfalls halbkugelförmigen
Glühkörpers h geführt wird. Die Verbrennungsgase werden
durch eine mittlere Öffnung des Porzellankörpers in den Abzugschornstein gesaugt, ohne dafs erhebliche Mengen die
Wand des Glühkörpers
durchströmen. Den glei-
chen Zweck sucht Bach-
ner in Berlin dadurch zu
erreichen, dafs ein gröfserer
schlauchförmiger Glühkör-
per durch mehrere kleine
Bunsenrohre beheizt wird,
die gasdicht durch einen
zentralen Abzugschornstein
geführt sind, um den die
Saugkammern frei gelagert
werden (Fig. 267). Die Mischrohre d sind an den Mün-

Fig. 266.

dungen abgeschrägt, so dafs diese gegen die Glühkörperwand
gerichtet sind und das Gas gegen die Wände des Glühkörpers geworfen wird, etwa in der Weise, wie es die Pfeile
andeuten. Die äufsere Verbrennungsluft wird durch die

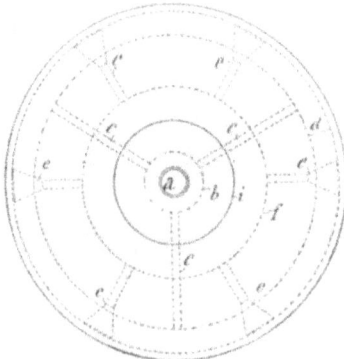

Öffnungen f angesaugt und durch den Raum zwischen beiden Glasumhüllungen dem Glühkörper zugeführt. Weil das Gas gegen die Wände des Glühkörpers geworfen und in der Mitte durch das zentrale Ableitungsrohr g hinausgesaugt

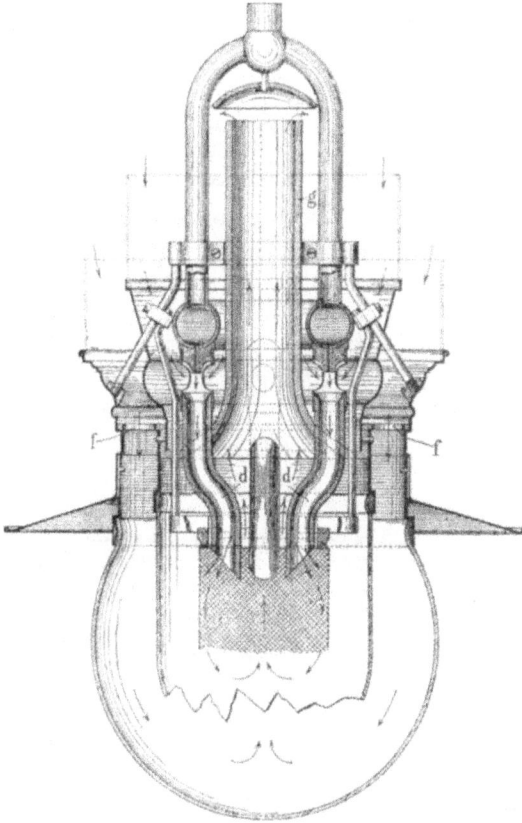

Fig. 267.

wird, hat die Flamme nicht das Bestreben, den Glühkörper zu durchschlagen und zu zerreifsen. Durch die Verwendung einer gröfseren Anzahl kleinerer Mischrohre soll erreicht werden, dafs die Flamme nicht das Bestreben hat, sich aufwärts zu biegen, ohne die Wände des Glühkörpers zu be-

streichen. Bei der Lampe gemäfs Fig. 268 wird das Gasluftgemisch nicht durch einzelne Mischrohre dem Glühkörper
zugeführt, sondern diese sind zu einem konzentrisch um das
zentrale Ableitungsrohr gelagerten Ring *l* vereinigt. Auf diesen
Ring ist ein siebartiger Kopf *m* aufgesetzt, und zwar in der

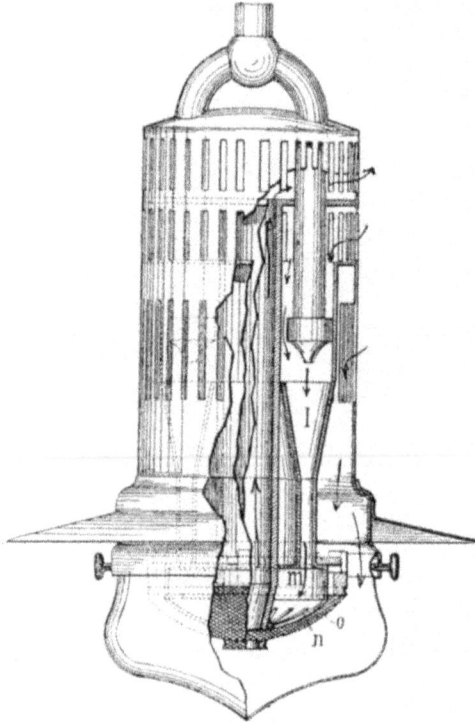

Fig. 268.

Weise, dafs das Gas aus den radialen Schlitzen *n* auf den
den Kopf *m* umgebenden Glühkörper *o* strömt. Die wirksame
geschlitzte Oberfläche des Kopfes *m* hat die Form eines Kugel-
segments erhalten, ebenso der Glühkörper, so dafs die Lampe
auch schräg nach unten ein helles Licht sendet. Sowohl die
Mischluft als auch die Sekundärluft wird durch im Lampengehäuse angeordnete Schlitze angesaugt. Dafs die Vorschläge
von Voigt & Mader sowie von Bachner praktischen Wert

erlangt haben oder erhalten werden, erscheint wegen der komplizierten Brenneranordnung zweifelhaft. Dasselbe gilt von der in Fig. 269 dargestellten Invertlampe des Franzosen Brillouin. An den einen Schenkel des gabelförmig verzweigten Gaszuleitungsrohres ist seitlich des Abzugschornsteins die Saugkammer des in das Zugrohr geführten Mischrohrstutzens a^2 angeschlossen, der durch einen Krümmer a^1 mit dem senkrecht abwärts gerichteten Mundstück a verbunden ist; das letztere ist von einem mit dem Krümmer verschraubten Ring e umschlossen, in welchen den Abzugschornstein oder den an diesen sich anschliefsenden Glockenträger p strahlenförmig durchsetzende Rohre f eingebaut sind. Die Gasaustrittsöffnung des Mundstückes ist konisch ausgebohrt, und vor der Ausbohrung ist auf einem nach innen vorspringenden Flansch ein Sieb m gelagert. Unterhalb des Glockenträgers ist eine mit den Lampenträgern verbundene Platte o

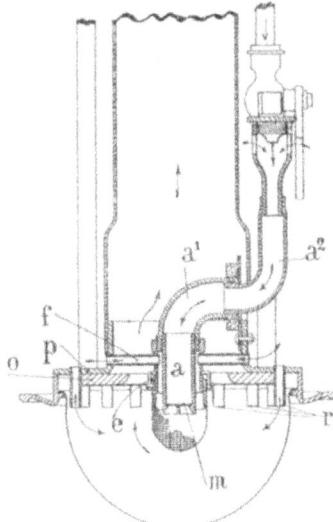

Fig. 269.

befestigt, durch deren mittlere weite Öffnung die Verbrennungsgase abgeleitet werden. Die Sekundärluft wird in die geschlossene Glocke durch Rohre r angesaugt, die in den Glockenträger nahe des Aufsenrandes des letzteren eingesetzt sind und mit ihren unteren Mündungen in die Glocke ragen. Durch die Rohre f soll zusätzliche Luft in den Ringraum zwischen dem Brennermundstück und der dieses umschliefsenden Hülse e angesaugt und in den Glühkörper geführt werden. Die letztere Wirkung wird auch bei einer Schornsteinlampe der französischen Gesellschaft für Heizung und Beleuchtung in Paris erstrebt (Fig. 270). Der zur Anwendung gebrachte Bunsenbrenner entspricht im Wesentlichen einem Kernbrenner,

dessen wagerechtes Mischrohr in den Abzugschornstein geführt ist und in die abwärts gerichtete Brennerkammer C
mit eingeschaltetem Verteilungssieb mündet; aus dieser Kammer
strömt das Gas durch Einzelrohre a, die den Brennerkopf
bilden, in den Glühkörper. Um die Kammer und den Brennerkopf ist eine Kapsel E F und um diese eine Hülse H angebracht. Während die aufsteigenden Verbrennungsgase den

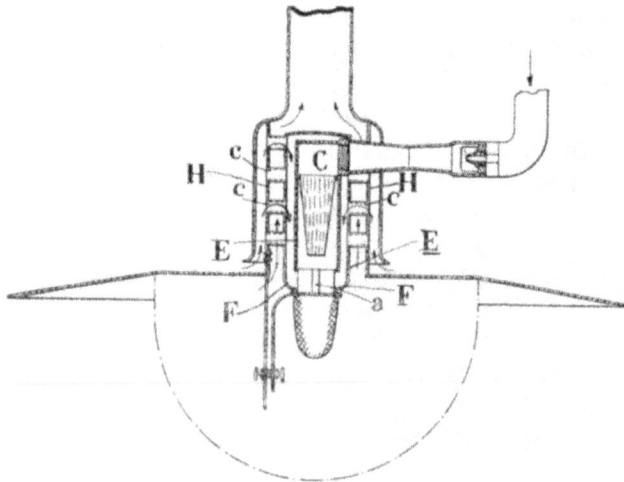

Fig. 270.

Raum zwischen Hülse und Kapsel durchstreichen, wird die
äußere Verbrennungsluft durch Rohre c, welche jenen Raum
durchsetzen, in die Kapsel angesaugt und strömt stark vorgewärmt und die den Brennerkopf bildenden Einzelrohre umspülend in den Glühkörper. Das Zugrohr ist unten zu einer
die Hülse H umschließenden Haube ausgebildet. Der Strumpfträger aus Nickel wird durch Klemmschrauben an einem mit
der Hülse vernieteten Stab befestigt und so eingestellt, daß
der offene Glühkörperring die untere, nach innen umgebogene
Mündung der Kapsel E F fast berührt. Das Anzünden der
Lampe wird zweckmäßig durch eine kleine Öffnung in der
Glockenwandung bewirkt; die Öffnung wird durch eine
pendelnde Glaskugel verschlossen, die beim Einführen des

Zünders zur Seite gestofsen wird und infolge ihres Eigen-
gewichtes wieder zurückfällt. Anfangs haben die Lampen
nur eine geringe Leuchtkraft, die mit zunehmender Erwärmung
der Lampenteile sich nach einigen Minuten auf das Höchst-
mafs steigert.

Die erwähnten Einrichtungen zum Vorwärmen der Mischluft und der äufseren Verbrennungsluft sind in der verschiedensten Weise miteinander kombiniert worden.   Viele
Gesichtspunkte, die bei der Konstruktion der älteren Regenerativlampen mit abwärts gerichteten
Brennern ausschlaggebend waren,
mufsten im wesentlichen auch beim
Aufbau der neueren Schornsteinlampen mit Invertgasglühlichtbrennern berücksichtigt werden, so dafs
es nicht ungerechtfertigt erscheint,
wenn die abwärts brennenden Schornsteinlampen, bei denen sowohl eine
Vorwärmung der dem Brenner zugeführten Mischluft und der dem
Glühkörper zufliefsenden Sekundärluft als auch des Gases und des
Gasluftgemisches stattfindet, häufig
schlechthin als Regenerativlampen
für hängendes Gasglühlicht bezeichnet werden.   Eine einfache Kombi-

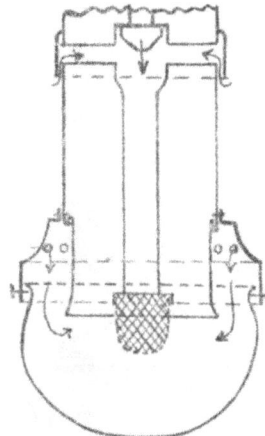

Fig. 271.

nation von zwei bekannten Elementen ist bei der Lampe gemäfs
Fig. 271 durchgeführt worden; die Mischluft wird der Saugkammer des Brenners durch Rohre zugeführt, die den Abzugschornstein durchqueren und deren äufsere Mündungen durch eine
Schutzhaube überdeckt sind, während die äufsere Verbrennungsluft durch Öffnungen der Glockengalerie angesaugt wird und,
den unteren Rand des in den Schornstein eingehängten
Innenzylinders umspülend, dem Glühkörper zufliefst.   Fig. 272
veranschaulicht eine nach diesem Prinzip gebaute Lampe für
Innenbeleuchtung von Smith in London, bei der die Zufuhr
der Mischluft durch geschlitzte Schraubenstöpsel geregelt
wird, die einstellbar in der Mündung der Luftzutrittsrohre

gelagert sind. Eine in den Einzelheiten abgeänderte Ausführung wird von Rector in New York hergestellt; wesentlich
ist hierbei die Kuppelung eines Regelungsventils mit den
Lampenteilen. Mit dem Gaszu-
leitungsrohr wird ein Stutzen 3
(Fig. 273) verbunden, der unten
als Kegelventil, mit Durchtrittsöffnungen in der Wandung, ausgebildet ist. Mittels des Ventils
wird die Weite der Gasaustrittsöffnung der Düse 6 geregelt, die
mit einer auf dem Stutzen 3 in
der Höhe einstellbar angeordneten Hülse 5 aus einem Stück
hergestellt und mit dem Mischrohr verschraubt ist. Der Abzugschornstein ist ebenfalls mit der
Hülse fest verbunden, so daſs
die ganze Lampe zwecks Regelung der Gaszufuhr auf dem
Stutzen 3 gedreht werden muſs.
Abweichend von den meisten
neueren Lampen ist mit dem
über der Mischrohrmündung angebrachten Brennerkopf eine volle
Scheibe 10 verbunden, welche ver
hindert, daſs die Verbrennungsgase aus dem Innenraum des
Glühkörpers aufsteigen und unmittelbar das Brennerrohr treffen.
Durch den die Scheibe eng umschlieſsenden Tragring des Glühkörpers wird dieser in bezug auf
die Brennerkopfmündung, die
durch einen siebartig gelochten Boden gebildet wird, genau
zentriert; mittels ausgestanzter Zapfen 21 des Tragringes
wird der Glühkörper in Bajonettschlitze im unteren Rand
des Abzugrohres eingehängt. Zum Aufhängen des Innen-

Fig. 272.

zylinders dient eine auf einer Schulter des Schornsteins dicht
befestigte Haube 25 (Fig. 274); von dieser werden die an der
Aufsenseite des Schornsteins aufsteigenden Abgase aufgefangen
und erforderlichenfalls durch Löcher in der Schornsteinwan-
dung unterhalb der Haube abgesaugt.

Eine besonders starke Vorwärmung der Sekundärluft wird
bei den von der Firma R. Frister (Engel und Heegewaldt)
in Berlin-Oberschöneweide gebauten Schornsteinlampen er-

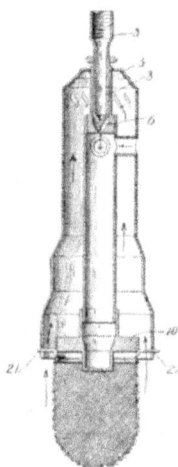
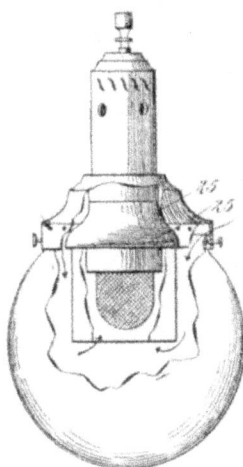

Fig. 273.   Fig. 274.

reicht, wobei die Mischluft ebenfalls mittels den Schornstein
durchsetzender Rohre der Saugkammer des Brenners zugeführt
wird (Fig. 275). Die Vorwärmung der dem Glühkörper zufliefsenden äufseren Verbrennungsluft wird dadurch bewirkt,
dafs diese den Raum zwischen dem Abzugrohr und einem um
dieses gelagerten, als Lampengehäuse dienenden Mantel
durchstreicht, bevor sie in die geschlossene Glocke strömt. Die
Luft kühlt dabei gleichzeitig den Mantel, so dafs dieser nicht
so leicht anläuft und ein schlechtes Aussehen erhält. Um
eine Überhitzung des innerhalb des Abzugrohres gelagerten
Brennerrohres zu verhüten, ist um dieses eine Schutzhülse c
angeordnet. Die Rohre zum Zuführen der Mischluft in die
Saugkammer des Brenners sind unter einem Winkel zur

Brennerachse geneigt angebracht und in die oben erweiterte
Wandung des Abzugrohres eingesetzt. Die Leuchtkraft der
Lampen wird auf etwa 100 HK bei einem stündlichen Gas-
verbrauch von 90 l angegeben.

Die zur Aufsenbeleuchtung bestimmten Invertlampen
müssen entsprechend den Aufsenlampen mit stehenden Brennern

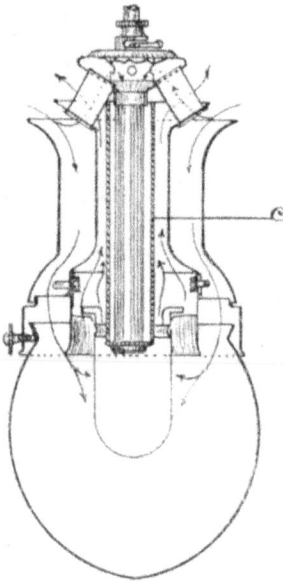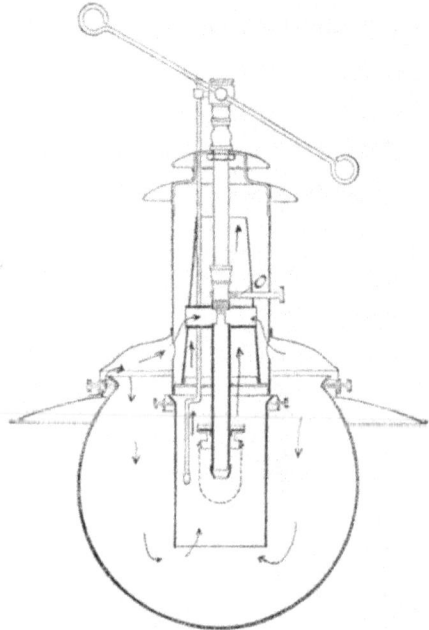

Fig. 275.   Fig. 276.

so konstruiert werden, dafs weder Regen noch Wind u. dgl.
den Betrieb der Lampe beeinträchtigen, wobei auch hier der
Grundsatz zu wahren ist, dafs die zur Erzeugung einer Flamme
von guter Heizwirkung erforderliche Luft vollkommen getrennt
von den durch den Schornstein abgesaugten Verbrennungsgasen zugeführt wird. Die meisten diesen Anforderungen entsprechenden Aufsenlampen mit hängenden Gasglühlichtbrennern
werden so gebaut, dafs die Luft in einen mehr oder weniger
gegen den Zutritt der Verbrennungsgase abgeschlossenen Raum

im Lampengehäuse angesaugt wird, aus dem sie teils als
Mischluft der Saugkammer des Brenners, teils als Sekundär-
luft durch die obere Öffnung der geschlossenen Glocke dem
Glühkörper zuströmt.

    Die Kramerlichtgesellschaft in Charlottenburg benutzt
zur Erreichung dieser Wirkung zwei ineinandergesteckte Schorn-

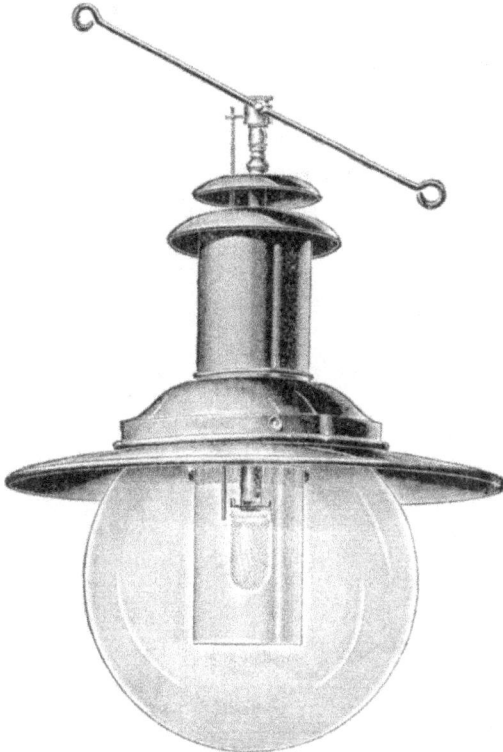

Fig. 277.

steine (Fig. 276 und 277) von denen der innere, die Verbrennungsgase abführende, kürzer bemessen ist als der äußere,
welcher mit einer als Träger für die geschlossene Außenglocke
dienenden Haube verbunden ist. In die letztere wird die Luft
angesaugt, die dann zerteilt einerseits durch Öffnungen in der
Wandung des äußeren Schornsteins den an die Saugkammer

des Brenners angeschlossenen und das innere Zugrohr durchsetzenden Rohren, anderseits durch die obere Öffnung der Aufsen-
glocke und die untere Öffnung des in den Innenschornstein eingesetzten Zylinders dem Glühkörper zufliefst. Durch einen
in die Gaszuleitung eingeschalteten Wechselhahn kann abwechselnd die Haupt- und Zündflamme gespeist werden, die

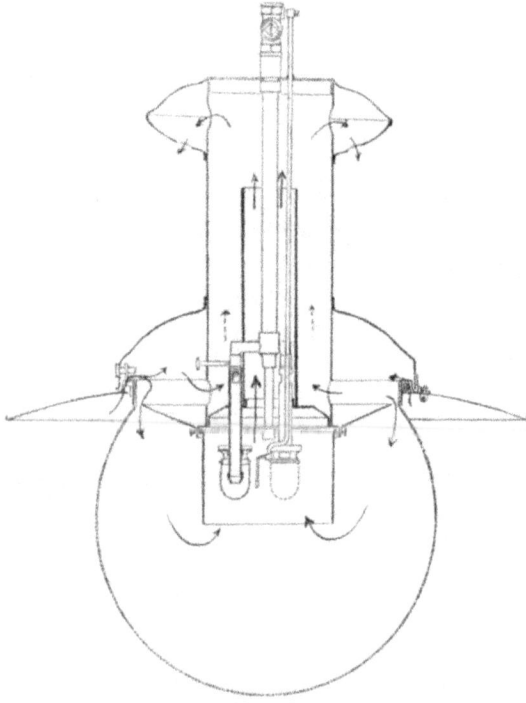

Fig. 278.

an dem Specksteinkopf des durch den Innenschornstein geführten Zündrohres erzeugt wird. Der Gaszuflufs zur Düse
wird mittels eines Ventils *o* geregelt, dessen Spindel durch
beide Schornsteine geführt und von aufsen eingestellt werden
kann. Die Gesamthöhe der gebauten Lampen beträgt 46 cm,
der Durchmesser des Reflektors 37 cm und der Aufsen-
glocke 25 cm. Die Leuchtkraft wird auf etwa 120 HK bei
110 l Gasverbrauch stündlich angegeben.

Bei Anwendung zweier ineinander gesteckter Schornsteine
für mehrflammige Aufsenlampen wird die Lagerung der

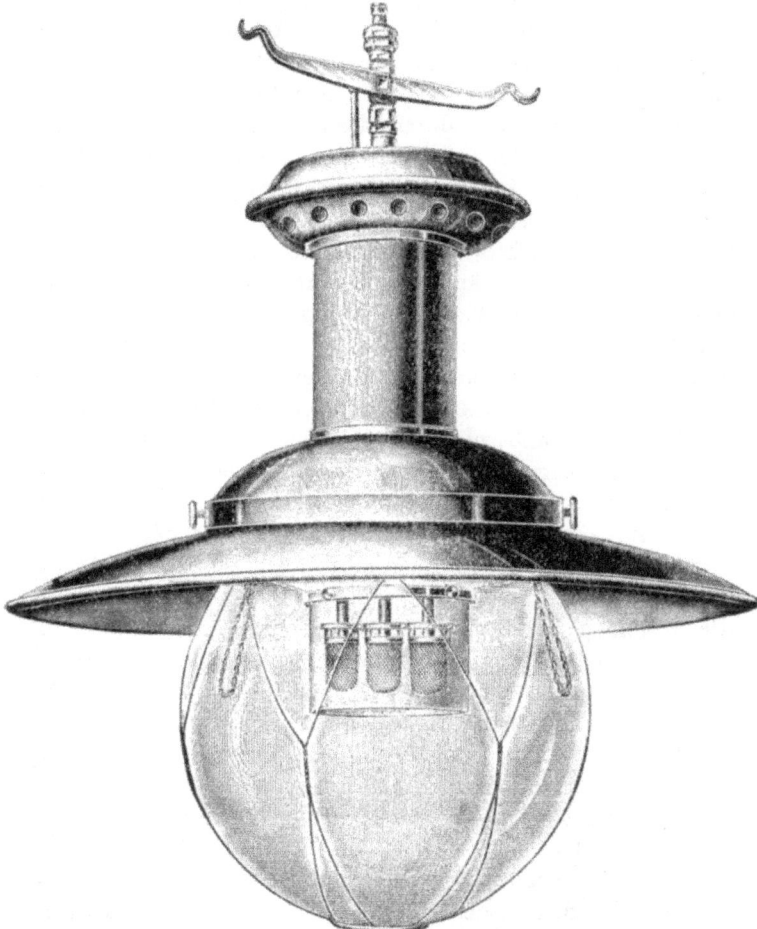

Fig. 279.

Saugkammern für die Brenner in dem zwischen beiden Schornsteinen gebildeten und gegen den Zutritt der Verbrennungsgase abgeschlossenen Raum bevorzugt (Fig. 278 und 279).
Zu dieser Ausgestaltung hat augenscheinlich der Umstand

geführt, daſs bei der einflammigen Auſsenlampe eine zu starke
Erhitzung der Brennerteile und des Gasluftgemisches stattfindet. Die an die Saugkammern angeschlossenen Brennerrohre sind gasdicht durch einen den Raum zwischen beiden
Schornsteinen unten abschlieſsenden Teller geführt, während
die Düsen mit Knierohren verbunden werden, deren wagerechte Schenkel dicht durch den Innenschornstein geführt
und an eine Verteilungsmuffe des Gaszuleitungsrohres angeschlossen sind; in dem unteren Fortsatz der Muffe werden
die etwa mitgerissenen Schutzteile des Leitungsrohres gesammelt. Die Luft wird aus der Haube, welche über der
Glaskugel um den äuſseren Schornstein gelegt ist, teils
durch Löcher in der Wandung des letzteren unmittelbar in die
Mischkammern der Brenner angesaugt, teils strömt sie durch
den Ringspalt zwischen dem Glockenrand und einem über
die Tragschrauben des Innenzylinders gestülpten Reflektor
in die Glocke und zu den Glühkörpern. Dadurch daſs der
die Saugkammern der Brenner aufnehmende Raum zwischen
den Schornsteinen oben offen ist, wird ein Teil der diesem
Raum zuflieſsenden Luft durch die Wirkung des kürzeren
Innenschornsteins nach oben abgesaugt, so daſs stets ein
vorteilhafter Luftkreislauf um die Saugkammern stattfindet.
Die Regelung der Gaszufuhr zu den Düsen mittels der mit
ihren Spindeln durch die Wandung des Auſsenschornsteins
ragenden Ventile kann nach Abnahme oder Herabklappen
der Glaskugel erfolgen. Die dreiflammige Auſsenlampe soll
eine Lichtstärke von etwa 350 bis 360 Kerzen bei einem Gasverbrauch von 330 l pro Stunde liefern. Die Gesamthöhe der
Lampe beträgt 85 cm, der Durchmesser des Reflektors 70 cm,
der Glaskugel 45 cm.

Unter Beibehaltung der ineinander gesteckten Schornsteine
werden bei den neuesten Auſsenlampen der Kramerlicht-
Gesellschaft Brenner mit wagerecht im Lampengehäuse gelagertem Bunsenrohr und rechtwinklig nach unten von diesem
abgezweigten Brennerkopf benutzt (Fig. 280). An das Gaszuleitungsrohr ist ein wagerecht in der Haube befestigtes guſs-
eisernes Rohr angeschlossen, aus dem das Gas in die Düse
des Bunsenrohres strömt; dieses und der Brennerkopf sind

ebenfalls aus Gußeisen hergestellt. In den Brennerkopf ist ein nach oben durchgebogenes Sieb eingesetzt, um das Durchschlagen der Flamme zu verhüten. Die untere Mündung des Innenschornsteins ist in einem mit dem gußeisernen Anschlußrohr aus einem Stück bestehenden Ring eingesetzt, in dem

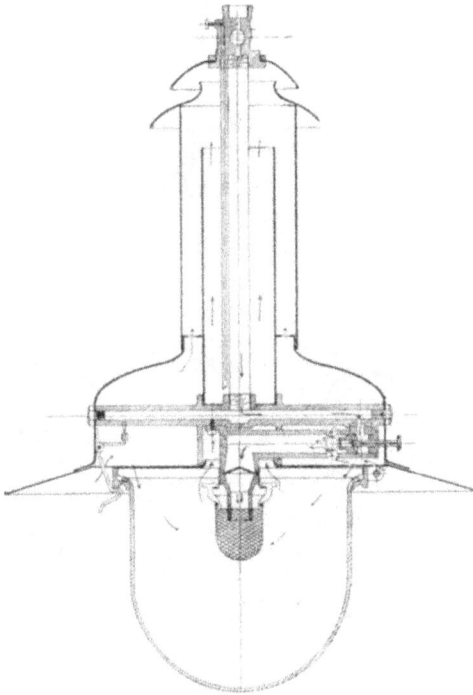

Fig. 280.

der Brennerkopf zentrisch befestigt wird und durch dessen Seitenwandung das Bunsenrohr geführt ist. Die obere Glockenöffnung ist bis auf die freie untere Ringöffnung durch eine Platte abgedeckt, an die sich außen der Reflektor anschließt, so daß die Saugkammer des Brenners in dem einerseits durch diese Platte und den gußeisernen Ring bzw. den Innenschornstein, anderseits durch die an den Außenschornstein sich anschließende Haube begrenzten Raum gelagert ist. In

diesen Raum strömt die Luft durch Öffnungen in der Reflektor-
wandung und wird teils in die Mischkammer des Brenners
angesaugt, teils wird sie durch Öffnungen in der die Glocke
abdeckenden Platte dem Glühkörper zugeführt. Die Glocke
ist mit ihrer Fassung um ein Gelenk nach unten herabklappbar
angeordnet und wird in der Gebrauchsstellung durch einen

Fig. 281.

Sperrhebel gesichert. Fig. 281 veranschaulicht eine nach
denselben Grundsätzen gebaute vierflammige Aufsenlampe der
Kramerlicht-Gesellschaft.

In ähnlicher Weise werden die Saugkammern der Brenner
bei den von Sydney Francis in London hergestellten
mehrflammigen Aufsenlampen (Fig. 282) in dem unten erweiterten Raum zwischen zwei ineinander gesteckten Schornsteinen gelagert. Mit den wagerechten Bunsenrohren sind die
durch Öffnungen q in den Innenschornstein ragenden, nach
unten gebogenen Brennermundstücke leicht lösbar verbunden.

Die Saugkammern sind in der unteren Erweiterung der Haube x
gelagert, welche oben mittels einer Platte abgeschlossen ist,
durch deren mittlere Öffnung das innere Zugrohr geführt ist.
Dieses wird von unten in die Öffnung der Platte eingeschoben,
wobei die Knaggen y durch entsprechende Schlitze im Rand
der Plattenöffnung geführt werden, so daſs nach Drehung des

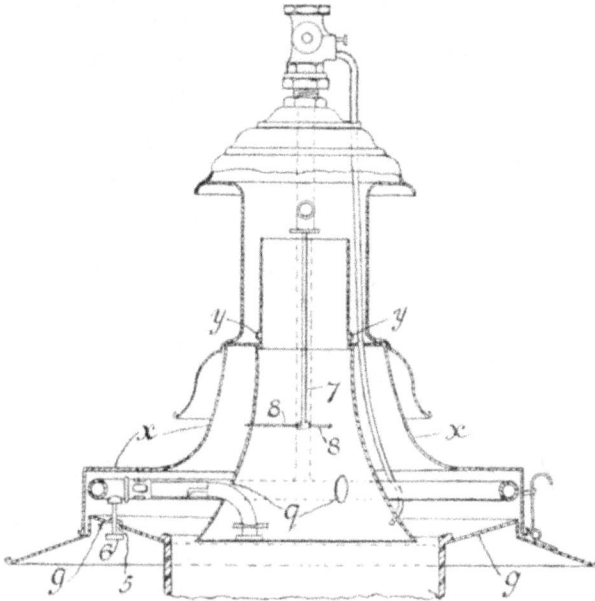

Fig. 282.

Zugrohres dieses mittels der Knaggen auf der Platte gelagert
wird. Das Zugrohr kann auſserdem durch Träger 7, 8 abgestützt werden, die an der Verteilungsmuffe des Gaszuleitungsrohres befestigt sind; an diese sind die mit einem ringförmigen
Rohr verbundenen Zweigleitungen angeschlossen, die durch
den Raum zwischen beiden Schornsteinen und durch Öffnungen
in der Decke der Haube x geführt werden. In gleicher Weise
ist durch jenen Raum das Zündflammenrohr geführt, dessen
Specksteinkopf durch die Wandung des inneren Zugrohres
ragt, so daſs sämtliche Rohre für die Zufuhr des Gases der

unmittelbaren Einwirkung der Abgashitze entzogen sind. Die
Luft wird durch Löcher im Glockenträger *g* den Saugkammern

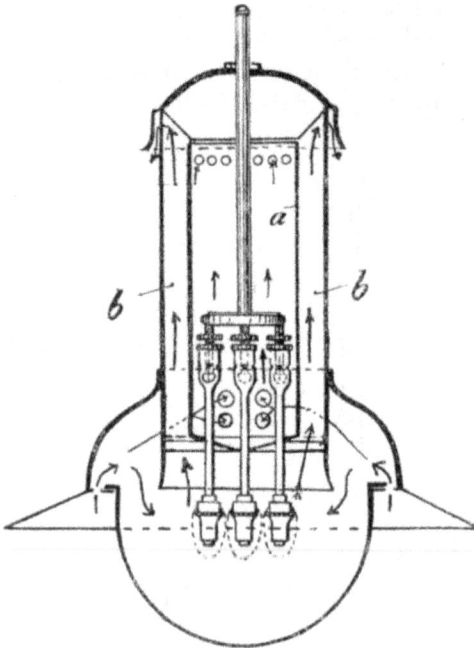

der Brenner und den
Glühkörpern zugeführt;
erforderlichenfalls kön-
nen aufserdem Luftzu-
trittsöffnungen im obe-
ren Teil der Haube *x*
vorgesehen werden. Der
Gaszuflufs zu den Bren-
nern wird durch Ven-
tile *6* geregelt, deren
Spindeln durch Öffnun-
gen *5* im Glockenträger
geführt und von aufsen
einstellbar sind.

Eine ebenso zweck-
mäfsige wie einfache
Einrichtung zum Ab-
leiten der Verbren-
nungsgase, getrennt von
der den Saugkammern
der Brenner und den
Glühkörpern zufliefsen-
den Luft wird bei den
Lampen von Karl Reifs
in Berlin getroffen. Die
Saugkammern sind in
einem als Lampenge-
häuse ausgebildeten Be-
hälter *a* gelagert (Fig.
283 und 284), durch
dessen Boden die Misch-
rohre dicht geführt sind;
die Verbrennungsgase
werden durch zwei oder

Fig. 283.

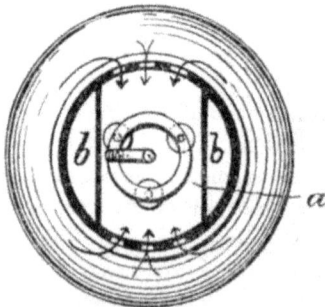

Fig. 284.

mehrere gegenüberliegend an der Behälterwandung gelagerte
Abzugkanäle *b* abgesaugt, deren untere Mündungen ausschliefs-

lich mit dem Glockeninnern verbunden sind. Der Behälter
steht oben und unten mit der Aufsenluft in Verbindung, so-
dafs eine ständige Luftbewegung im Behälter an den Saugkammern der Brenner vorüber stattfindet, stets frische Mischluft angesaugt und eine zu starke Erhitzung der Brenner vermieden wird. Um dies
zu erreichen, sind in der
freien Behälterwandung
Öffnungen *g* angeordnet,
durch welche die Misch-
luft angesaugt wird und
die Saugkammern um-
spült; die sich erhitzende
überschüssige Luft kann
durch die oberen Ab-
zugöffnungen ungehin-
dert entweichen. Um
den Zutritt zu den Bren-
nerdüsen und eine Re-
gelung der Gaszufuhr zu
ermöglichen, sind in
den gegenüberliegenden,
freien Wandungen des
Behälters Öffnungen an-
geordnet, welche durch
Schieber oder durch Tü-
ren verschlossen werden.
Bevorzugt wird indessen
die Anordnung eines
drehbaren Mantels um

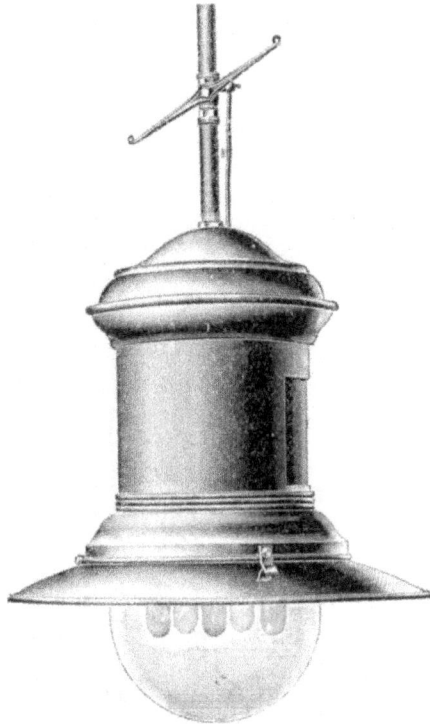

Fig. 285.

das Lampengehäuse (Fig. 285), der mit den Öffnungen in
der Behälterwandung entsprechenden Öffnungen versehen ist,
so dafs der Innenraum des Behälters und die Düsen zugänglich sind, wenn die Öffnungen sich decken. Bei Aufsenlampen werden die Luftzutrittsöffnungen in der freien Behälterwandung mittels einer Haube überdeckt, in welche die
Luft durch Löcher im Glockenhalter angesaugt wird und
teils als Mischluft in dem Behälter, teils als Sekundär-

luft in die Glocke strömt. Der Reflektor mit der in diesen
lose eingehängten Glocke ist zweckmäßig mittels Scharnieres
herabklappbar an der Haube aufgehängt. Da bei den Reifs -
schen Lampen nur das durch den Boden des Behälters ragende

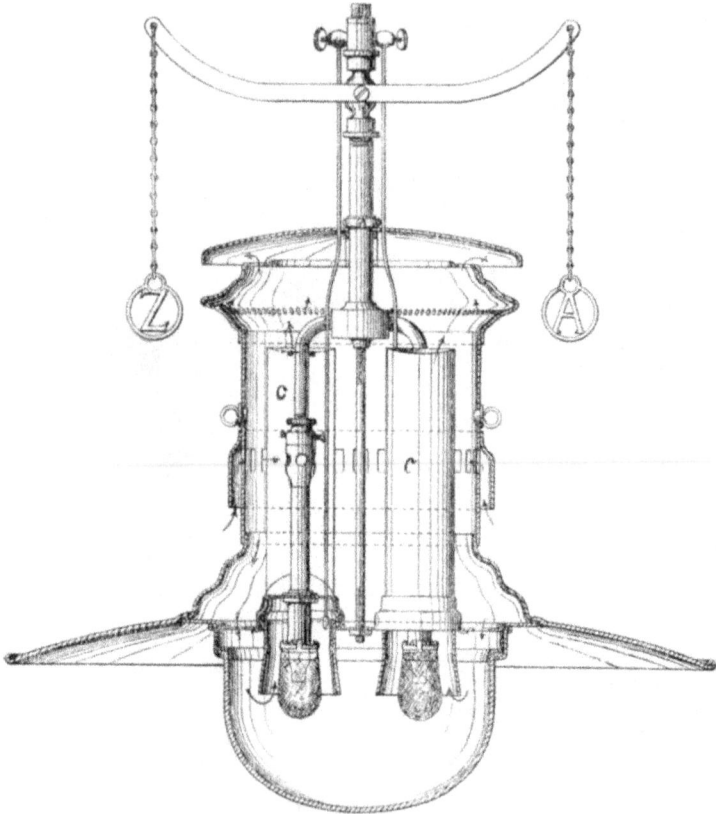

Fig. 286.

Brennerrohr unmittelbar durch die Verbrennungsgase beheizt
wird, ist eine Beschädigung der empfindlichen Lampenteile
kaum zu befürchten. Der Gasverbrauch der dreiflammigen
Aufsenlampen beträgt bei einer Lichtstärke von etwa 240 Kerzen
240 l stündlich, so daſs bei einem Gaspreis von M. 0,16 pro

Kubikmeter die Kosten für die Brennstunde sich auf ungefähr
4 Pf. belaufen.

Eine nicht minder vorteilhafte Einrichtung zum Ableiten
der Verbrennungsgase und zum Zuführen der Luft zu den
Saugkammern der Brenner sowie zu den
Glühkörpern wird von Ehrich & Grätz
in Berlin angewendet. Die Bunsenrohre
mit den Saugkammern sind freistehend im
Lampengehäuse und nur die Brennermundstücke sind in dem Verbrennungsraum angeordnet (Fig. 286). Die Öffnungen in dem
die Glocke abdeckenden Boden, durch
welche die Brennerköpfe in die Glocke
ragen, sind durch das Bunsenrohr dicht um-
schließsende Hauben überdacht, die zum
Einhängen der die Glühkörper umschließsen-
den Zylinder dienen. Die aufsteigenden
Verbrennungsgase werden mittels zweier das
Lampengehäuse durchsetzender Zugrohre c
abgesaugt (Fig. 287), zwischen denen die
Bunsenrohre gelagert sind, und die mit
ihren unteren Enden an die Hauben angeschlossen werden, während die oberen Mündungen der einzelnen Abzugrohre oberhalb
der Luftzuflufsöffnungen der Brennersaug-
kammern im Lampengehäuse gelagert sind.
Die Lufteintrittsöffnungen in der Gehäuse-
wandung sind in Höhe der Saugkammern
angebracht und durch eine Schutzkappe
überdeckt, so dafs stets verhältnismäfsig
kalte Mischluft angesaugt wird. Teils wird

Fig. 287.

die in das Lampengehäuse einströmende Luft nach unten
abgesaugt, umspült die Zugrohre, wobei sie vorgewärmt wird,
und fliefst durch Öffnungen am Aufsenrande des die Glocke
abdeckenden Bodens den Glühkörpern zu. Die Zündrohre
werden ebenfalls durch den freien Raum zwischen den Abzugrohren und mit ihren Specksteinköpfen in die Hauben
geführt, welche die Zylinder überdachen. Die Regelung des

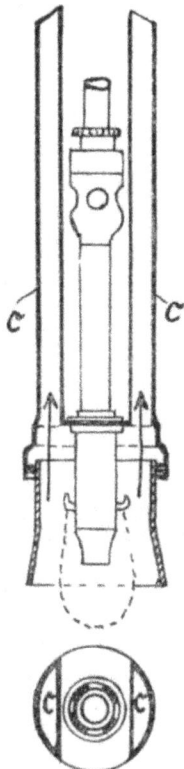

Gaszuflusses zu den Brennern erfolgt in üblicher Weise durch
Ventile (Fig. 288), deren Spindeln durch die Wandung des
Lampengehäuses geführt und von aufsen einstellbar sind.

Fig. 288.

Eine mit einem Reflektor von 56 cm Durchm. ausgerüstete
dreiflammige Hängegaslampe ist photometrisch geprüft und
bei vorgeschriebener Aufhängehöhe über der Horizontalebene
die horizontale und die senkrechte Beleuchtung für mehrere

Punkte der Horizontalebene bestimmt worden. Die Lampe wurde nach 1 und nach 24 Brennstunden auf räumliche Lichtverteilung photometrisch untersucht; hierbei ergaben sich die in den Tabellen 1 und 2 zusammengestellten Werte:

Tabelle 1.

Gasdruck unmittelbar vor der Lampe in mm etwa	Mittlere Lichtstärke in HK		Stündl. Gasverbrauch in Litern		Brenndauer in Stunden
	unterhalb der durch die Glühkörpermitte gelegten Horizontalebene	räumliche	im ganzen	auf 1 HK mittlere räumliche Lichtstärke	
40	386	234	315	1,3	1
40	414	250	306	1,2	24

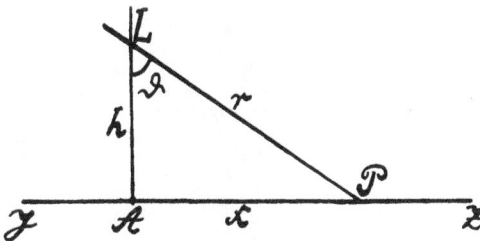

Fig. 289.

Tabelle 2.

Mittlere Lichtstärke in HK unter einem Ausstrahlungswinkel gegen die durch die Glühkörpermitte gelegte Horizontalebene von:

nach unten						horizontal	nach oben	Brennstunde
90°	75°	60°	45°	30°	15°	0°	15°	
377	399	412	406	398	371	324	202	1
399	426	442	429	424	404	346	202	24

Die Berechnung der Beleuchtung ist dabei folgendermaßen durchgeführt worden: In Fig. 289 sei L die Lampenmitte, YZ die Horizontalebene, LA die Lampenhöhe; es werde gesetzt: $LA = h$; $AP = x$; $LP = r$; $\sphericalangle ALP = \vartheta$, so daſs

$tg\,\vartheta = \dfrac{x}{h}$. Bezeichnet man die Lichtstärke der Lampe in Richtung LP mit J, so ist die horizontale Beleuchtung im Punkte P, d. h. die Beleuchtung der Horizontalebene im Punkte P

$$E_h = \frac{J\cos\vartheta}{r^2} = \frac{Jh}{r^3} = \frac{Jh}{(x^2 + h^2)^{\frac{8}{2}}}$$

Aus den vorstehenden Gleichungen ergeben sich für eine Kandelaberhöhe $h = 2$ m unter Benützung der Zahlen der Tabelle 2 und unter der Annahme der Gültigkeit des Entfernungsgesetzes die in Tabelle 3 angegebenen Werte.

Tabelle 8.

	Kandelaberhöhe $h = 2$ m Seitenabstand x in Metern										
	0	1	2	3	4	5	6	7	8	9	10
δ in Bogengraden	0	26,6	45,0	56,3	63,3	68,2	71,6	74,1	76,0	77,5	78,7
I in HK	399	411	429	424	423	419	413	407	400	395	391
E_h in Lux	100	79	38	18	9,5	5,4	3,3	2,1	1,4	1,0	0,74
E_v in Lux	0	39	38	27	19	13	9,8	7,4	5,7	4,5	3,7

Von den ersten in den Handel gebrachten brauchbaren Auſsenlampen mit hängenden Gasglühlichtbrennern sind insbesondere die Lampen der Deutschen Gasglühlicht-Aktiengesellschaft (Auergesellschaft) in Berlin zu erwähnen, die sich bereits gut eingeführt haben. Bei den mehrflammigen Auſsenlampen wird die Lagerung der Brennerrohre mit den Saugkammern in einem oben geschlossenen Behälter des Lampengehäuses für vorteilhaft gehalten, der den zentralen Abzugschornstein umgibt (Fig. 290). In diesem Behälter wird die zweckmäſsig von unten eingeführte Mischluft erwärmt und aufgestaut. Infolge der Anordnung des hohen Luftbehälters um das Abzugrohr werden die Auſsenteile der Lampe nicht zu stark erhitzt, so daſs infolge der verminderten Wärmeübertragung auf den Auſsenmantel die Glasteile weniger leicht zerspringen können. Durch den Boden des Behälters oder durch in den Boden eingesetzte Pfannen ragen in den Verbrennungsraum der Lampe ausschliefslich die Brennerköpfe. Innerhalb der die Lampe überdachenden Doppelhaube ist an das Gaszuleitungsrohr der Verteilungskörper *g* mit eingesetztem Schmutzfänger angeschlossen; der Körper trägt mittels dreier Bügel *h* den gufseisernen Ring *r*, an dem die herabklappbare Schutzglocke, der Reflektor und der die Glühkörper umschliefsende Innenzylinder befestigt sind. Die Sekundärluft fliefst durch Öffnungen in jenem Ring und durch den Raum zwischen beiden Gasumhüllungen den Glühkörpern zu. Der die Aufsenwandung des Luftbehälters bildende Mantel *l* ist lose über die drei Bügel *h* geschoben und kann nach Entfernung der Lampenhaube nach oben abgehoben werden. Die Regelung

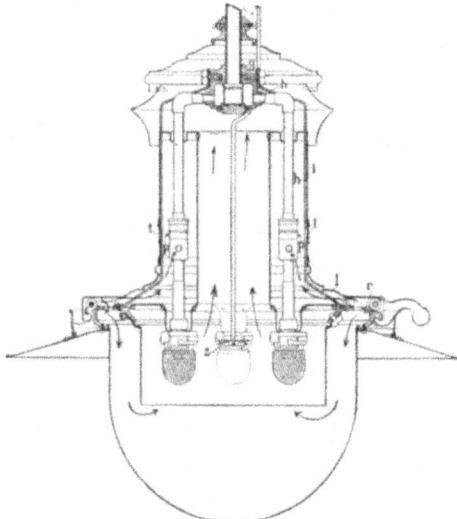

Fig. 290.

des Gaszuflusses erfolgt durch Ventile *p*, welche mittels eines Schraubenziehers, der durch Öffnungen im Mantel *l* geführt wird, eingestellt werden können; die Öffnungen sind durch Klappen *t* verschliefsbar. Die Lampen werden mit einem in das Gaszuleitungsrohr eingeschalteten Kleinstellhahn mit Zahnrad- und Kettenantrieb (Fig. 291) geliefert. An das durch den Abzugschornstein geführte Zündrohr sind, entsprechend der Anzahl der Brenner, mehrere wagerecht liegende Zündbrenner *z* angeschlossen. Anstatt eines weiten Innenzylinders können mehrere die einzelnen Glühkörper umschliefsende Zylinder benutzt werden (Fig. 292), deren galerieartige Träger in eine mit Abstand unterhalb des

Kammerbodens befestigte Platte mittels Bajonettverschlusses eingehängt werden.

Wenn bei diesen Lampen zwecks Reinigung der Brenner etc. der Luftkammerraum freigelegt werden soll, muſs, wie bereits erwähnt, zunächst die den Schornstein abdeckende Haube und dann der Lampenmantel angehoben werden, eine etwas umständliche Arbeit. Um den Zugang zur Luftkammer, in welche die Brenner eingebaut sind, zu erleichtern, werden die Lampen neuerdings zweckmäſsig so ausgeführt, daſs der die Aufsenwandung der Kammer bildende Lampenmantel herablaſsbar an dem Schornstein aufgehängt ist (Fig. 293). In der Gebrauchslage wird der Mantel durch Hebelverschlüsse *H* gesichert; nach Lösung der letzteren kann die untere Hälfte *K* des Mantels, an dem der Träger der äuſseren Schutzglocke befestigt ist, mit dieser gesenkt und der Brennerraum freigelegt werden. Am Mantel ist innen ein Ring *B* befestigt, der in der Gebrauchslage mit seinem kegelförmigen Innenrand sich gegen einen entsprechenden Flansch *C* am Aufsenrand des Kammerbodens legt. Am oberen Rand des senkbaren Mantelteils ist ferner ein Ringflansch *L* angeordnet, der bei verschlossener Luftkammer in eine haubenartige Überdachung des oberen Mantelteils greift, damit kein Regenwasser u. dgl. in die Luftkammer gelangen kann. In dem nach oben verjüngten Mantel sind Lufteinlaſsöffnungen mit taschenartigen Überdeckungen angebracht, welche Wind und Zugluft brechen, so daſs der Betrieb der Brenner hierdurch nicht beeinträchtigt wird. In Fig. 294 und 295 ist in zwei zueinander senkrechten Schnitten eine einflammige Aufsenlampe mit herablaſsbarem Gehäuse veranschaulicht; das letztere wird in der gesenkten Stellung durch Ketten gehalten, deren Enden an den beiden Gehäuseteilen befestigt sind. Die Ableitung der Verbrennungsgase erfolgt hier durch mehrere die Luft-

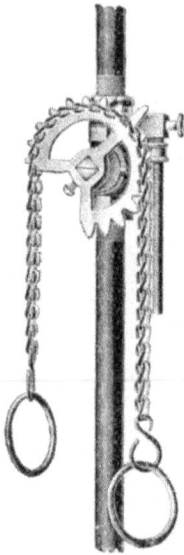

Fig. 291.

kammer durchsetzende Rohre, die um das Mischrohr gruppiert sind und oben in einem gemeinsamen Schornstein münden.

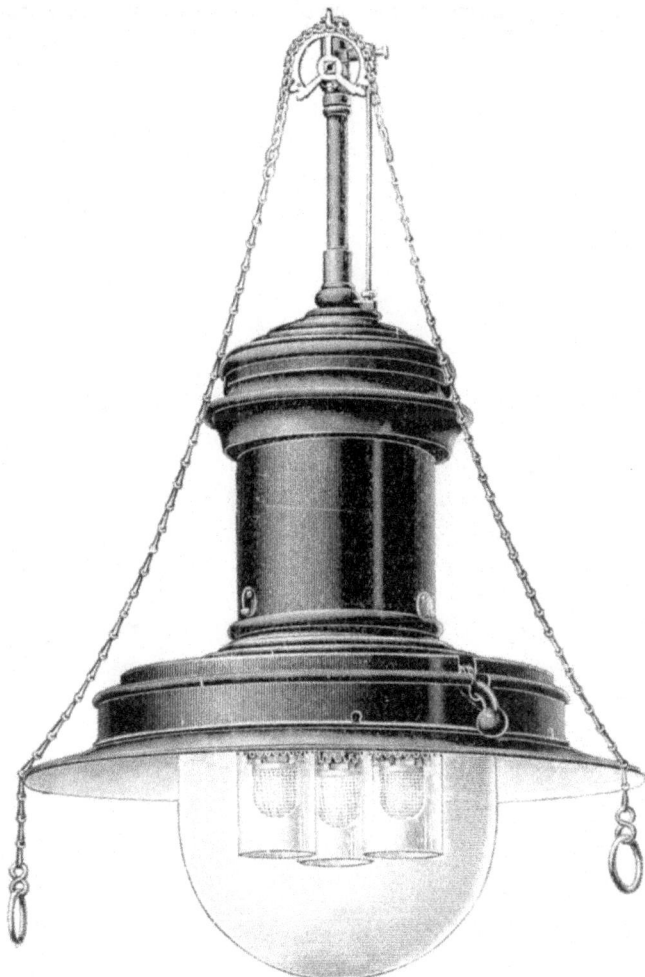

Fig. 292.

Bei allen Lampen mit herablafsbarem Aufsenmantel werden die Brenner aus zwei teleskopartigen, ineinanderschiebbaren Teilen hergestellt, so dafs bei freigelegter Luftkammer der

14*

obere Mischrohrstutzen x mit der Düse vom Gaszuleitungsrohr abgeschraubt, in den unteren Mischrohrteil y geschoben
und dann mit diesem leicht nach oben herausgenommen werden

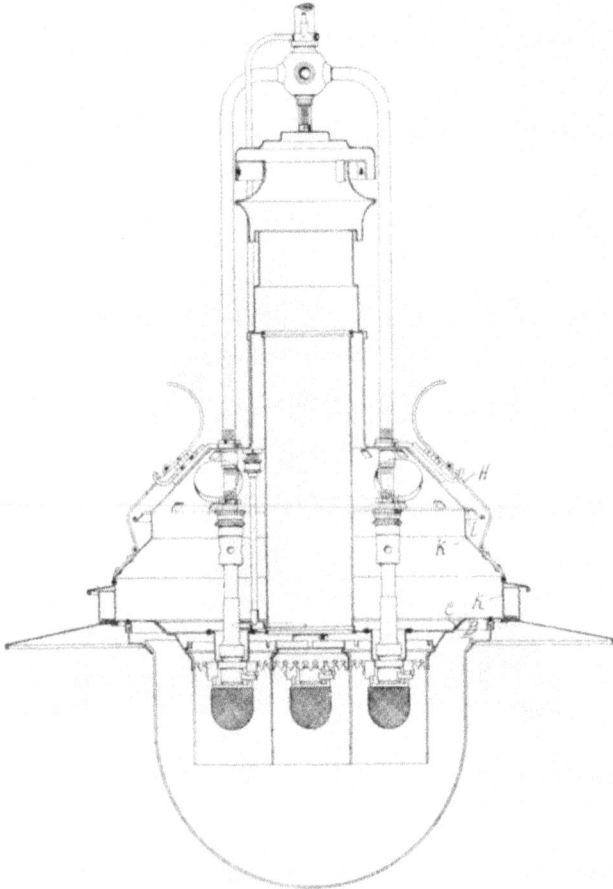

Fig. 293.

kann. Die Gaszuleitungen für den oder die Brenner sind
aufserhalb der Lampe von einem Verteilungskörper abgezweigt
und seitlich des Abzugschornsteins in das Lampengehäuse
geführt, so dafs sie nicht überhitzt werden können. Die

Zündung der Brenner erfolgt durch Dauerflammen; dabei
liegt die Zündflamme nicht in dem Verbrennungsraum oder
in dem Schornstein, durch welchen die Verbrennungsgase abziehen, sondern oberhalb dieses Verbrennungsraumes über

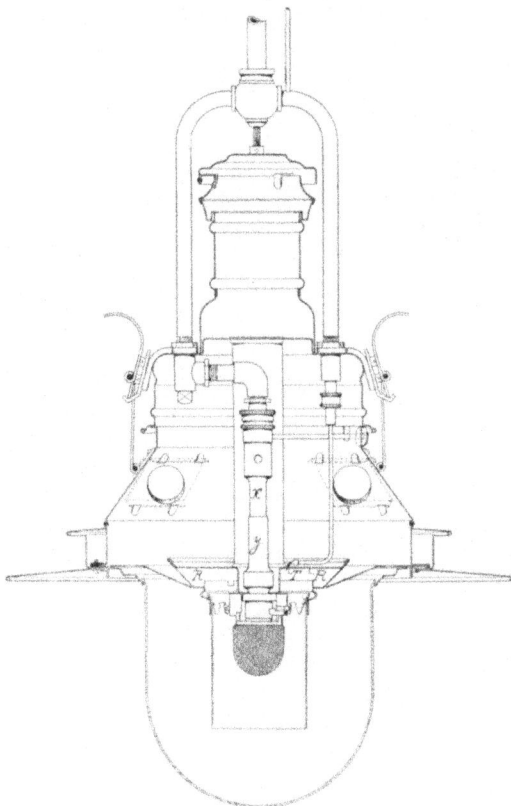

Fig. 294.

dem Boden *R*, welcher den Verbrennungsraum von der Luftkammer trennt (Fig. 294). An jener Stelle ist dieser Boden
unterhalb der kleinen Dauerflamme mit einem Loch *T* versehen, durch welches hindurch die Zündung erfolgt. Die
Saugwirkung des Schornsteines erstreckt sich auch auf die
Verbrennungsgase der kleinen Dauerflamme und sorgt somit

dafür, daſs dieselbe gnügend frische Luft bekommt und ihre
Abgase den Betrieb der in der Luftkammer befindlichen
Brenner nicht beeinträchtigen.

　　Durch diese Anordnung des Zündbrenners wird erreicht,
daſs eine sichere Zündung erfolgt, daſs die kleine Flamme,

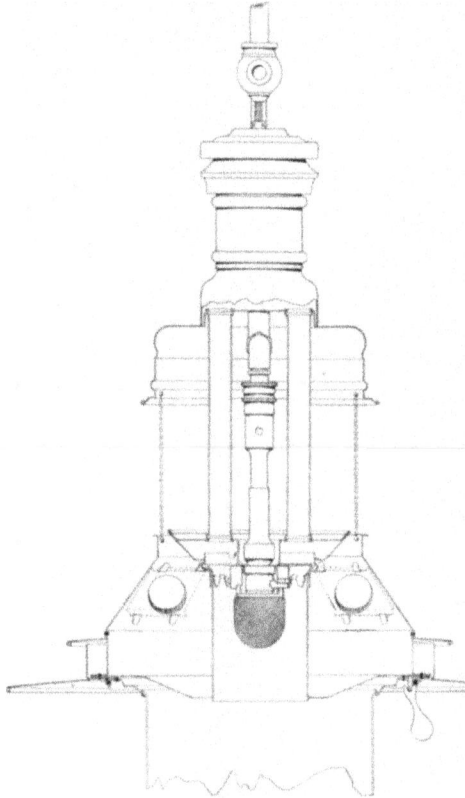

Fig. 295.

weil sie immer von frischer Luft gespeist wird, nicht ver-
ruſsen kann und daſs das Zuführungsrohr für die kleine
Dauerflamme vor Überhitzung geschützt wird. Es hat sich
nämlich gezeigt, daſs infolge der Lagerung des Zündflammen-
rohres im Bereich der aufsteigenden Verbrennungsgase leicht

eine Zersetzung des Leuchtgases unter Kohlenstoff-Abscheidung stattfindet, welche zu einer Verstopfung des Zündflammen-rohres führt.

Bemerkenswert ist, daſs sowohl die Auſsenlampen von Ehrich und Grätz als auch diejenigen der Auergesellschaft bereits versuchsweise und offenbar mit günstigem Erfolg in Berlin zur Beleuchtung des verkehrsreichsten Teiles der Invaliden-straſse eingeführt wor-den sind. Fig. 296 ver-anschaulicht die ge-wählte (3,45 m über der Straſsenfläche) Aufhäng-ung der Auerlampen an den Kandelabern, wäh-rend Fig. 297 eine be-liebte Ausführung eines Kandelabers darstellt, an dem drei Invertlam-pen und eine Laterne mit stehenden Brennern kombiniert sind.

Eine sehr gefällige Form haben die vom Kölner Eisenwerke in Brühl bei Köln a. Rh.

Fig. 296.

fabrizierten Rechschen Kandelaberlaternen mit eingebauten Invert-Gruppenbrennern (Fig. 298 und 299). Von einer auſser-halb des Abzugrohres für die Verbrennungsgase liegenden Düse strömt das Gasluftgemisch durch ein wagerechtes Mischrohr in einen als Druckausgleicher wirkenden Sammel- und Misch-raum, an den eine Anzahl von Brennerköpfen angeschlossen sind, deren jeder einen abwärts hängenden Glühkörper beheizt. Das Gas wird durch den einen Laternenbügel zugeführt und kann durch einen axial zum Düsenrohr angeordneten Hahn *a* abgesperrt werden, wobei die Regelung des Gaszuflusses zur Düse mittels eines die Weite der Durchfluſsöffnung des Hahnes

regelnden Spindel *b* erfolgt. Die Schutzglocke für die Glühkörper ist mit ihrem oberen Rand in einer Ausbauchung am
Aufsenrand des die Glockenöffnung abdeckenden Bodens *d* gelagert, durch welche die Sekundärluft einströmt. Der unten als

Fig. 297.

Reflektor ausgebildete Boden wird durch Streben am Laternendach befestigt. In der zentralen Abzugöffnung des Bodens
ist eine Windschutzkappe *c* geführt, welche beim Öffnen der
Laterne sich selbsttätig über die Glühkörper senkt, so dafs
die letzteren bei windigem und regnerischem Wetter nicht
beschädigt werden können. (Fig. 300). Das Senken der Kappe
wird dadurch ermöglicht, dafs sie mittels eines Tragbalkens *v*

an einem langen Hebelarm *u* aufgehängt ist, der am Dach-
rande *r* gelenkig gelagert ist. Der Hebelarm wird durch
einen kurzen Arm lose gestützt, der mit dem unteren Rand *s*
des Reflektors, in den die Glocke aufgehängt wird, starr verbunden ist; der letztere ist mit der Glocke herabklappbar am
Laternendache angeordnet. Beim Öffnen der Glocke muſs
sich der am Dachende befestigste Hebelarm mit der an ihm
hängenden Kappe über die Glühkörper senken, während beim

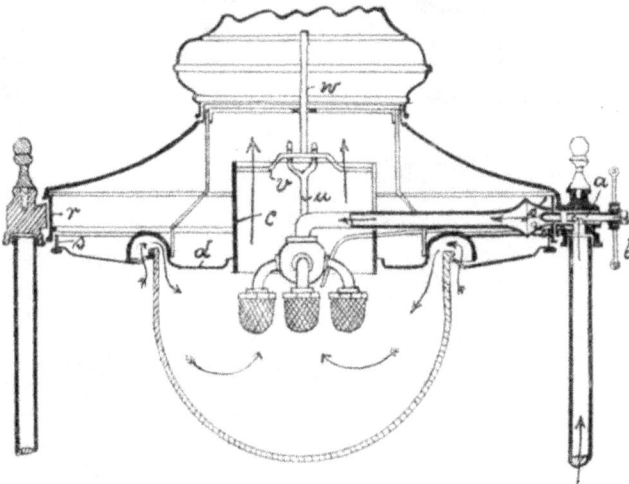

Fig. 298.

Schlieſsen der Glocke die Kappe dadurch angehoben wird,
daſs der mit dem Reflektorrand verbundene Arm den Hebel *u*
mitnimmt. Die Windschutzkappe wird beim Öffnen und Schlieſsen der Glocke mittels einer Stange *w* geführt, die in der zentralen Öffnung einer im Laternendach angebrachten Querstrebe
gleitet. In der herabgelassenen Stellung wird die Kappe durch
den Innenrand des Reflektors *d* abgestützt. Der Gasverbrauch
der Laterne wird bei einem Druck von 40—42 mm auf 70 l
pro Flamme und Stunde angegeben. Zur Zündung der Gruppen-
brenner genügt eine kleine Dauerflamme.

Anstatt mehrerer, an die Sammelkammer eines gemeinsamen Mischrohres angeschlossenen Brenner ist von Sydney

Francis in London die Gruppierung mehrerer Brenner mit
getrennten Mischrohren in der Bedachung einer gewöhnlichen
Laterne vorgeschlagen worden (Fig. 301); die Brenner, welche
mit ihren senkrecht ab-
wärts gerichteten Mund-
stücken *a* in den Abzug-
schornstein ragen, wer-
den an ein ringförmiges
Rohr *h* angeschlossen,
das mit der in der
Laterne hochgeführten
Gaszuleitung verbunden

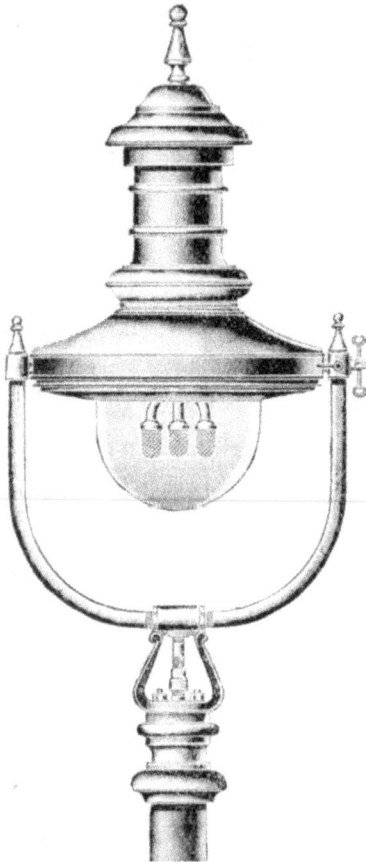

Fig. 299.   Fig. 300.

ist. Das kegelförmige Abzugrohr wird mittels Streben *12* am
Laternendach aufgehängt. Die Luft wird durch Öffnungen
des Gehäuses unterhalb des übergreifenden Daches angesaugt,
die erforderlichenfalls durch ein Schutzsieb abgedeckt werden.
Diese Ausführung erscheint weniger vorteilhaft, da die Licht-

wirkung nach unten durch das Gerippe des Laternengehäuses
beeinträchtigt werden dürfte.

Dasselbe gilt von der von Duffield in London vorge-
geschlagenen Lagerung des Brenners (Fig. 302) im Dach des
Laternengehäuses, obschon diese in anderer Hinsicht zweckmäfsig erscheint. Der Brenner ist in ein Schutzrohr *b* einge-

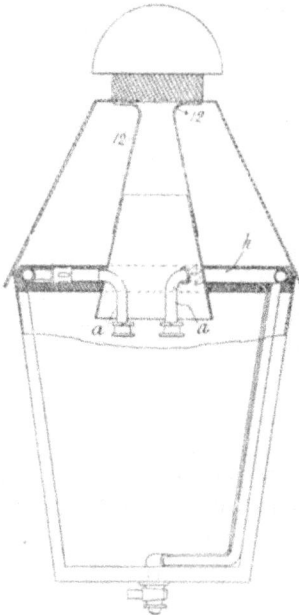

Fig. 301.

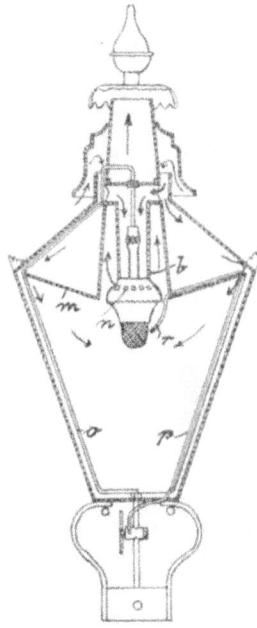

Fig. 302.

baut, das oberhalb der Abzugsöffnungen *n* an einer Erweiterung
des Rohres mittels einer Platte abgeschlossen wird. Die Saugkammer des Brenners steht durch das Abzugrohr durchsetzende Rohre, mit dem unten durch einen Reflektor *m*
abgedeckten Raum im Laternendach in Verbindung, dem
stets frische Luft aus einer über das Dach gestülpten Haube
zugeführt wird; ein Teil der angesaugten Luft strömt aus
jenem Raum über den oberen Reflektorrand in das Laternengehäuse und zum Glühkörper, der in die an das Schutzrohr

angeschlossene Haube eingehängt ist. Aus der letzteren
werden die unmittelbar aus dem Innenraum des Glühkörpers
aufsteigenden Verbrennungsgase durch die Öffnungen *n* abgesaugt. Die getrennt in den Streben des Laternengehäuses
hochgeführten Zündleitungen *o*
und *p* für den Brenner und die
Zündflamme *r* sind von einem
Hahn abgezweigt, mittels dessen
wechselweise der Zufluſs zum
Haupt- und Zündbrenner umgeschaltet werden kann.

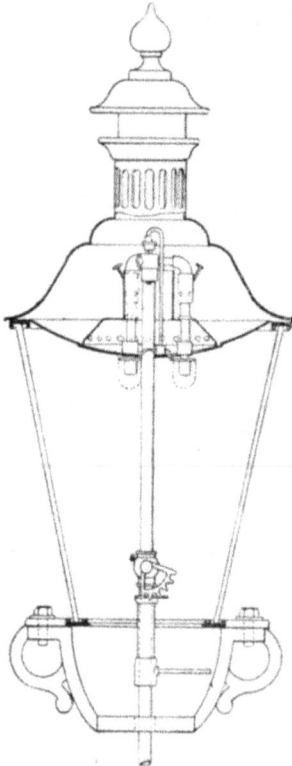

Der Einbau des Brenners in
das Laternendach hat offenbar
den Zweck, für die Straſsen-
beleuchtung hängendes Gasglühlicht zu verwenden, ohne jedoch
für diese Beleuchtung neue Laternen anschaffen zu müssen.
Diesen Zweck verfolgt auch die
Berlin-Anhalter Maschinenbau-
Aktiengesellschaft bei ihren neuerdings gebauten Laternen für Invertbrenner (Fig. 303). Die Steig-
leitung unter der Laterne wird
bis in die Haube der Laterne
verlängert und in diese Verlängerung ein Hahn eingeschaltet,
welcher mit Zahnradübersetzung
durch Drehung eines Hebels in
üblicher Weise angetrieben wird.

Fig. 303.

— Die Rohrleitung über dem
Hahn, welche im Innern der Laterne gerade in die Höhe
führt, ist aussen weiſs emailliert, um zweckmäſsig auch als
Reflektor zu wirken. Die Zündleitung für die Zündflamme ist
von dem Hahn abgezweigt, liegt im Innern der aufsteigenden
Rohrleitung und wird durch eine kleine Regulierschraube mit
Hahn eingestellt. Innerhalb des Daches der Laterne sind die
Brenner mit ihren Saugkammern um ein Gehäuse aus email-

liertem Eisenblech gelagert. Der untere Teil dieses Gehäuses
wirkt als Reflektor und ist weifs emailliert. Die frische Luft,
welche den Düsenrohren zugeführt werden mufs, tritt in bekannter Weise in die Laterne ein und gelangt in die Düsen-
rohre, ohne sich mit den aufsteigenden Verbrennungsgasen zu
mischen. Die letzteren sammeln sich in dem Gehäuse über

Fig. 304.   Fig. 305.

den Brennern und gelangen durch einen gemeinsamen Abzug
in den Aufbau des Laternendaches und durch diesen ins Freie.

Auf diese Weise wird eine vollständig einwandfreie, geruchlose Verbrennung des Gases erreicht. Der Gaszutritt zu
den einzelnen Brennern wird durch Regelungsdüsen geregelt.
Auf das Gehäuse, dessen unterer Teil als Reflektor wirkt,
setzt sich ein zweiter Reflektor, der ringförmig gebaut ist.
Dieser Reflektor ist entweder konkav oder konvex, und ist
zu diesem Zweck beiderseits weifs emailliert, so dafs er entweder konkav oder konvex verwendet werden kann.

Die Einrichtung läfst sich in jede Laterne einbauen und
kann auch in Verbindung mit dem Ferndruckzünder »Bamag«
verwendet werden. Sie ist besonders vorteilhaft, weil es dadurch mit billigen Mitteln möglich ist, das hängende Gasglühlicht für die Strafsenbeleuchtung zu verwenden. Die Einrichtung wird mit 2, 3 und 4 Flammen geliefert. Bei 3 und
mehr Flammen ist es wünschenswert,
die Laternen höher anzuordnen als
bisher; es werden hierzu zweckmäfsig
Verlängerungen der Kandelaber in bekannter Ausführung verwendet.

Anstatt der Lagerung der Brenner
im Laternendach verwenden G u e s t
& C h r i m e s in Rotherham (Engl.) ein
frei im Laternengehäuse stehendes
Mischrohr, an welches mehrere Brenner mit ihren abwärts gerichteten
Schenkeln angeschlossen sind (Fig. 304).
Die aufwärts gerichteten Schenkel der
Π-förmigen Brennerstutzen münden in
eine erweiterte, gemeinsame Mischkammer des Bunsenrohres. Die Zündleitung ist von dem aufserhalb der
Laterne in das Steigrohr eingeschalteten Hahngehäuse abgezweigt, durch
die erweiterte Kammer des Bunsenrohres geführt und mündet in einen
in die Kammerdecke eingesetzten senk-

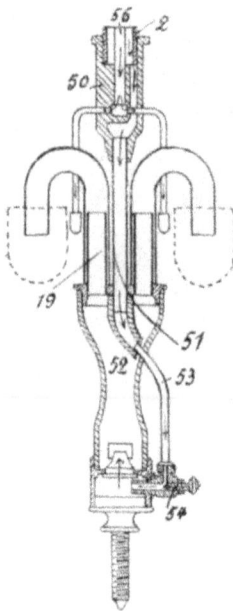

Fig. 306.

rechten Stutzen, an den die abwärts gebogenen Zündbrenner-
rohre angeschlossen sind. Entsprechend der Zahl der von der
gemeinsamen Kammer abgezweigten Brennerstutzen und Glühkörper wird für je zwei Glühkörper ein Zündbrenner benutzt.

Schwieriger gestaltet sich die Anwendung der an ein gemeinsames Bunsenrohr angeschlossenen, abwärts gebogenen
Brennerstutzen bei Aufsenlampen, bei denen das Gaszuleitungsrohr von oben in die Lampe geführt wird (Fig. 305). In
diesem Falle wird das Gasrohr 2 durch eine Muffe 50 (Fig. 306)
mit der Zuleitung 51 verbunden, welche durch die Decke der

erweiterten Kammer des Bunsenrohres geführt und durch ein
Kniestück *52* an die aufserhalb des Mischrohres *53* in das
Düsengehäuse mündende Zuleitung angeschlossen ist.   Mittels
eines Nadelventils *54* kann der Gaszuflufs zur Düse geregelt
werden.   Sowohl bei der Laterne als auch bei der Aufsenlampe sind die Brennerstutzen abhebbar über entsprechende,
in die Decke der Mischkammer eingesetzte Stutzen gestülpt.

Zehnter Abschnitt.
Gasglühlichtlampen mit Invertbrennern für Eisenbahnwagen.

———

Die Erkenntnis der Unzulänglichkeit der Ölgasbeleuchtung für Eisenbahnwagen veranlaßte bereits im Jahre 1894 die Firma Julius Pintsch in Berlin Gasglühlichtlampen zur Waggonbeleuchtung zu verwenden. Die Versuche, welche damals mit einigen Probelampen angestellt wurden, führten indessen zu keinem günstigen Ergebnis, hauptsächlich weil die Glühkörper zu jener Zeit nicht vollkommen und widerstandsfähig waren, so daß bald danach die Einführung der Mischgasbeleuchtung insofern als erheblicher Fortschritt bezeichnet werden konnte, als die Mischgasflamme bei einem stündlichen Verbrauch von 25 l etwa 12 HK lieferte, gegenüber einer Intensität der Ölgasflamme von 7 bis 8 HK bei gleichem Verbrauch. Die Einführung der Mischgasbeleuchtung verursachte indessen, abgesehen von der leichteren Verunreinigung der Brenner, beträchtlich höhere Kosten, ein Umstand, der neben den Bestrebungen zur Einführung der elektrischen Zugbeleuchtung zu neuen Versuchen mit Gasglühlichtlampen für Eisenbahnwagen anspornte. Die Versuche erstreckten sich insbesondere auf die Konstruktion einer elastischen Glühkörperaufhängung, durch welche die Übertragung der Wagenstöße während der Fahrt auf die Glühkörper verhindert werden sollte. Nach Überwindung großer Schwierigkeiten gelang es zuerst der französischen Ostbahn-Gesellschaft in Paris festzustellen, daß die elastische Brenner-

oder Glühkörperaufhängung die entgegengesetzten Folgen hat, und die Haltbarkeit des Glühkörpers umsomehr erhöht wird, je fester der letztere mit dem Träger verbunden ist. Erst nach diesem Ergebnis wurden probeweise einige Wagenlampen mit aufrecht stehenden Gasglühlichtbrennern in Betrieb genommen. Die erzielten Erfolge lassen sich am besten daraus ersehen, daſs heute die Ostbahn-Gesellschaft etwa 1000 Wagen mit Gasglühlichtlampen in Betrieb hat. Zu derselben Zeit als die Ostbahn-Gesellschaft ihre Versuche aufnahm, entschloſs sich die französische Westbahn-Gesellschaft in Paris zur probeweisen Einführung von Lampen mit hängenden Gasglühlichtbrennern zur Wagenbeleuchtung auf einigen Pariser Vorortstrecken. Die ersten Versuche wurden mit freibrennenden Lampen ausgeführt, die von Farkas in Paris konstruiert waren (Fig. 307), und bei denen das Bunsenrohr *C* aus Porzellan oder Asbest nach dem Berntschen Prinzip als Ableitungskegel für die aufsteigenden Verbrennungsgase ausgebildet ist. Der Mischraum des Brenners ist vollkommen isoliert, indem die Düse aus die Wärme schlecht leitendem Material hergestellt oder durch Zwischenlagen aus Asbest von den übrigen Brennerteilen getrennt wird. Die Brenner hatten bei Verwendung von Fettgas eine Leuchtkraft von 20 HK bei einem Gasverbrauch von etwa 15 l und einem Druck von 110 mm. Man sah bald ein, daſs bei Benutzung eines freibrennenden Glühkörpers zu groſse Wärmeverluste entstehen und Zuckungen der Flamme bei vorhandener Zugluft nicht zu verhindern waren. Deshalb entschloſs man sich zu der Anordnung der Brenner in den vorhandenen Laternengehäusen, die durch einen zweckmäſsigen Umbau der letzteren ermöglicht wurde und wegen der Zuführung der Mischluft zum Brenner und der sekundären Verbrennungsluft zum

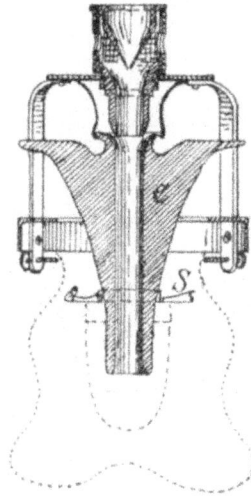

Fig. 307.

Glühkörper getrennt von den abziehenden Verbrennungsgasen
erforderlich erschien. Als Gaszuleitungsrohr wurde ein gewöhn-
liches Kniestück benutzt (Fig. 308). Für die Zuführung der
Mischluft zum Brenner und der äußeren Verbrennungsluft
zum Glühkörper sind zwei getrennte Wege vorgeschrieben.

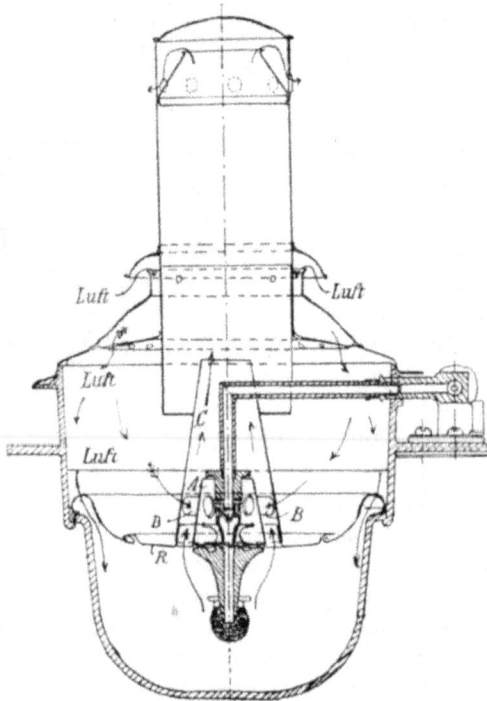

Fig. 308.

Der Mischraum des Bunsenbrenners ist von einer konischen,
durch Asbest isolierten Kupferhülse A umschlossen, welche
mit dem ebenfalls konischen Schornstein C durch drei Rohre B
verbunden ist, die die Mischluft dem Brenner zuführen.
Durch diese Ausführung wird erreicht, daß die Mischluft in
den Zuführungsrohren B durch die zwischen der Hülse A
und dem Schornstein C aufsteigenden Verbrennungsgase vorgewärmt wird. Diese werden also mittels des kegelförmigen

Schornsteins abgesaugt, den die Luftzuflufsrohre zur Saugkammer des Brenners durchsetzen. Das Durchschlagen der
Flamme wird durch ein in das Mischrohr eingesetztes weitmaschiges Sieb verhin-
dert. Der Reflektor setzt
sich aus zwei Teilen
zusammen, von denen
der innere *R* mit dem
Schornstein verbunden
ist, während der äufsere
mit Löchern versehen
ist, welche den Zuflufs
der äufseren Verbren-
nungsluft in die Lam-
penglocke   gestatten.
Die Farkaslampen wer-
den neuerdings so aus-
geführt, dafs der äufsere
Mantel der die Misch-
kammer des Brenners
umschliefsenden Dop-
pelmanschette zylin-
drische Form hat (Fig.
309 und 310) und sich
unmittelbar an den Zug-
schornstein anschliefst,
wobei der gelochte
Boden der Doppelman-
schette die zentrale
Fortsetzung des geloch-
ten Reflektors *q* bildet.
Die Doppelmanschette
f g legt sich mit der
konischen Innenfläche
dicht   an   den   Prall-

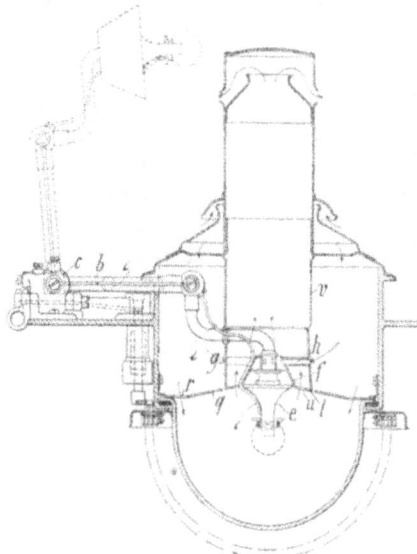

Fig. 309.

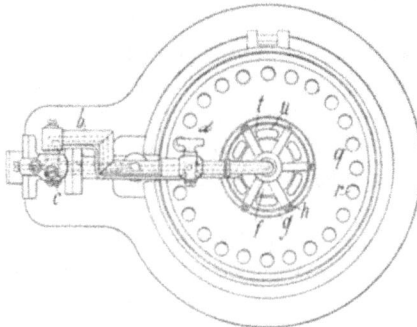

Fig. 310.

kegel *e*, während die Aufsenfläche den dichten Abschlufs an das
Zugrohr *v* vermittelt. Nach unten erhält die Doppelmanschette
einen Abschlufs durch den mit Öffnungen *u* versehenen Boden *t*,

15*

durch den die Verbrennungsgase abgesaugt werden; zur Zuführung und Vorwärmung der Mischluft dienen in üblicher
Weise die Rohre *h*, welche die Wände der Manschette durchsetzen. Der Brenner mit der Doppelmanschette ist um ein
Gelenk *c* drehbar und kann nach Abnahme oder Umklappen
des Laternendaches mit dem Zugrohr zwecks Reinigung o. dgl.
nach oben ausgeschwungen werden. Das Kleinstellen der
Flamme kann nun bei den Invertgasglühlichtbrennern nicht
in gleicher Weise wie bei den gewöhnlichen Flachbrennern
geschehen, ohne die Brauchbarkeit des Glühkörpers zu beeinträchtigen. Aus diesem Grunde ist es
notwendig, dafs der Gaszuflufs zum Brenner gänzlich abgeschlossen und eine Dauerzündflamme angewandt wird. Das in Höhe
des Brennerkopfes mündende Zuleitungsrohr *i* für die Dauerflamme ist getrennt
von der Hauptleitung an das Gehäuse des
Gelenkes *c* angeschlossen und wird vorteilhaft auch durch das Gehäuse des in die
Zuleitung *b* eingeschalteten Absperrhahns *d*
geführt. Die Absperrung der Gaszufuhr

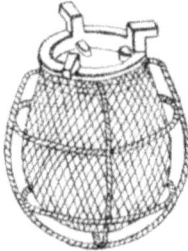

Fig. 311.

beim Schliefsen der Lampenschirme kann wie bei den bekannten Waggonlampen durch ein zwangläufig beim Öffnen
und Schliefsen des Schirmes umgeschaltetes Ventil bewirkt
werden; dies mufs jedoch so ausgeführt werden, dafs der
Gaszuflufs vollständig, anstatt wie bei den bekannten Lampen
teilweise, abgesperrt wird. Das Zünden der Flamme wird
auch hierbei durch die Dauerzündflamme erfolgen. Um eine
ausreichende Beleuchtung der Wagenabteile auch dann zu
ermöglichen, wenn der Glühkörper zerbrochen ist, wird um
diesen ein am Tragring befestigter Korb gelegt (Fig. 311), der
aus Nickeldraht oder aus Asbest hergestellt werden kann und
die Lichtausstrahlung des Glühkörpers wenig beeinträchtigt.
In dem Korb werden die Bruchstücke des Glühkörpers aufgefangen und durch die Bunsenflamme zum Glühen gebracht.

Die ersten Farkaslampen sind in den Zügen der Linie
Paris—Auteuil angewandt worden; insbesondere sind zurzeit die Wagen zahlreicher Pariser Vorortzüge mit den Lampen

ausgerüstet. Die letzteren haben sich angeblich gut bewährt
und liefern senkrecht nach unten eine Lichtstärke von 28 bis
30 HK bei einem Verbrauch von 15 l Fettgas unter einem
Druck von 120 mm.

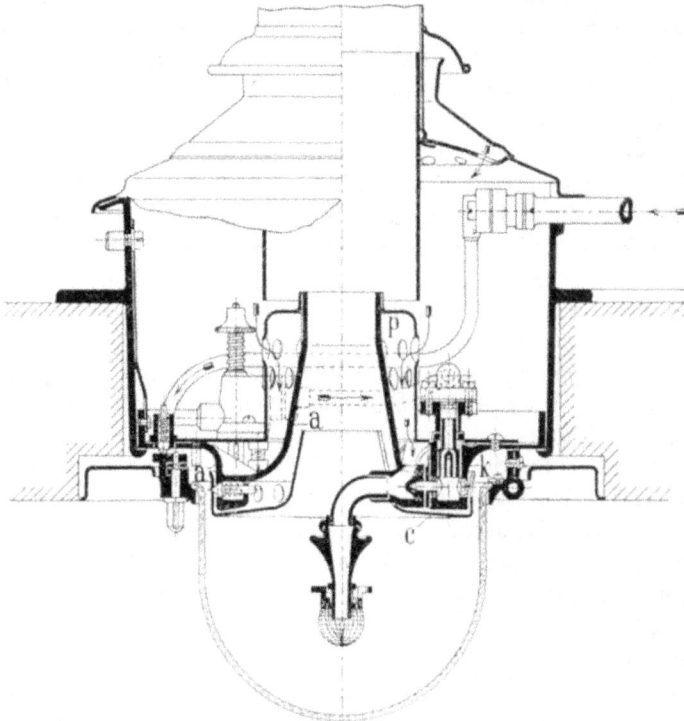

Fig. 312.

Mit den Farkaslampen sind die von der Westbahn-Gesellschaft eingeführten Invertlampen der internationalen Ölgas-
Beleuchtungsgesellschaft (System D e l a m a rre) in Wettbewerb
getreten, mit denen insbesondere die Wagen der Fernzüge
ausgerüstet werden. Die Lampen werden vom Wageninnern
aus bedient und die Brenner bei heruntergeklappter Glocke
in das Gehäuse eingesetzt. Um Ersparnisse zu erzielen, wurde
zur Bedingung gemacht, daſs die vorhandenen Lampen für

Schnittbrenner und aufrechtstehende Gasglühlichtbrenner
zwecks Verwendung der Invertgasglühlichtbeleuchtung passend
umgebaut würden. Dies wurde dadurch ermöglicht, daß der
bei den älteren Lampen in das Gehäuse eingebaute, mit dem
konischen Abzugstutzen für die Verbrennungsgase aus einem
Stück bestehende Gußkörper (Fig. 312) mit den an ihm
befestigten Verbindungsteilen herausgenommen und durch
einen andern ersetzt wurde, der sich zum Einsetzen eines
Invertbrenners eignet. Während bei den älteren Gußkörpern
das Verbindungsrohr mit dem Brenner in den Boden der
Hülse *k* des Gußkörpers *a* eingesetzt wird, ist die letztere
nunmehr mit einer Öffnung in der Seitenwandung versehen,
in welche unmittelbar die Düse des Invertbrenners eingeschraubt wird. Die übrigen älteren Verbindungsteile sind
im Wesentlichen beibehalten worden. Der Invertbrenner
selbst besteht auch hier aus einem als Ablenkungskegel für
die Verbrennungsgase ausgebildeten Mischrohr aus Porzellan,
welches durch ein Knierohr an die Saugkammer angeschlossen
ist; die letztere, deren Luftzuflußöffnungen außerhalb des
Abzugrohres für die Verbrennungsgase im Bereich der durch
die Haube *p* angesaugten Luft gelagert sind, wird gegen die
unmittelbare Beheizung durch die Abgase mittels des am
Gußkörper befestigten Reflektors *c* geschützt, durch dessen
Wandung der seitliche Stutzen der Saugkammer geführt ist.

Bei den für Neuanlagen bestimmten Lampen ist möglichst
für eine feste Lagerung der Lampenteile, insbesondere des
Abzugrohres und des Gehäuses Sorge getragen (Fig. 313).
Die Saugkammer des Brenners ist freier oberhalb des Reflektors und des konischen Gußkörpers gelagert, dessen oberer
Teil unmittelbar an das zentrale, von einem zweiten Rohr
umschlossene Abzugrohr angeschlossen ist; durch den Raum
zwischen beiden Rohren ist die Gaszuleitung geführt und
wird die Luft sowohl zur Mischkammer des Brenners als
auch in die Lampenglocke angesaugt. In die Hülse *k* zum
Verbinden der Gaszuleitung mit der Düse ist ein Schmutzfänger eingesetzt; der Düsenbohrung gegenüber ist in der
Seitenwandung der Hülse eine mittels einer Schraube *d* ver-
schließbare Öffnung vorgesehen; nach erfolgtem Herunter-

klappen der Glocke kann die Schraube entfernt und die Brennerdüse mittels einer Nadel gereinigt werden.

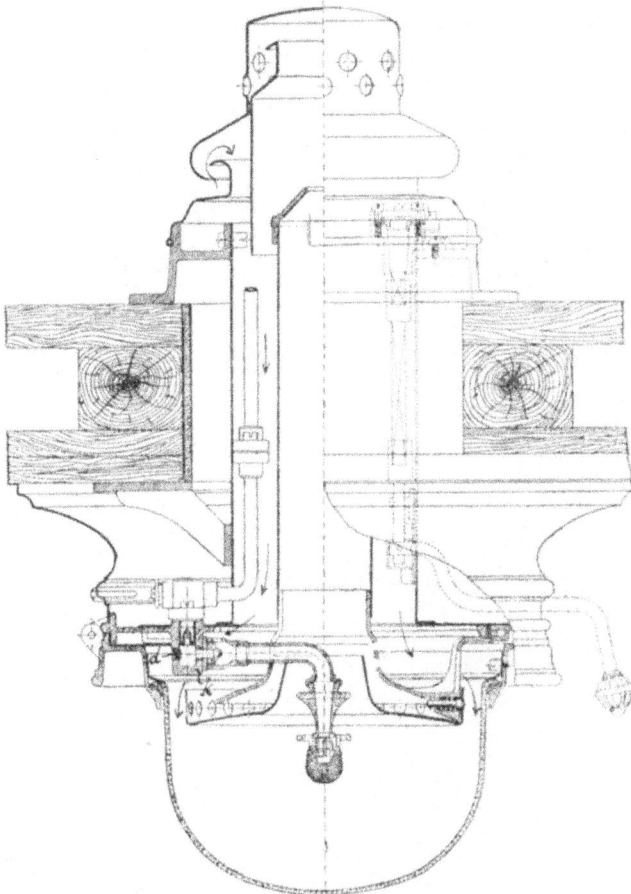

Fig. 313.

Die Lichtstärke der Lampen senkrecht nach unten wird auf etwa 32 HK bei einem stündlichen Gasverbrauch von 16 l, die Lebensdauer der Strümpfe im Vorortverkehr auf 35 Tage, im Fernverkehr auf 40 bis 45 Tage angegeben. Ungefähr

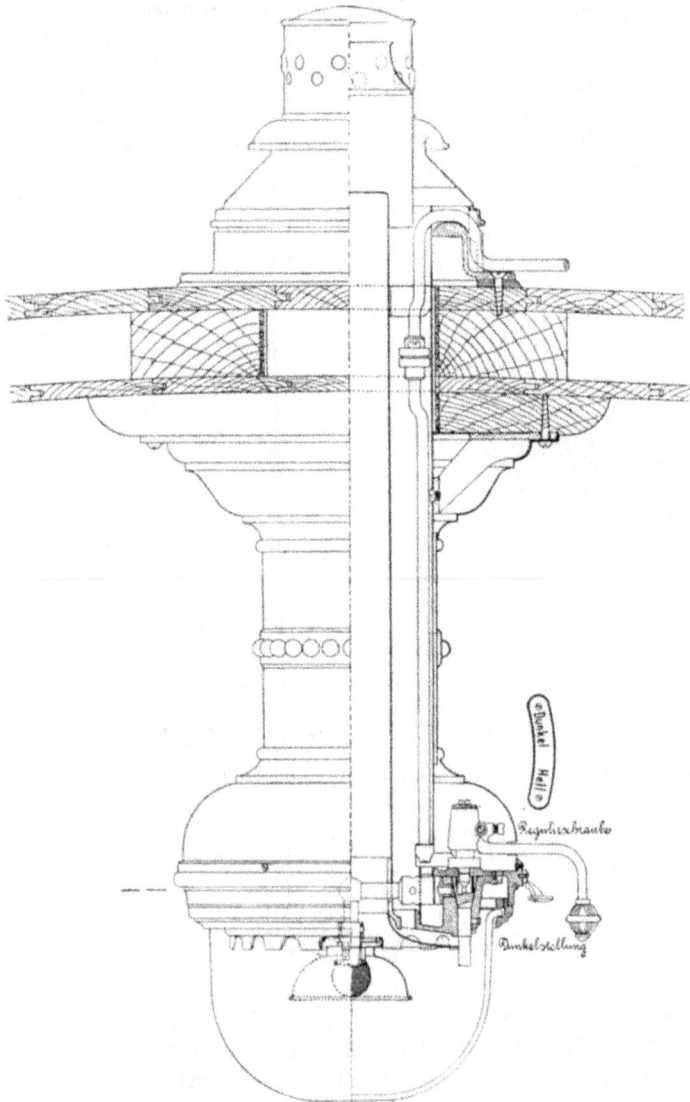

Fig. 314.

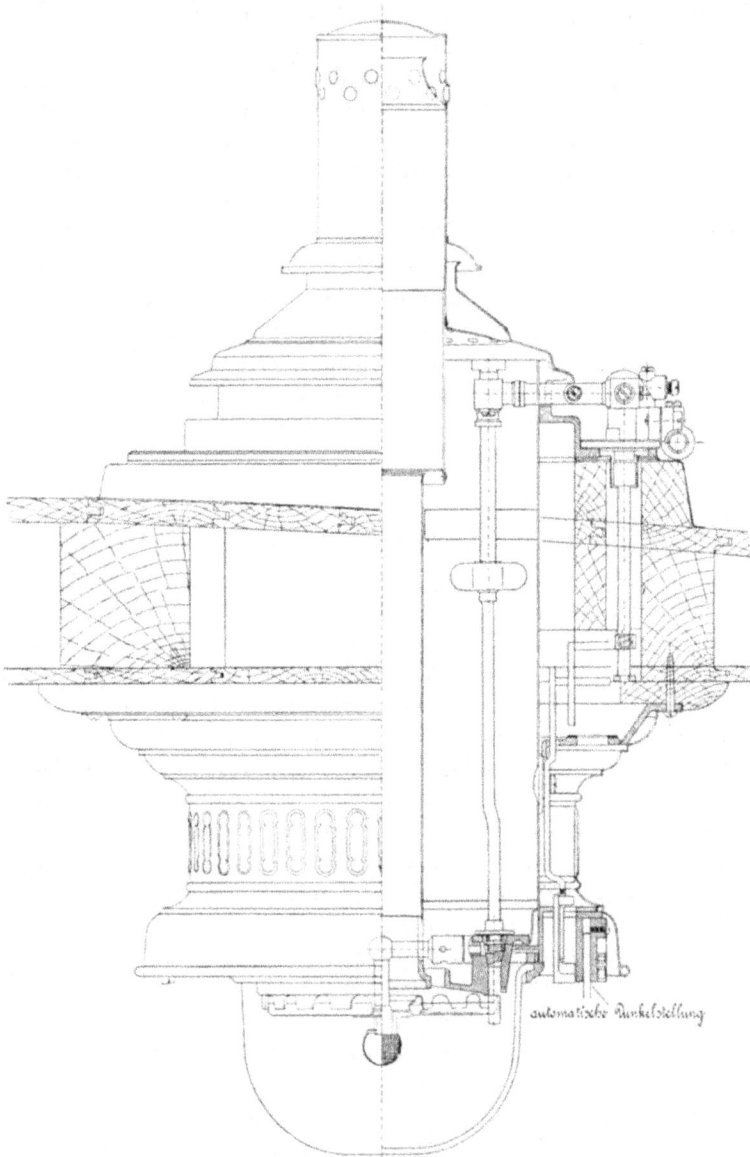

automatische Dunkelstellung

Fig. 315.

1300 Wagen der französischen Westbahn - Gesellschaft sind
bereits mit Invertlampen ausgerüstet worden.

Fast gleichzeitig mit der Aufnahme der Invertbeleuchtung
durch die französischen Bahnen gelang es der Firma Julius
Pintsch in Berlin in Deutschland und Österreich die Eisen-
bahnverwaltungen für diese Beleuchtungsart zu interessieren.
Die ersten von Pintsch gebauten Wagenlampen (Fig. 314)
haben mit den zuletzt erwähnten französischen Lampen bezüglich Anordnung des Brenners Ähnlichkeit, indem das Bunsenrohr knieförmig gestaltet und die Saugkammer gegen die Abgase mittels des Reflektors abgeschirmt ist, durch den der
wagerechte Mischrohrstutzen geführt wird. Das durch den
Raum zwischen dem Abzugrohr und dem Gehäuse geführte
Gaszuleitungsrohr ist geteilt, und beide Teile sind mittels
einer Flügelmutter verbunden, um im Bedarfsfalle die Lampe
herausnehmen zu können und durch eine Öllampe zu er-
setzen. Dies geschieht dadurch, dafs die Flügelmutter gelöst,
der obere Teil des Gasarmes zurückgeschlagen und dann die
Brennereinrichtung entfernt wird. Zum Absperren der Gaszufuhr zum Brenner dient ein zum Dunkelstellen eingerichteter
Hahn. Das letztere kann auch automatisch in üblicher Weise
bewirkt werden (Fig. 315). Das Dunkelstellen infolge der
Verringerung der Gaszufuhr erwies sich indessen für die
Lebensdauer der Glühkörper als nachteilig, da infolge der
Gasdrosselung eine rufsende Flamme erzeugt wird, abgesehen
davon, dafs die Flamme sehr häufig durchschlägt. Aus diesem
Grunde mufste auf das Dunkelstellen der Lampe zunächst
verzichtet werden, indem ein Hahn in die Zuleitung zum
Brenner eingeschaltet wurde, der in den Endstellungen die
Gaszufuhr vollkommen freigibt oder absperrt. Die Lampen
werden zweckmäfsig so eingerichtet, dafs bei Aufserbetrieb-
setzung des Glühlichtbrenners ein Notbrenner eingeschaltet
werden kann. Zu diesem Zweck ist vom Gaszuleitungsrohr 4
des Bunsenbrenners 2 (Fig. 316 und 317) ein Rohr 5, nach
einem in der Lampenfassung gelegenen Gehäuse 6 abgezweigt,
in welchem das Ende eines Rohres 8 um eine radial zur
Achse der Lampe liegende Achse drehbar ist; dieses Rohr
ist nach einem Kreisbogen von demselben Halbmesser ge-

krümmt wie der untere Rand der Lampeneinfassung *1*, so
dafs es, wenn es bei Nichtbenutzung des Notbrenners hoch-

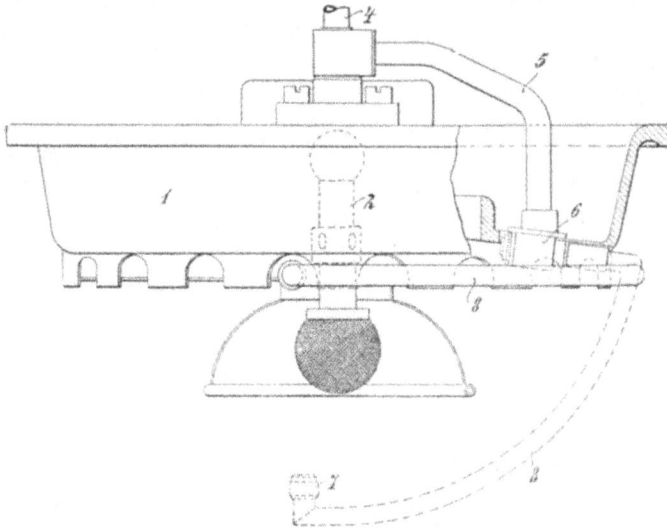

Fig. 316.

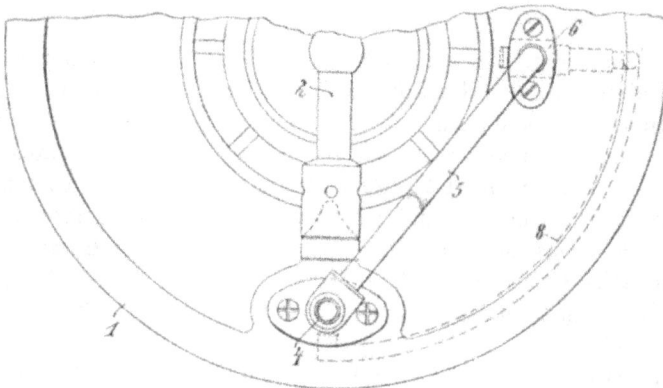

Fig. 317.

geklappt ist, sich dicht an den unteren Rand der Lampenfassung anlegt und daher die Lampe nicht verunstaltet. Das

andere Ende des Rohres 8 trägt den als gewöhnlichen Schnittbrenner mit oder ohne Absperrung ausgeführten Notbrenner 7.

Wenn die Gasglühlichtlampe versagt, so wird einfach das
Rohr 8 in die in Fig. 316 in punktierten Linien angedeutete
Lage niedergeklappt, durch den gebräuchlichen, in der Zeichnung nicht dargestellten Hahn wird der Gaszutritt zum Bunsenbrenner abgesperrt und ein solcher zum Rohr 8 geöffnet,
und es kann sofort der Notbrenner angezündet werden, so
daſs der Ersatz des Glühlichts durch die Notflammen mit
gröſster Raschheit und Einfachheit bewerkstelligt werden kann.

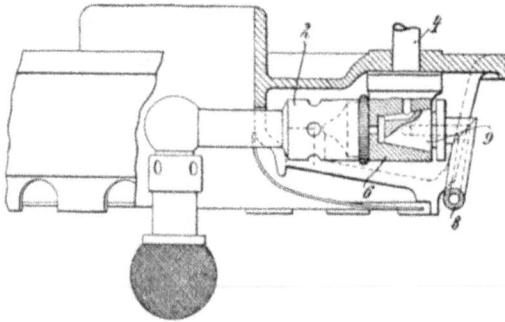

Fig. 318.

Nach Fig. 318 und 319 ist die Einrichtung dahin abgeändert, daſs das Gaszuführungsrohr 4 in das Hahngehäuse 6
mündet, an das der Bunsenbrenner 2 unmittelbar angeschlossen
ist, und das in diesem Gehäuse drehbare Ende des Rohres 8
zu einem Hahnwirbel 9 ausgebildet ist, der bei hochgeklapp-
tem Rohr 8 die Verbindung zwischen dem Bunsenbrenner
und dem Gaszuleitungsrohr 4 freigibt, dagegen den Gaszutritt
zum Rohr 8 und dem Notbrenner absperrt (Fig. 318), während
bei niedergeklapptem Rohr 8 der Hahn 9 den Gaszutritt zum
Bunsenbrenner absperrt, dagegen jenen zum Rohr 8 freigibt
(Fig. 319).   Es wird also durch Niederklappen des Rohres 8
selbst die nötige Umschaltung der Verbindungen herbeigeführt,
ohne daſs man erst besondere Hähne von Hand aus um-
stellen müſste.   Ist kein Gas vorhanden, so kann auf dem
heruntergeklappten Notbrennerschwenkarm eine entsprechend

geformte Notöllampe aufgesetzt werden, so daſs also dieWaggon-
lampe für drei verschiedene Beleuchtungsarten — Glühlicht,
Schnittbrenner und Öl — verwendet werden kann.

Ungefähr 700 Lampen dieser Art sind bis heute bereits
auf österrreichischen Bahnen im Betrieb. Während der Nacht
müssen diese Lampen beim Abblenden voll brennen, so daſs
kein Gas gespart werden kann. Bei den neuesten Lampenkonstruktionen von Pintsch wird dieser Nachteil durch Anwendung einer Dauerzündflamme beseitigt; unabhängig von
dieser wird die Gaszufuhr zum
Brenner abgesperrt oder freigegeben. In der Laternenkappe werden zwei konzentrische Rohre a b
(Fig. 320 und 321), von denen das
eine zur Ableitung der Verbrennungsprodukte dient, während zwischen beiden die nötige Luft dem
Brenner und Glühkörper zugeführt
wird. Die Zuführung der Frischluft und der Abzug der Verbren-

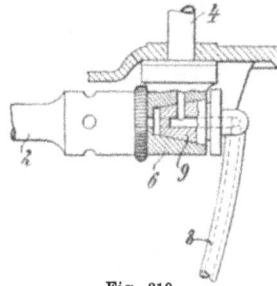

Fig. 319.

nungsgase geschieht in den Pfeilrichtungen, so daſs das
Eintreten von Gasen in das Abteil bei beschädigter Glocke
vollkommen ausgeschlossen ist. Das Gas wird durch zwei
getrennte Leitungen c d zugeführt, von denen die eine die
Hauptflamme, die andere die Zündflamme speist. An der
äuſseren Stirnwand, oder bei D-Zugwagen im Innern desselben,
ist die Umschaltvorrichtung für einen kombinierten Haupt-
und Kleinstellhahn e e[1] vorgesehen (Fig. 322). Von diesem
Hahnsystem führen zwei Leitungen zu den Lampen, und
zwar die eine zum Glühlichtbrenner, die andere zum Zündbrenner. Der mit dem Schiebergestänge gekuppelte Kleinstellhahn ist so ausgeführt, daſs unabhängig von der Zündleitung die Hauptleitung je nach Bedarf geöffnet oder geschlossen werden kann, also einmal nur Gas zu den Zünd-
flammen h strömen kann, während im andern Falle beide
Leitungen geöffnet sind. Der mit dem Kleinsteller kombinierte
Haupthahn dient zum völligen Absperren beider Leitungen. An
die erwähnten Leitungen sind die zu den Zünd- und Haupt-

brennern führenden Rohre c und d angeschlossen, welche in die im Lampenkörper angeordneten Hähne KK^1 münden. Mittels des Abstellhahnes K^1 kann sowohl die Zündflamme als auch die Hauptflamme unabhängig von dem erwähnten

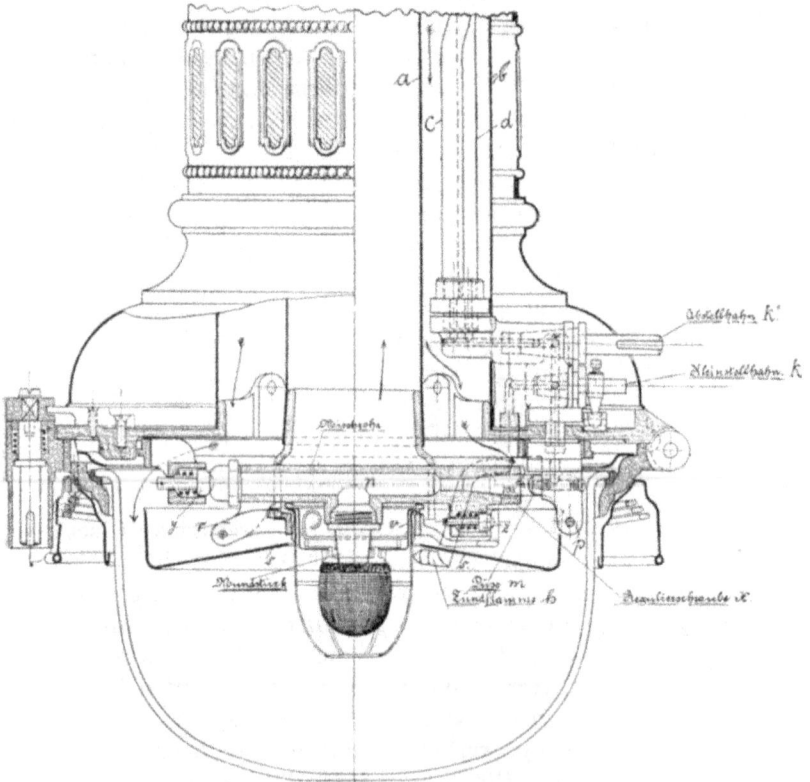

Fig. 320.

Haupt- und Kleinstellhahn $e\,e^1$ abgesperrt werden. Um den Reisenden Gelegenheit zu geben, die Hauptflamme in den einzelnen Abteilen auszuschalten und an deren Stelle nur die Zündflamme brennen zu lassen, ist der Wechselhahn k durch ein Hebelgetriebe (Fig. 321 und 323) mit einem Handgriff l verbunden; in der einen Endstellung des letzteren ist die

Gaszufuhr zur Haupt- und Zündflamme freigegeben, in der anderen nur die Zündflammenleitung geöffnet. Bei der Stellung des Handgriffes auf »hell« strömt das Gas aus der an die Hauptleitung angeschlossenen Düse m in das Mischrohr n zum

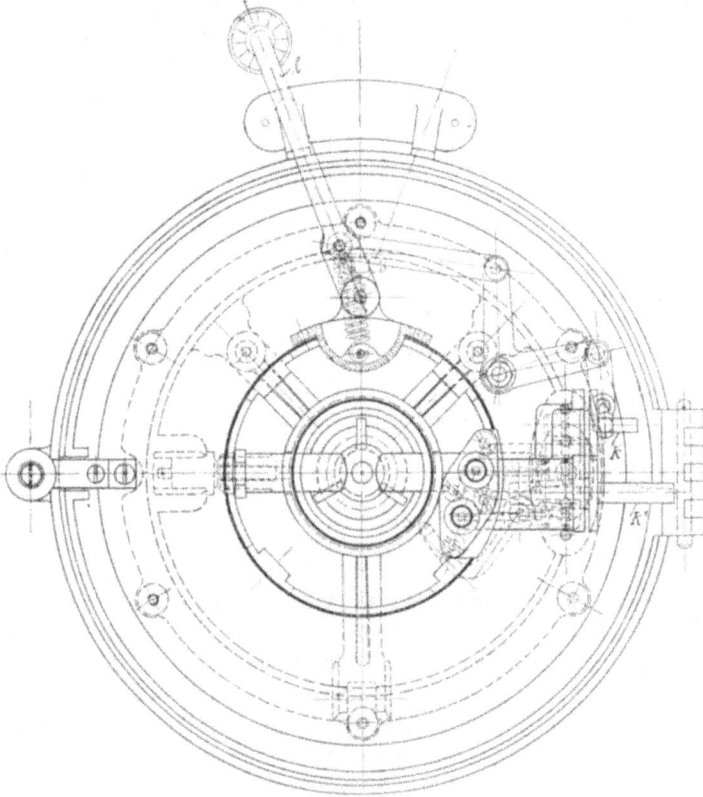

Fig. 321.

Brennermundstück aus feuerfestem Material und wird durch die Dauerzündflamme entzündet; diese hat einen Gasverbrauch von etwa 4 l pro Stunde. Wird hingegen der Handgriff l auf »dunkel« oder Kleinstellhahn e^1 auf »Zündleitung offen« gestellt, so erlischt die Hauptflamme, während die Zündflamme weiter brennt. Zur Regelung des Gaszuflusses zur Zündflamme h

dient ein Schraubenventil *x*. In das wagerecht über dem
Reflektor *s* gelagerte Mischrohr ist in der Mitte das Brennermundstück eingesetzt. Um die Düse oder das Mischrohr
nach Bedarf auswechseln und reinigen zu können, ist das
Bunsenrohr um ein Scharnier *p* nach unten abschwenkbar
gelagert. In der Gebrauchsstellung wird das Mischrohr
mittels eines Schneppers *y* gehalten, der in einem die seitliche Öffnung des Rohres verschließenden Stöpsel eingreift;
in gleicher Weise ist der zur Aufnahme des Glühkörper-
halters *v* dienende Tragring entgegengesetzt zur Bewegung des
Mischrohres um den Zapfen *r* am Mischrohr abschwenkbar

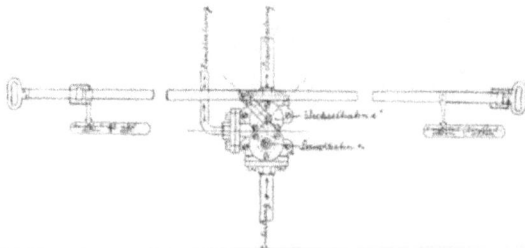

Fig. 322.

und in der Gebrauchslage durch den Schnepper *z* feststellbar
angeordnet. Auf diese Weise wird eine genaue Zentrierung
des Brenners mit dem Glühkörper gewährleistet. Die Brennereinrichtung wird außerdem vollkommen durch den Reflektor
verdeckt; dieser ist unabhängig vom Brenner und Glühkörper
um ein Gelenk herabklappbar in der Lampe gelagert
(Fig. 323), so daß er selbst bei eingesetztem Glühkörper
leicht geputzt werden kann, wenn die Glocke in üblicher
Weise geöffnet worden ist. Der Glühkörper ist mit seinen
Magnesiafüßchen in einem Ring *v* befestigt, der von oben
in den herabklappbar am Mischrohr befestigten Träger
eingesetzt wird; dabei ist der Glühkörper in einem mit dem
Ring verbundenen Schutzkorb eingebettet. Der Glühkörper
wird in den Schutzkorb eingesetzt geliefert, so daß das Be-
dienungspersonal bei einiger Vorsicht gar nicht in die Lage
kommt, beim Einsetzen eines neuen Glühkörpers und beim

Reinigen der Glocke oder des Reflektors den Strumpf zu beschädigen. Aufserdem bietet der Schutzkorb den Vorzug, dafs ein etwa während der Fahrt herabgefallener Glühkörper im Korb aufgefangen wird und noch hier durch die Heiz-flamme zum Erglühen gebracht wird und das Abteil ge-nügend beleuchtet.

Die neuen Pintschlampen sind bereits in den Wagen zahlreicher Züge der Berliner Stadtbahn im Betrieb; die in den Abteilen III. Klasse verwendeten Lampen haben eine Leucht-

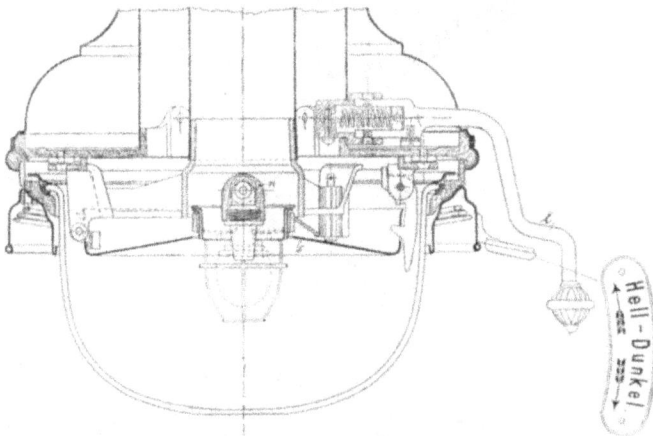

Fig. 323.

kraft von 30 HK bei einem stündlichen Gasverbrauch von 15 l, die Lampen in den Abteilen II. Klasse (vergl. Fig. 324) eine Leuchtkraft von 60 HK bei einem Verbrauch von 24 l. Die probeweise Einführung der Lampen in einigen Fernzügen ist gesichert. Für Speisewagen sind u. a. bereits Lampen gebaut worden, die infolge gröfserer Abmessung der Brenner und Glühkörper eine Lichtstärke von etwa 90 HK liefern. Die Zeitdauer eines Glühkörpers für hängendes Gasglühlicht im Eisenbahnbetriebe wird bei Verwendung von Ölgas unter einem Druck von 150 mm auf etwa 200 Brennstunden angegeben.

Aufser der Firma Julius Pintsch ist zurzeit nur noch die Kramerlicht-Gesellschaft in Charlottenburg mit der Her-

stellung von Invertlampen für Wagenbeleuchtung beschäftigt
(Fig. 325 und 326). Der zur Beheizung des Glühkörpers
dienende Brenner besteht aus einem wagerecht gelagerten
Mischrohr, dessen vorderer, knieförmig nach unten abge-

Fig. 324.

bogener Fortsatz zum Einsetzen des Brennermundstückes dient
und zentrisch unterhalb des mittleren Abzugrohres an dem
Gufskörper befestigt wird. Das letztere hat einen nach oben
allmählich verjüngten Querschnitt und ist kürzer bemessen
als der ihn umschliefsende Schornstein; die Zuleitungen für

die Haupt- und Zündflamme sind ebenfalls durch den Raum zwischen beiden Rohren zu den Brennern geführt. Oberhalb des Glühkörpers ist das Gufsstück zu einer in den mittleren Schornstein ragenden Haube *A* mit Durchtrittsöffnungen in der Seitenwandung ausgebildet; diese Haube soll verhindern, dafs die etwa durch den zentralen Schornstein eindringende Flugasche auf den Glühkörper fällt und diesen beschädigt. Der letztere ist mit seinem Tragring *B* und den ihn um-

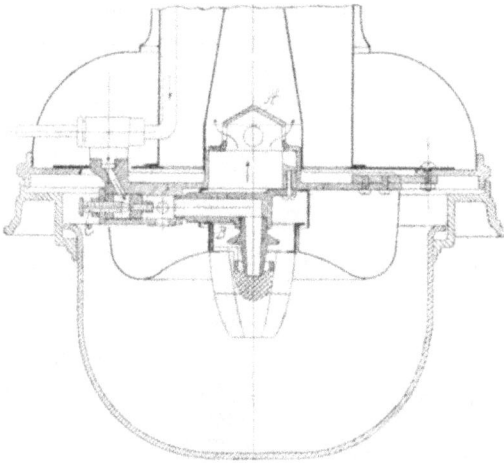

Fig. 325.

schliefsenden Schutzkorb von oben in den herabklappbar am Gufskörper angebrachten Reflektor eingesetzt. Der Gaszuflufs sowohl zur Hauptflamme als auch zur Zündflamme wird nach dem Öffnen der Glocke und nach dem Herabklappen des Reflektors durch Nadelventile *C* und *D* geregelt. Die Lampen sind bereits versuchsweise zur Beleuchtung einiger Wagen auf sächsischen Bahnen eingeführt worden. Neuerdings werden die Lampen in etwas abgeänderter Ausführung (Fig. 327) geliefert.

Vom mittleren Teile des Tellers *1* erhebt sich die zylindrische unten offene Kammer *A*, die in ihrem oberen Teile

16*

verengt und mit einer Kappe 5 nach oben verschlossen ist,
dagegen seitliche Durchbrechungen 6 besitzt. Auf der äußeren
Seite dieser Kammer sind senkrechte Rippen 7 vorgesehen,
die als Führung und Befestigung des darüber geschobenen,
zur Abführung der Verbrennungsgase dienenden Schornsteins 8
dienen, dessen unterer Rand auf von der oberen Fläche des
Tellers 1 vorspringenden radialen Rippen 9 ruht, so daß
zwischen der Kammer 4 und diesem Schornstein schmale
Spalten entstehen, durch welche etwa in den Schornstein
eindringende und von der schrägen Bedachung der Kammer 4
abgleitende Schmutzteilchen hindurchfallen können. Auf der
unteren Seite des Tellers 1 sitzt
ein ringförmiger, die Abgase
in die Kammer 4 leitender
Rand 11, während Durchbrechungen des Tellers die zwischen
den Rohren 8 und 53 ein-
strömende Frischluft in die
Glasglocke und zum Brenner
strömen lassen.

Das Mischrohr des Bunsen-
brenners besteht aus einem
metallenen wagerechten, inner-

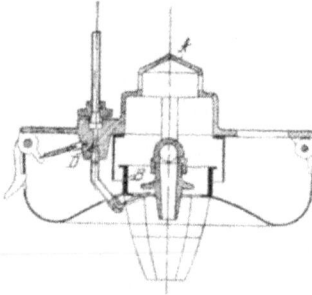

Fig. 326.

halb des Randes 11 befindlichen Teil 12 mit knieförmig ge-
staltetem Kanal und einem senkrechten, an ersteren an-
schließenden Teil 13 aus Speckstein, Porzellan oder dergl.,
zwischen welchen beiden Teilen, die an ihrer Treffstelle
konisch erweitert sind, ein sehr feinmaschiges Drahtgeflecht 14
eingeschaltet ist. Das Mundstück 13 ist an dem Rohr 12 mittels einer Überfangmutter 15 befestigt, wodurch die bequeme
Einbringung des Drahtnetzes und die leichte Lösbarkeit gewährleistet wird, gleichzeitig aber die schwierige Herstellung
eines Gewindes im Speckstein umgangen ist. Die Mutter 15
ist auf ihrer äußeren Fläche schräg abfallend ausgeführt, um
etwa eindringenden Schmutz von dem Glühkörper abzuleiten.

Die Befestigung des Mischrohres 12 geschieht dadurch,
daß es einerseits mit einem kurzen Ansatz in ein am Teller 1
angegossenes Auge eingeführt wird, und anderseits in eine

an seinem gegenüberliegenden Ende vorgesehene Bohrung
oder Vertiefung die Spitze eines in Vorsprüngen des Tellers
gelagerten Bolzens *17* eingreift, der durch eine Feder *18*
gegen das Mischrohr gedrückt wird und dieses deshalb
ständig in das Auge hineindrückt. Eine auf dem Bolzen *17*
befestigte Handhabe *19* gestattet, diesen zurückzuziehen,
worauf das Mischrohr aus dem Auge *16* gelöst und be-
quem gereinigt werden kann. Um beim Wiedereinsetzen

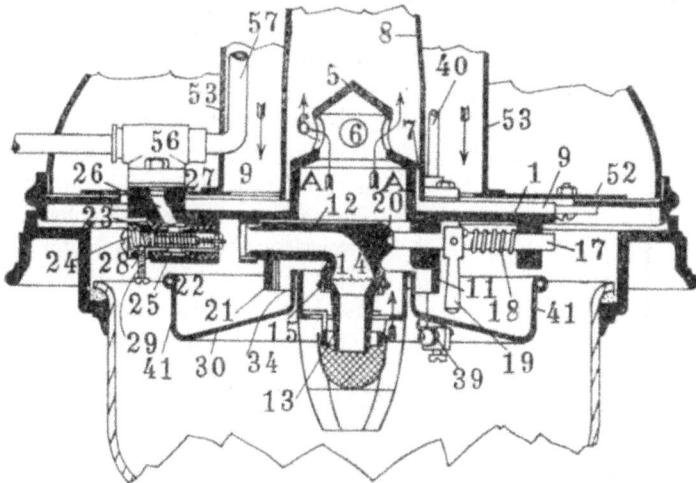

Fig. 327.

des Mischrohres eine mangelhafte Befestigung zu verhüten,
sind neben der Bohrung schräge Flächen *20* angebracht, an
denen die Spitze des Bolzens *17* bei falschem Einsetzen abgleitet, worauf die sich ergebende schiefe Stellung des Mund-
stücks *13* zu einer sorgfältigeren Befestigung zwingt, da andern-
falls die Lampe nicht geschlossen werden kann. Um das
Brennerrohr ohne Schwierigkeit einsetzen zu können, ist
der Rand *11* gegenüber dem Auge weggeschnitten, jedoch
durch einen an dem Rohr *12* sitzenden, entsprechend gestalteten Lappen *21* ergänzt, der gleichzeitig die Drehung des
Rohres um seine wagerechte Achse hindert und deshalb zur
Sicherung der genauen Stellung beiträgt.

Neben dem Auge ist am Teller *1* eine Hülse *22* vorgesehen, in die die Gasdüse *23* eingeschraubt ist, aus der
der Gasstrahl in das Mischrohr eintritt und dabei durch den
Spalt zwischen Auge und Hülse Luft ansaugt. Die Gasdüse *23* besteht aus einem hülsenartigen, außen Gewinde
tragenden und am hinteren Ende mit einem Schraub-
pfropfen *24* verschlossenen Körper, dessen Längsbohrung
durch radiale Schlitze mit einer am Umfange dieses Körpers
befindlichen Einschnürung oder Eindrehung *25* in Verbindung
ist, in welche Eindrehung auch
der mit der bereits vorhandenen
Gasleitung *56, 57* in Verbindung
gebrachte Kanal *26* einmündet.
Die Regelung der Gasmenge geschieht mit Hilfe einer in der
Düsenöffnung   verschiebbaren,
zweiseitig abgeflachten Nadel *27*,
die von einem in der Bohrung
der Düse verschiebbaren kolben-
förmigen Körper *28* getragen und
von einer Feder zurückgezogen
wird. In die hintere Fläche des
Kolbens *28* ist eine Nut mit ge-

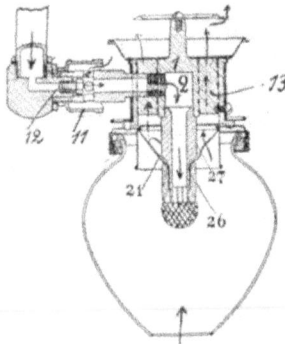

Fig. 328.

neigter Grundfläche eingearbeitet, in die die Spitze einer quer
in die Hülse *23* eingeschraubten Regulierschraube *29* ragt,
durch deren mehr oder weniger tiefes Einschrauben infolge
ihrer Wirkung auf die schräge Fläche die genaue Einstellung
der Nadel bewirkt wird. Diese Ausführung macht die Reguliervorrichtung sehr zuverlässig und leicht zugänglich.

Der in einem Gelenk herabklappbare Reflektor *30* hat
außen und im mittleren Teil aufwärts gerichtete kreisförmige
Ränder *34* bzw. *41*, so daß ein ringförmiger Behälter gebildet
wird, in dem die durch Öffnungen im Teller herabfallenden
Asche- und Staubteilchen aufgefangen werden. Ein kleiner
mit einer Regulierschraube versehener Brenner *39* für das
Zündflämmchen wird mittels des Zuleitungsrohres *40* gespeist.

Bemerkenswert sind die Erfahrungen, die in Amerika
bezüglich der Beleuchtung der Eisenbahnwagen mit hängendem

den Gasglühlicht erzielt worden sind insofern, als dort von
der Verwendung größerer in die Wagendecke eingebauten
Laternen vielfach Abstand genommen ist, und die Beleuchtung der Wagen durch Zierlampen bewirkt wird, die durch
Aufhängearme an die durch die Wagendecke geführten Gaszuleitungen angeschlossen sind. Mit
diesen von der Safety Car Heating
& Lighting Co. in New-York bereits in
größerem Umfange eingeführten Lampen für Waggonbeleuchtung sollen sehr
zufriedenstellende Ergebnisse erzielt worden sein. Bei den in der Lampe unter-
gebrachten Brennern (Fig. 328) mündet
der wagerecht gelagerte Mischrohrstutzen
in die mittlere Kammer 2 eines Körpers 1 aus widerstandsfähigem Material,

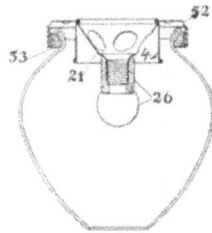

Fig. 329.

an die das abwärts gerichtete Brennerrohr 27 angeschlossen
ist. Mit dem letzteren ist das Brennermundstück 26 verschraubt, welches durch einen kegelförmigen Aufsatz 21 fest
mit dem Tragring 52 der Glocke verbunden ist; in diesem
Tragring ist ein mit der Glocke verkitteter Ring 53 fest eingesetzt, so daß das Brennermundstück mit dem
Glühkörper und der Glocke als Ganzes (Fig. 329)
am Brennerrohr befestigt und von diesem abgenommen werden kann. In der Gebrauchslage
wird der Glockenträger, an welchem noch eine
Manschette 4 zum Sammeln der aufsteigenden Verbrennungsgase befestigt ist, durch einen Schnapp-
verschluß gesichert, der in dem unteren Ringflansch des Brennerkörpers 1 angeordnet ist. Mehrere Exemplare der mit dem Glühkörper und der
Glocke verbundenen Brennermundstücke werden
von den Schaffnern mitgeführt, so daß stets eine

Fig. 330.

Auswechselung stattfinden kann, wenn ein Glühkörper schadhaft geworden ist. Die beschädigte Garnitur wird zwecks Ein-
setzens eines neuen Glühkörpers und Reinigens der Glocke
zurückgegeben. Das Verfahren hat, wie bei den Pintschlampen der um den Glühkörper angeordnete Schutzkorb, den

Vorzug, daſs der Schaffner den neuen Glühkörper beim Auswechseln nicht beschädigen kann. In die Gasaustrittsöffnung
des Brennermundstückes ist ein Rohrbündel eingesetzt, so daſs
eine Flamme von der in Fig. 330 dargestellten Form erzeugt
wird, bei der die an den Mündungen der Rohrbündel gebildeten inneren Kegel eine Länge von etwa 8 mm haben bei
einer Länge der äuſseren Flammenzone von etwa 7 cm.

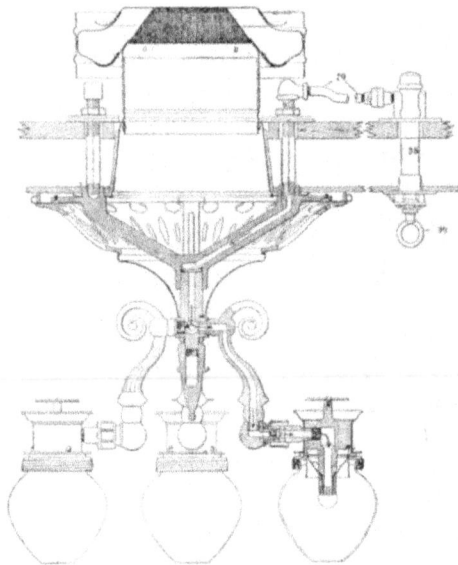

Fig. 331.

Zur Beleuchtung gröſserer Wagenabteile werden Gruppen-
lampen benutzt, die an eine gemeinsame Gaszuleitung angeschlossen sind (Fig. 331 und 332). Von einer Verteilungsmuffe des senkrechten Zuleitungsrohres, welches mit dem
Deckenrohr verbunden ist, sind entsprechend der Anzahl der
benutzten Lampen mehrere Z- förmige Rohre abgezweigt; in
Bohrungen der unteren wagerechten Schenkel dieser Rohre
werden die Brennerdüsen eingeschraubt und über jene Schenkel
die Mischrohrstutzen geschraubt. Die Absperrung der Gaszufuhr zu allen Lampen erfolgt durch einen in die Decken-

Fig. 332.

leitung eingeschalteten Hahn *38*, dessen Spindel durch die Wagendecke geführt ist und mittels des in Reichhöhe im Wageninnern ange-brachten Griffes *39* umgeschaltet wer-den kann. Die ein-zelnen Gasarme kön-nen verziert und die an der Decke befes-tigten Tragarme der Lampen, von denen einer als Gaszulei-tung dient, durch eine ebenfalls ver-zierte Haube verdeckt werden, so daſs die ganze Ausführung ein sehr ge-schmackvolles Aussehen erhält. Die Ausführung hat indessen den Nachteil, daſs alle Lampen gleichzeitig in Betrieb genommen und gemeinsam durch den in das Deckenrohr eingeschalteten Hahn aufser Betrieb gesetzt werden

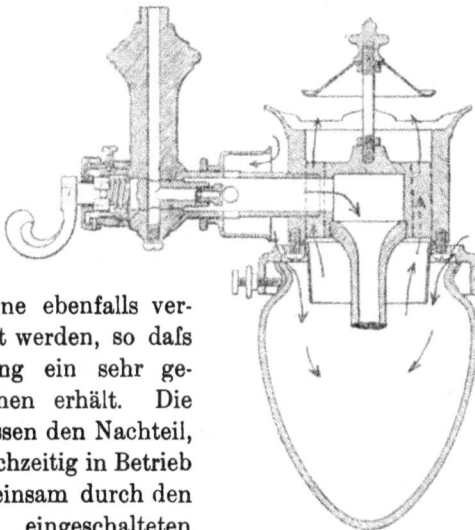

Fig. 333.

müssen. Die Lampen werden deshalb neuerdings so ausgeführt,
dafs sie durch Einschaltung von Hähnen in den unteren wagerechten Schenkeln der **Z**-förmigen Anschlufsrohre einzeln nach
Bedarf in oder aufser Betrieb gesetzt werden können (Fig. 333).
Der Hahn dient hierbei gleichzeitig als Düsenträger, in dem

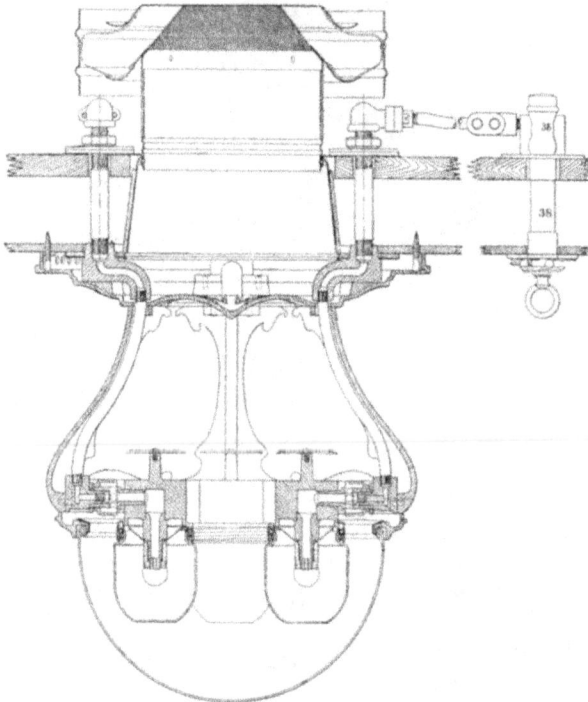

Fig. 334.

die Düse in die wagerechte Bohrung des Kükens eingeschraubt
wird. Bei geöffnetem Hahn fällt etwa in der Leitung ab-
bröckelnder Schmutz oder dgl. durch die senkrechte Bohrung
des Kükens in den unteren ausgehöhlten Fortsatz des Zuleitungsrohres und kann durch Lösung eines die Aushöhlung
verschliefsenden Schraubenstöpsels entfernt werden. Auf dem
Mischrohrstutzen, der mit dem Anschlufsrohr aus einem Stück
gearbeitet wird, ist eine die Luftzutrittsöffnungen überdeckende

Schutzkappe einstellbar angebracht, welche mittels einer Scheibe
festgestellt werden kann. Anstatt der früher erwähnten Befestigung der mit dem Brennermundstück verbundenen, unten
mit einer Luftzutrittsöffnung versehenen Glocke kann eine
geschlossene Glasumhüllung angewendet werden, die durch
Klemmschrauben in dem mit dem Brennerkörper verbundenen

Fig. 335.

Tragring befestigt wird, die äußere Verbrennungsluft wird
dann durch Löcher in dem Tragring in die Glocke angesaugt.

Die Lampen können auch so gruppiert werden, daß sie
getrennt durch Einzelrohre an die Deckenleitung angeschlossen
und die Glühkörper mit den Glasumhüllungen in einer geschlossenen Schutzglocke untergebracht werden (Fig. 334 und
335). Erforderlichenfalls können dabei ebenfalls Lampen benutzt werden, welche einzeln durch Einschaltung der beschriebenen Hahnanordnung in und außer Betrieb gesetzt werden.

Elfter Abschnitt.

Invertlampen für flüssige Brennstoffe.

Die Versuche, verkehrt brennende Lampen für flüssige Brennstoffe zu konstruieren, sind noch gering an Zahl, und meist jüngeren Datums. Erprobte oder leitende Grundsätze bei der Einrichtung des Brennerkopfes haben sich noch nicht ausgebildet, umsoweniger, als hierbei vielfache Möglichkeiten zu berücksichtigen. sind. Je nachdem der verhältnismäfsig kohlenstoffarme Spiritusdampf oder der kohlenstoffreiche Petroleumdampf verbrannt werden sollen, je nach dem Druck, mit welchem der Dampf die Retorte verläfst, wird offenbar der ideale Brennerkopf anders aussehen müssen. Diese Frage wird daher stets verhältnismäfsig nebenher behandelt und man beschäftigt sich vorwiegend mit denjenigen Teilen der verkehrt brennenden Lampe, welche der Erzeugung des brennbaren und ausreichend geprefsten Dampfes aus der Flüssigkeit dienen und ja auch noch ein weites Feld erfinderischer Tätigkeit darbieten. Bei den ältesten Versuchen ist noch nicht einmal von einer Anpassung der bei den aufrecht brennenden Lampen erprobten Einrichtungen an die verkehrte Brenneranordnung die Rede. Bei einer im Wesen bekannten Verdampferlampe wird einfach ein nach unten gerichteter Brennerkopf angebracht. Der älteste Versuch dieser Art dürfte eine Invertlampenkonstruktion von George Washington in Brüssel aus dem Jahre 1897 sein, welche einer aufrecht brennenden Lampe desselben Erfinders bis auf die umgekehrte Stellung der Brennermündung gleicht (Fig. 336) und besonders für Petroleum

bestimmt ist. Durch die Leitung wird der flüssige Brennstoff
dem Verdampfer *B* zugeführt, einer aufrecht zwischen den
beiden Glühstrümpfen stehenden Röhre, deren am oberen
Ende befindliche Dampfauslaſsöffnung durch eine im Verdampfer
gelagerte und von auſsen der Länge nach verschiebbare Reinigungsnadel *E* verschlossen oder gereinigt werden kann. Diese
Düse bläst in den darüber befindlichen inneren Teil *C* der
Mischvorrichtung den Petroleumdampfstrahl ein, welcher Luft

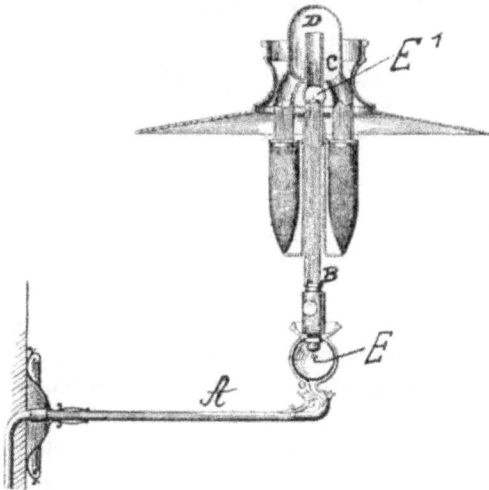

Fig. 336.

durch zwei Rohre ansaugt, die beiderseits wagerecht an das
Rohr *C* sich ansetzen (bei *E'* oben) und durch den Lampen-
schirm nach auſsen führen, so daſs nur frische Luft zugemischt
wird. Aus dem Sammelraum *D* strömt das Brenndampfluft-
gemisch abwärts zu den Brennern. Es ist augenfällig, daſs
bei dieser Konstruktion ein Teil des Lichtgewinnstes, welcher
aus der Umkehrung der Glühstrumpflampe entspringt, preis-
gegeben ist, da der zwischen den Glühkörpern angebrachte
Verdampfer nach zwei Seiten Schatten wirft. Ebenso verhält
es sich mit dem Invertbrenner von Tapin für Petroleum,
welcher ebenfalls aus einem aufrechten Brenner durch Um-

kehrung der Mischrohrmündung entstanden ist (Fig. 337
und 338). An dieser abwärts gerichteten Mündung 9 ist ein
Ring mit Schrauben befestigt, an dessen Haken mit Ösen ein
aus Asbestfäden 11 bestehender Sack aufgehängt ist, welcher

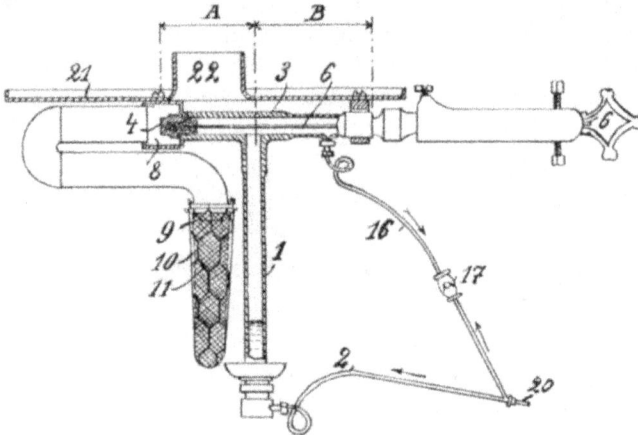

Fig. 337.

den Glühkörper 10 umfängt und hält. Neben dem Glühstrumpf
steht ein aufrechter Vergaserzweig 1, auf welchem ein wagerechter Teil 3 mit der Düse 4 und der Reinigungsnadel 6

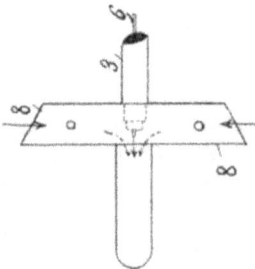

Fig. 338.

sitzt. Beide Vergaserteile sind mit
ihren äufseren Enden an Leitungen 2
und 16 angeschlossen, welche von
einem gemeinschaftlichen Strange 20
ausgehen. In dem Zweig 16 sitzt ein
nur nach 20 hin sich öffnendes Rück-
schlagventil. Der Strom der Flammengase bespült unmittelbar und beheizt daher aufs kräftigste den aufrechten Vergaserteil und das Stück A
des wagerechten Vergaserteils, wird
aber durch eine in den Lampenschornstein führende Abzugöffnung 22 in der die Glocke tragenden Lampendecke 21
von dem Teil B des wagerechten Vergaserteils abgelenkt, so
dafs dieser verhältnismäfsig kühl bleibt. Falls nun infolge

eines Dampfstofses im Vergaser ein Rückstau eintritt, findet
derselbe in der mit Flüssigkeit erfüllten Leitung *2* gröfseren
Widerstand als in dem Teil *B* und in der Leitung *16*, welche
verhältnismäfsig kühl sind und daher die plötzlich eindringenden Dampfmengen zum Teil kondensieren. Der Rest dringt
durch das Ventil *17* und bewirkt dort, wo der Strang *20* sich
teilt, einen Flüssigkeits-
druck sowohl in die
Leitung *20* als auch in
die Leitung *2* hinein.
Dieser Druck hebt dies
Abströmen der Brenn-
flüssigkeit aus dem Ver-
gaserteil unter dem Ein-
flufs des angenommenen
Dampfstofses auf, so
dafs dieser Rest keine
oder nur eine geringe
Schwankung des Flüssig-
keitsspiegels in *1* und
der Flamme hervor-
bringt. Durch besondere
aus der Lampe heraus-
geführte Rohre *8* (Fig.
338) wird der Düse
frische Luft zugeführt.
Schattenwerfende Tei-
le sind bereits völlig vermieden bei einer Lampe

Fig. 339.

von Warner in Philadelphia, bei welcher der Verdampfer d^1
(Fig. 339) ganz wie bei den aufrechtbrennenden Lampen,
quer über einem Doppelbrenner liegt, aber doch eine Zutat
erhält, welche bereits der verkehrten Brennerstellung Rechnung
trägt. Die bedenklichste Möglichkeit bei einer Retortenlampe
ist ja, dafs während des Betriebes durch äufsere Umstände,
als Flackern der Flamme infolge von Luftstöfsen, grofse Kälte,
Verstopfung der Düse durch Koksabscheidung im Verdampfer,
die Beheizung des Verdampfers zeitweilig so schwach wird,

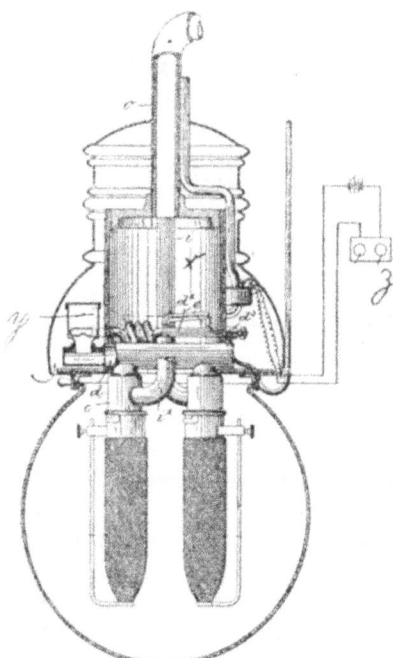

dafs der Düse nicht Dampf oder Gas, sondern brennbare Flüssigkeit entströmt. Bei einer aufrechtbrennenden Lampe des häufigsten Typs, bei welchem der Vergaser über der Flamme steht und abwärts in das, natürlich U-förmige Mischrohr bläst, kann das Mischrohr solche Flüssigkeit vorübergehend auffangen. Beim abwärtsmündenden Invertbrennerrohr aber mufs die brennende Flüssigkeit ausfliefsen. Warner schaltet deshalb hinter den Verdampfer d^1 noch einen Vergaser d von ungewöhnlicher Geräumigkeit ein, welcher der vollen Flammenhitze ausgesetzt ist, so dafs dem Entweichen flüssigen Brennstoffs nach Möglichkeit vorgebeugt wird. Im übrigen ist für völlig luftdichten Abschlufs des Verbrennungsraumes — natürlich bis auf die Luftzuführung und den Schornstein — Sorge getragen. Dieser Raum wird durch die Glocke und die Kammer x gebildet, durch dessen Decke der Abzug 0 und die Frischluft-Zuführungsrohre i hindurch gehen, welche bei i in die Bunsenrohre einmünden und zwar an der Stelle, wo die an den Überhitzer d anschliefsenden Düsen nach abwärts in die Bunsenrohre einmünden. Die Düsenöffnungen sind ungewöhnlich weit, fast so weit, wie die Rohre i. Es will einigermafsen fraglich erscheinen, ob der entsprechend schwach geprefste Dampfstrahl die gesamte zur Verbrennung nötige Luft durch die stark erhitzten Rohre i herabsaugen kann. Der Zweck der Kapsel y ist ebenfalls nicht ersichtlich. Zur Anheizung des Verdampfers d^1 wird ein Einlochgasbrenner e mit elektrischer Fernzündung z verwendet, dessen Stichflamme so an ein Knie des Rohres d^1 anprallt, dafs der Strahl geteilt und teils zwecks Anheizung in das Innere der Verdampferrohrspirale, teils nach unten gegen die Brennerköpfe abgelenkt wird, um die Zündung der Nutzflammen zu bewirken. Die Lampe ist für flüssige Kohlenwasserstoffe bestimmt. Anscheinend ist besonders an die weniger kohlenstoffreichen gedacht. Später hat man sich bemüht, den Invertlampen für flüssige Brennstoffe die bei den Gaslampen bevorzugte schlanke, in der Höhe entwickelte Form zu geben. Die Vergaserlampe ist solchem Bestreben gegenüber ihrem Wesen nach etwas spröde. Die kräftigste Einwirkung der Brennerflamme auf den Vergaser stellt sich natürlich ein, wenn die Flamme senkrecht von unten gegen

den Vergaser trifft, wenn also dessen Wand horizontal liegt.
Anderseits muſs der wagerechte Vergaser, um ausreichende
Heizfläche zu bieten, eine gewisse Längenentwicklung haben,
was natürlich der Entwicklung der Lampe in der Höhenrichtung
nicht förderlich ist. Kompromisse müssen geschlossen werden,
und solche Kompromisse zwischen den beiden einander wider-
sprechenden Forderungen stellen auch die später zu beschrei-
benden Lampenkonstruktionen dar. Zuvor aber ist eine Konstruktion zu erwähnen, bei welcher die Schwierigkeit nicht

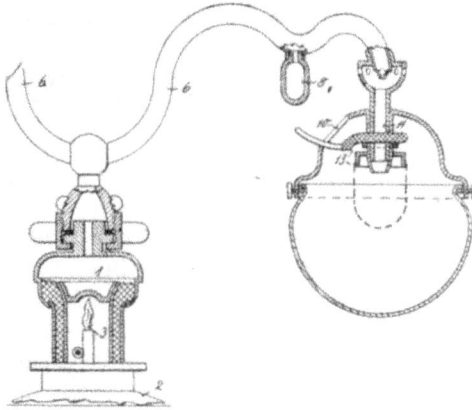

Fig. 340.

gelöst, sondern umgangen wird. Freilich ist der Weg kaum
Erfolg versprechend. Diese Lampe von Oswald Cancel
(Fig. 340) ist für mehrarmige Beleuchtungskörper bestimmt.
Der eigentliche Invertbrenner *11* ist nicht mit einem Vergaser
versehen, sondern abseits davon und für mehrere solche Brenner
gemeinschaftlich ist ein Vergaser *1* angeordnet, welcher durch
einen besonderen Dochtbrenner *3* erhitzt wird. Die Flüssigkeit wird dem Vergaser durch einen Saugdocht oder in Leitungen mit Gefälle zugeführt, der Dampf strömt durch Leitung *6*
ab. In der Leitung etwa sich wieder niederschlagende Flüssigkeit gelangt in einen Nachvergaser *8*, welcher der seitlichen
Auslaſsöffnung *10* der Auffangschale für die Verbrennungsgase
gegenübersteht und daher von den Brennergasen getroffen

wird. Eine Anheizfackel *13* zur Vorwärmung des Brenners *11*
kann ebenfalls durch das Fenster eingeführt werden. Der

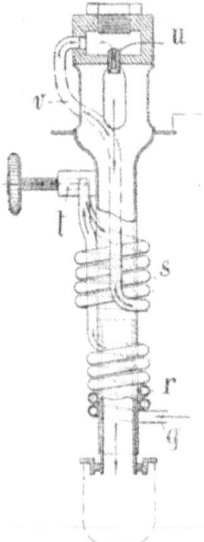

Hilfsbrenner dürfte der schwache Punkt
dieser Lampe sein. Wegen des von ihm
verursachten Mehrverbrauchs und noch
mehr wegen des von ihm unzertrenn-
lichen üblen Geruches haben sich die
Lampen mit Hilfsdochtbrenner bisher
nicht zu behaupten vermocht.

Auf der Suche nach einem Vergaser,
der eine in der Wagerechten zusammen-
gedrängte Form mit wagerecht liegenden
Heizflächen von möglichst großer Ausdehnung vereinigt, griff man nach der
schon bei aufrechtbrennenden Lampen
versuchten Rohrschlange. Der Invertbrenner von Neyret (Fig. 341) zeigt
diesen Grundgedanken in reinster Form.
Er ist in erster Linie für Automobil-
laternen und zum Betriebe mit Benzin
bestimmt. Der flüssige Brennstoff strömt
bei *q* aus einem Druckbehälter zu und

Fig. 341.

wird während seines Weges durch die Vergaserschlange *r* verdampft, und der Dampfauslaß durch das Nadelventil *t* geregelt.

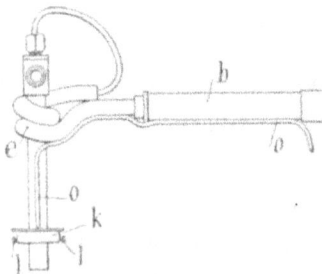
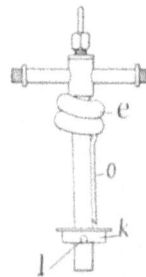

Fig. 342.   Fig. 343.

Der Dampf erfährt eine Überhitzung und Fixierung in der
Überhitzerschlange *s*. Das Gas gelangt durch die Leitung *v*

zur Düse u, welche so eingekapselt ist, dafs nur frische Luft
und keine Flammengase in das Mischrohr eindringen können.
Ganz ähnlich ist der Brenner
von Noël eingerichtet (Fig.
342 und 343), bei welchem vor
die Vergaserschlange e noch
ein Rohr b mit Packung eingeschaltet ist, während die
Luftzuführung zur Düse zweiseitig durch Rohre erfolgt.
Längs des Rohres b verläuft
ein enges Röhrchen o, durch
welches Brennstoff zur Spei-
sung einer Vorwärmflamme in

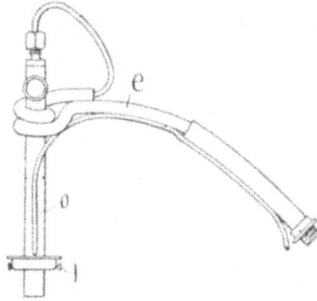

Fig. 344.

die Vergaserschale k eingeführt werden kann. Diese Schale
trägt an den Stiften l zugleich den Glühkörper. Fig. 344 zeigt
eine Variante des Bren-
ners, bei welcher das Zu-
leitungsrohr von unten
herauf zum Vergaser ge-
führt ist. Anscheinend
soll hierdurch der Bren-
ner für eine Stehlampe
mit gebogenem Arm
tauglicher werden. Je
nach dem Brennstoff
soll der Vergaser mehr
oder weniger Windun-
gen haben, also für Ben-
zin etwa eine, für Alko-
hol zwei, für Petroleum
drei und mehr. Der
geeignetste Brennstoff
dürfte jedenfalls Benzin
sein. Alkohol und Petro-

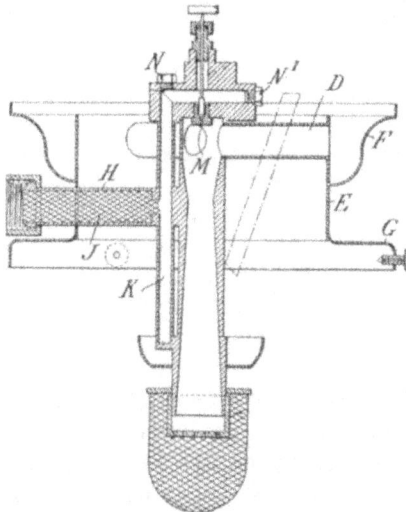

Fig. 345.

leum hinterlassen bekanntlich sehr unangenehme Verdamp-
fungsrückstände im Verdampfer, welche aus einem Schlangen-
rohr kaum oder nur sehr schwierig zu entfernen sind.

Diesem Übelstand ist bei dem Invertbrenner für Petroleum
von Blanchard, Wood, Burgoyne Rechnung getragen
worden, indem der Vergaser und die Dampfwege überhaupt
aus ganz gradlinigen, leicht zugänglichen Abschnitten zusammengesetzt sind. (Fig. 345). Der ganze Brenner wird durch den

 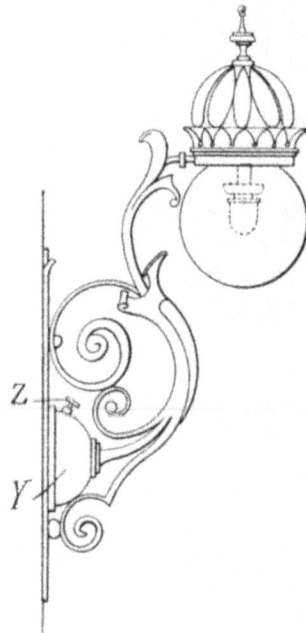

Fig. 346.   Fig. 347.

Vergaserteil H getragen, welcher seinerseits mit einer Über-
fallmutter an die Brennstoffleitung angeschlossen ist. Die
Figuren 346 und 347 veranschaulichen, wie dieser Anschluſs
bei einer Tischlampe und bei einem Wandarm gedacht ist.
In beiden Figuren ist y der Brennstoffbehälter, in welchem
der Brennstoff mit Hilfe der Luftpumpe Z unter einen Druck
bis zu $3/4$ Atm. gesetzt wird. Der wagerechte Vergaserteil H
ist nur kurz und würde, obgleich seine innere Verdampfungsfläche durch einen Drahtgazewickel J möglichst ver-

größert ist, zur völligen Verdampfung des Petroleums nicht
ausreichen. Es verdampfen hier nur die niedrig siedenden
Anteile. Die unverdampften Anteile fallen in einen senkrechten Kanal K, welcher näher zur Flamme hingeführt und
daher um so viel heißer ist, daß auch die letzten Petroleum-
anteile hier verdampfen. Diese Dämpfe strömen vereint
mit den leichten zur Düse M. Da gerade die Verdampfung der schweren Kohlenwasserstoffe mit Bildung von Koks-
rückständen verbunden ist, so dient der Schacht K dazu,
den wagerechten Vergaserteil H nebst Packung von Ablage-

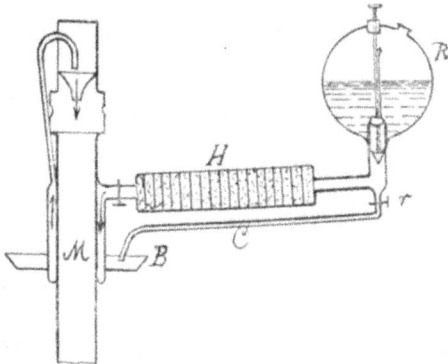

Fig. 348.

rungen frei zu halten. Aus dem Schacht K können die Koks-
teile leicht durch Lösen der Schrauben N und N^1 entfernt
werden. Die Anheizschale schützt das unterste Ende des Nach-
vergasers vor dem Verbrennen. G ist der Glockenhalter, E der
Abzugsschacht für die Flammengase, durch welchen die Luftrohre D nach außen geführt sind. Die Wand F schützt sie
vor Luftstößen.

Dem Brenner von Blanchard und Gen. sehr ähnlich
ist eine von Monneyrat konstruierte Lampe, welche anscheinend mit Spiritus gebrannt werden soll (Fig. 348). Die
Zuführung des flüssigen Spiritus erfolgt nicht unter Luft-
pressung sondern mit natürlichem Gefälle aus dem Behälter R,
der am unteren Ende durch ein in Fig. 349 und 350 größer
dargestelltes Ventil geschlossen ist. Das Ventil besteht aus

einem seitlich mit einem $>$-förmigen Schlitz, unten mit einem Auslauf versehenen Hohlkörper, welcher in einem Halbzylinder (Fig. 350) drehbar angeordnet ist und die Flüssig-keit dann absperrt, wenn sein Schlitz durch den Halbzylinder abgedeckt ist. C ist eine durch den Hahn r abschliefsbare Brennstoffleitung nach der Anheizschale B. Entsprechend dem schwachen Zuführungsdruck ist in den Brennstoffweg eine lange Packung H eingeschaltet. Falls angenommen wird, dafs die Packung den Flammengasen ausgesetzt ist, so dürfte sie wegen Verharzung öfters ausgewechselt werden müssen.

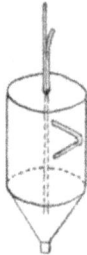
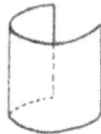

Der Schlufs der Verdampfung — verschieden siedende Brennstoff-anteile kommen bei Spiritus kaum in Frage — findet in dem das Mischrohr M umgebenden Ring-raum statt. Im übrigen entspricht die Einrichtung des Brenners dem von Blanchard, Wood und Burgoyne. Ebenfalls diesem Brenner in den Grundzügen ähn-lich ist der Invertbrenner von der

Fig. 349.   Fig. 350.

Société Romanet et Guilbert in Paris, nur dafs er vorwiegend für Spiritus bestimmt ist und dem niedrigen Siedepunkt dieses Brennstoffes entsprechende Eigenheiten aufweist. Der Ver-gaser (Fig. 351) ist mit einer Packung ausgefüllt. Er wird gespeist aus dem Spiritusbehälter e, dessen untere Mündung durch einen abgeplatteten Schraubenstöpsel verschlossen wird; an dessen Knopf h man so lange dreht, bis eine untere Sitzfläche (bei k) des Stöpsels sich auf eine Dichtungs-scheibe aufprefst. Der Druck, mit welchem der Brennstoff in den Vergaser tritt, entspricht also nur etwa der Höhe des Brennstoffspiegels (in e) über dem Vergaser, ist aber, zumal in Verbindung mit einer dichten Vergaserpackung, für Spiritus ausreichend. Am freien Ende des Vergasers ist der Brenner und die Glocke aufgehängt. Der Vergaser wird durch die aus der Glocke aufsteigenden Gase beheizt, das freie Ende noch aufserdem durch eine Wärmeleitschiene v, welche zum Brenner hinabreicht und das technologische Äquivalent des

Schachtes K bei dem vorigen Brenner ist. Der erzeugte Dampf wird aufwärts und durch die Düse n ins Mischrohr o eingeführt. Durch die schräge und gekrümmte Stellung dieses Rohres sind die Lufteinlaſsöffnungen n soweit seitwärts vom Brenner verlegt, daſs nur frische Luft und keine Flammen-

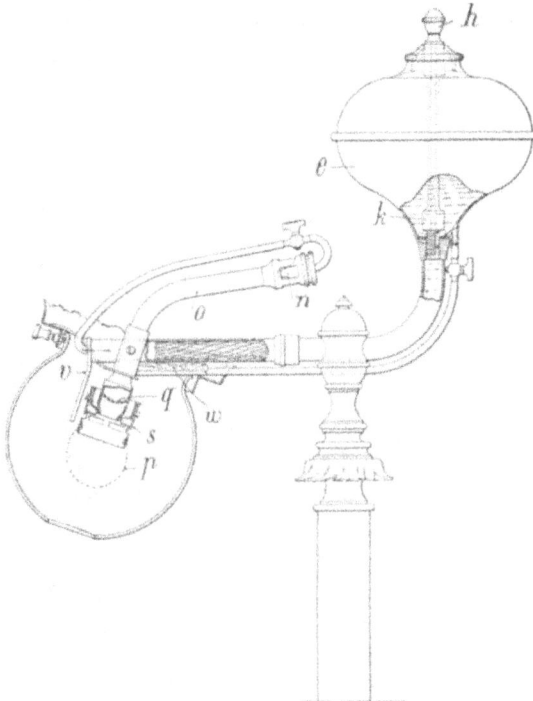

Fig. 351.

gase Zutritt finden. Auch diese Ausführung ist unter Berücksichtigung des Umstandes zu würdigen, daſs hier Spiritus gebrannt wird. Im Brennerkopf verhindert ein Sieb q das Zurückschlagen der Flamme. Eine am Brennerkopf befestigte Hülse s trägt den Glühkörper p und entläſst an den Durchbrechungen kleine Flämmchen, welche zur besseren Beheizung der Schiene v und des Verdampfers dienen. Durch das Zusammenrücken der Packung im Vergaser, welche nur dem

dampfförmigen Brennstoff raschen Durchgang erlaubt, durch
die ausgiebige Verdampferbeheizung unmittelbar und durch
Wärmespeicherung, endlich durch die hohe Lage der Düse
und die Lagerung der Dampfleitung im Strom der Flammengase ist ausreichend Vorkehrung dagegen getroffen, daſs
flüssiger Brennstoff in den Strumpf gelangt, obgleich die wagerechte Heizfläche des Vergasers nicht eben groſs ist. *w* ist
eine kleine Anheizfackel, welche durch eine Zweigleitung aus
dem Brennstoffbehälter gespeist wird. Bei dem in Fig. 352
dargestellten Lam-
penmodell dersel-
ben Gesellschaft ist
das Dampfrohr *h*
nicht unmittelbar
nach oben zur Dü-
se, sondern zwecks
Überhitzung zuvor
um das Mischrohr
herumgeführt. Die Vergaserpackung ist etwas
lockerer ausgeführt, so daſs die innere Verdampfungsfläche etwas gröſser wird, ohne daſs
doch die Bremsung der Dampfstöſse ver-
loren geht.

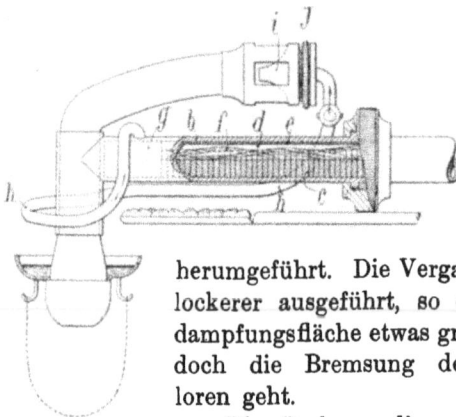

Fig. 352.   Die Packung dieses Rohres besteht aus
einer Reihe von Asbestscheiben *c*, die nach
einem Sektor ausgeschnitten und in dem Rohr *b* derart aneinander gesetzt sind, daſs sie im oberen, der unmittelbaren
Brennhitze abgewendeten Teil des Rohres einen Kanal *d*
bilden, der somit vollständig von den heiſsen Metallwan-
dungen isoliert ist. Das Rohr kann auch noch in bekannter
Weise eine Auskleidung *e* aus Asbest erhalten. Der Kanal
kann einen oder mehrere Asbestfäden *f* aufnehmen, welche
dem Durchfluſs des Alkohols nur schwachen Widerstand ent-
gegensetzen. Das vordere Ende des Rohres *b* bleibt leer
und bildet eine geschlossene Dampfkammer *g*, aus welcher
die Dämpfe durch das Rohr *h* der Düse *i* des Bunsenrohres *j*,
in welchem Spiritusgase und Luft sich mischen, zugeführt
werden.

Die Anordnung der mit Spiritus sich sättigenden Asbest-
scheiben, die einerseits ein zu reichliches Durchfliefsen des
Spiritus nicht zulassen und anderseits demselben in ihrem
Kanal *d* eine reichliche Verdampfungsfläche darbieten, hat die

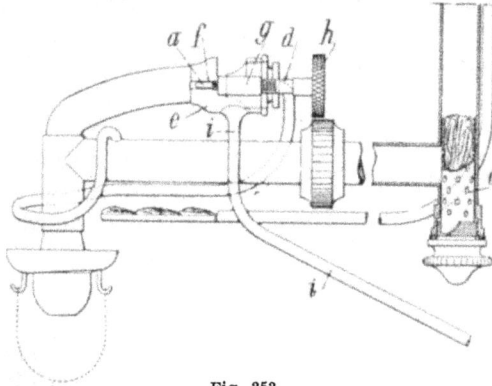

Fig. 353.

Regelmäfsigkeit und Stetigkeit der Dampfabgabe zur Folge,
so dafs die Düse *i* des Bunsenkopfes einen keinerlei Schwan-
kungen unterworfenen Dampfstrom in den Brenner entsendet.
Einige weitere Verbesserungen des eben besprochenen Lampen-
modells zeigen die Figuren 353 und 354. Für die Düse ist
zunächst ein äufserst fein einzustellendes Nadelventil vorgesehen. In einer aufsen am Bunsenrohr befestigten, innen
mit Gewinde versehenen
Hülse *g* kann die Hülse *d*
hin- und hergeschraubt
werden. In der Hülse *d*
als Mutter sitzt das mit
Gewinde versehene Ende
der Nadel *a*, welche in
einem Schlitz *f* des Bun-

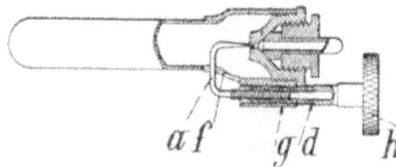

Fig. 354.

senrohres so geführt ist, dafs sie sich nicht drehen, sondern
nur längs verschieben kann. Da die Gewinde zwischen *g* und *d*
und zwischen *d* und *f* gegenläufig sind, kann man durch
Drehen am Knopf *h* in sehr wirksamer Weise die Nadel *a*
mehr oder weniger in die Düse *b* einführen und die Dampf-

zufuhr regeln. Um den Spiritus zu filtrieren, ist an einem
Knie des Zuleitungsrohres eine Siebhülse *o* eingeschraubt,
welche innen mit leicht ersetzbarem Filterstoff ausgefüllt ist.
Falls die Lampe zufällig ausgelöscht wird — dieses Modell ist
besonders für Kopflaternen an Automobilen bestimmt — wird

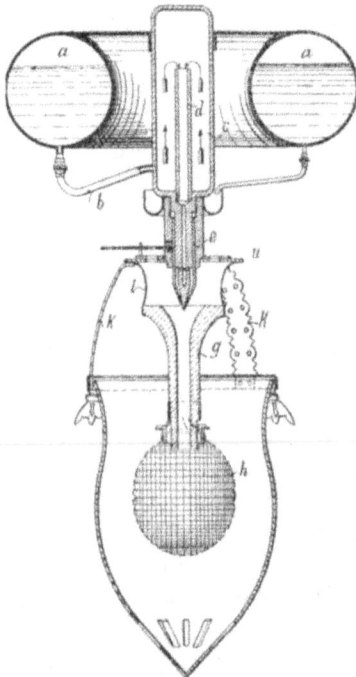

der nach Abkühlung des
Vergasers bei der Düse austretende flüssige Brennstoff
durch ein Rohr *i* abgeleitet,
ebenso wie aus der Düse gelegentlich austretende Trop-
fen wieder niedergeschlage-
nen Spiritus. Solche Kon-
densatbildung hinter dem
Verdampfer, welche zum
Austreten brennenden Spi-
ritus in den Strumpf und
die Glocke und andern
recht unerwünschten Er-
eignissen führen kann, ist
ein wunder Punkt bei den
Spiritusbrennern und muſs
sorgfältig vermieden wer-
den, was durchaus nicht
einfach ist. Der Siedepunkt
von Spiritus liegt nicht sehr
hoch, und der Überhitzung
sind gewisse Grenzen ge-
setzt. Dann ist auch noch

Fig. 355.

die Möglichkeit zu berücksichtigen, daſs die Verdampferbeheizung infolge von Windstöſsen so abgeschwächt wird,
daſs Flüssigkeit aus dem Verdampfer austritt.

Um diesen gefährlichen Vorgang ganz zu verhindern,
wird bei einer Reihe von Invertlampen eine Vergaseranordnung
bevorzugt der Art, daſs der Brennstoffbehälter und der Vergaser zusammen im Verhältnis kommunizierender Röhren
stehen, also am unteren Ende verbunden sind, während der
Dampfauslaſs im Vergaser höher liegt als dem höchsten

Stande der Flüssigkeit im Brennstoffbehälter und also auch
dem höchsten möglichen Stande im Vergaser entspricht. Die
in Fig. 355 wiedergegebene Lampe von Farkas in Paris zeigt
diese Anordnung. Der Brennstoffbehälter *a*, die Speiseleitung *b*
und der Verdampfer *c* bilden ein *u* förmiges Rohrsystem, in
welchem der Brennstoffspiegel eine der Behälterfüllung entsprechende Lage hat, und zwar unterhalb des oberen Endes
des Rohres *d* liegt, welches zur Düse
führt. Aus dem Brennstoffbehälter *a* gelangt durch die Leitung *b* Brennstoff in
den Verdampferraum *c*, der sich oberhalb
des Brenners befindet, so daſs er durch
die heiſsen Abgase erhitzt wird. Dieser
Verdampfer, welcher mit einer beliebigen,
unverbrennbaren Packung, wie Asbestwatte, ausgefüllt sein kann, wird von
dem abwärtsführenden Rohr *d* durchsetzt,
welches die im Verdampfer gebildeten
Kohlenwasserstoffdämpfe nach der Düse *e*
abführt, in welcher etwa noch mitgerissene Flüssigkeitsteilchen nachver-
dampft werden. Die Düse besteht aus
einer Regelungshülse, welche mittels
Hebelantriebes gegen einen am Düsenrohr befestigten Ventilkonus verstellt
wird, so daſs der Dampfzufluſs zum

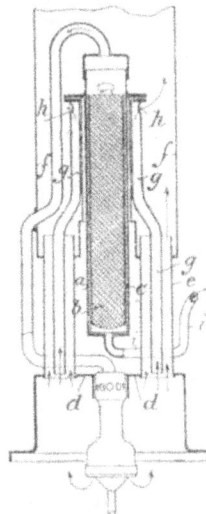

Fig. 356.

Mischrohr nach Wunsch geregelt werden kann. Entsprechend
der Einstellung der Regelungsdüse kann auch gleichzeitig
die Luftzufuhr zum Mischrohr durch eine den Boden desselben abschlieſsende Doppelplatte *u* mit korrespondierenden
Durchlaſsöffnungen geregelt werden. Aus der Düse *e* blasen
die Brennstoffdämpfe in den Mischraum *l* des Bunsenbrenners *g*
ab, an dem ein der Flammenform entsprechend gestalteter
Glühkörper *h* aufgehängt ist. Die Beheizung des Verdampfers
ist infolge der gedrängten Verdampferanordnung sehr kräftig
und führt bis zur Gewinnung völlig trockener Dämpfe. Die
völlig senkrechte Stellung des Vergasers erschwert übrigens
seine ausgiebige Beheizung, da die Flammengase nur gegen

das untere Ende anprallen, dagegen an den Seitenwänden
mit geringerer Wirkung vorbeistreichen. Das untere Ende
wird stark beheizt, so stark, dafs unter ungünstigen Umständen
das Leidenfrostsche Phänomen, jedenfalls eine stofsweise Verdampfung eintreten kann.

Versuche, dem abzuhelfen, sind mehrfach gemacht worden.
Bei einer für Invertlampen bestimmten Vergaseranordnung
(Fig. 356 und 357) der Spiritusglühlichtgesellschaft ›Phöbus‹
in Dresden soll die Beheizung des Vergasers und dement-
sprechend die Verdampfung vergleichmäfsigt werden durch

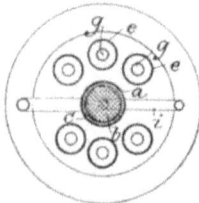

die Anordnung einer dünnen Schicht
eines schlechten Wärmeleiters, Papier
o. dgl., zwischen der Wandung und der
den Vergaser ausfüllenden Packung. Um
dabei dem Vergaser auf seiner ganzen
Oberfläche gleichmäfsig Wärme zuzuführen, leitet man von dem unteren, der
Flamme näheren und deshalb heifseren
Teil der Lampe Rohre aus guten Wärme-

Fig. 357.

leitern zum oberen, kälteren Teile des Vergasers. Diese Rohre
sind, um ihnen die Wärme besser zuzuführen, mitten durch
Abzugsrohre für die heifsen Lampengase geleitet, die in
einen den unteren Teil der Lampe nach oben abschliefsen-
den Boden münden, so dafs die heifsen Lampengase gezwungen werden, ihren Weg durch diese Abzugrohre zu
nehmen, wobei ein Teil durch die zum oberen Vergaserende führenden Rohre zieht. Dabei wird gleichzeitig der
Vorteil erreicht, dafs das untere Vergaserende, bzw. die Ein-
trittsstelle des Brennstoffes, infolge der Anordnung des ab-
schliefsenden Bodens vor Überhitzung geschützt wird. Der
Vergaser a mit der ihn ausfüllenden Metallpackung b hat
zwischen seiner Wandung und der Packung eine dünne
Schicht Papier c. Von dem Boden d leiten die Abzugrohre e
in die Abzugesse f, während die in der Mitte der Rohre e
aufsteigenden Kupferrohre g die Abgase zum oberen Vergaserende leiten, wo sie durch die Öffnungen h in die Esse
entweichen. Der Boden d schützt das Brennstoffzuführungs-
rohr i vor Überhitzung.

In anderer Weise wird die gleichmäſsige Vergasung bei einer Spiritus-Invertlampenkonstruktion derselben Firma angestrebt (Fig. 358). Der Vergaser *1* bildet, wie bei den vorher erwähnten Lampen, mit dem Brennstoffbehälter *5* ein kommunizierendes Rohr, und bietet infolge seiner Schrägstellung auch seine Seitenwände dem Anprall der vom Brenner *30*

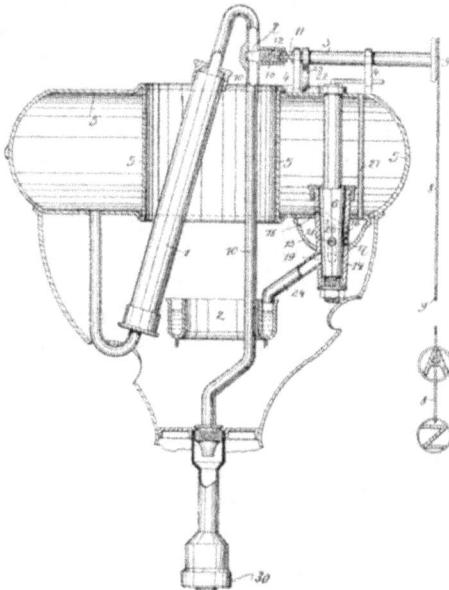

Fig. 358.

aufsteigenden Flammengase dar. Auſserdem ist an der Lampe noch eine Sicherheitsvorrichtung zu erwähnen, welche Explosionen beim Anzünden unmöglich machen soll. Es ist nämlich das Dampfabsperrventil und die in bekannter Weise als Hahnküken ausgebildete Abmeſsvorrichtung durch einen gemeinsamen Antrieb verbunden und werden von diesem derart in Betrieb gesetzt, daſs ein Anheizen des Vergasers bei geschloſsenem Vergaserauslaſs und die damit verbundene Gefahr der Überhitzung des Brennstoffbehälters durch zurücktretende Dämpfe ausgeschlossen ist, die bei den Lampen mit Ventil hinter dem Vergaser eintreten kann.

Die gleichzeitig zur Regelung der Spirituszuführung zu
dieser Anheizschale und der Gasabgabe des Vergasers dienende
Absperrvorrichtung ist in folgender Weise ausgebildet. Eine
in der üblichen Weise an Zugketten 8 und 9 um 90⁰ drehbare Welle 3 ist in Lagern 4 auf dem Spiritusbehälter 5 gelagert. Durch ihre Drehung wird gleichzeitig das zur Regelung der Spiritusabgabe an die Anheizschale 2 dienende Hahnküken 6 und der Absperrkegel 7 in dem vom Vergaser 1 zum
Brenner leitenden Rohr 10 angetrieben. Eine Zunge 11 am
Ende der Welle 3 greift in einen entsprechenden Schlitz am
Ende der in den Absperrkegel 7 auslaufenden Schrauben-
spindel 12, die sich in der Hülse 13 am Rohr 10 führt und
sich beim Drehen der Welle 3 zum Absperren oder Freigeben
der Gaszuleitung vor- oder zurückbewegt. An die Stelle dieses
Ventils könnte auch eine andere Absperrvorrichtung treten,
welche in bekannter Weise zwischen Vergaser und Brenner
eingeschaltet wird, und, wie alle diese Absperrvorrichtungen,
die Wirkung hat, dafs die Flamme des Brenners unmittelbar
nach dem Schliefsen des Ventils erlischt. Das Hahnküken 6
ist mit seinem Gehäuse 14 im Boden des Spiritusbehälters 5
angeordnet. Das Hahngehäuse 14 ist in der dargestellten Aus-
führungsform von dem zur Abgabe abgemessener Spiritus-
mengen dienenden Mefsgefäfs 15 umgeben und steht mit
diesem durch die beiden Einläfse 16 und 17 in Verbindung.
Aufserdem hat das Gehäuse einen Einlafs 18 innerhalb des
Spiritusbehälters 5 und einen zur Anheizschale 2 führenden
Auslafs 19. Die schräge Bohrung des Hahnkükens dient zur
Verbindung der Öffnungen 18 und 16, während durch die
um 90⁰ versetzte Bohrung 21 die Öffnungen 17 und 19 verbunden werden können. Das mit seiner Verlängerung auch
in der oberen Wandung des Behälters 5 geführte Hahnküken
ist durch zwei Kegelradsektoren 22 und 25 zwangsläufig mit
der Welle 3 verbunden. Steht diese auf »Zu«, wie dargestellt,
so verbindet Bohrung 20 durch die Öffnungen 18 und 16 den
Spiritusbehälter mit dem Mefsgefäfs 15, das sich also mit
Spiritus füllt. Gleichzeitig ist die Gaszuleitung zum Brenner
durch den vorgedrehten Kegel 7 und die Spirituszuleitung zur
Anheizschale durch Küken 6 abgesperrt. Wird die andere

Kette *9* angezogen, so dreht sich das Hahnküken *6* mit der Welle *3* um 90°, der Sperrkegel *7* gibt die Gaszuleitung frei, und das Hahnküken verbindet durch die Öffnungen *17* und *19* und die Bohrung *21* das Meßgefäß mit dem zur Anheizschale *2* führenden Rohr *24*, so daß die abgemessene Menge in diese abfließen und entzündet werden kann, ohne daß also ein Anheizen des Vergasers bei geschlossenem Vergaserauslaß möglich wäre. Das Abmeßgefäß ist mit einem Entlüftungsrohr *27* versehen. Es kann auch ein Brenner mit aufrechtem Strumpf zur Verwendung kommen.

Zu den Lampen, bei welchen Brennstoffbehälter und Vergaser im Verhältnis kommunizierender Röhren stehen, und zwar derart, daß die Dampfdüse über dem Brennstoffspiegel im Behälter liegt, gehört auch die von der »Elektrusion«, Gesellschaft für hängendes Spiritusglühlicht Bernt, Heller

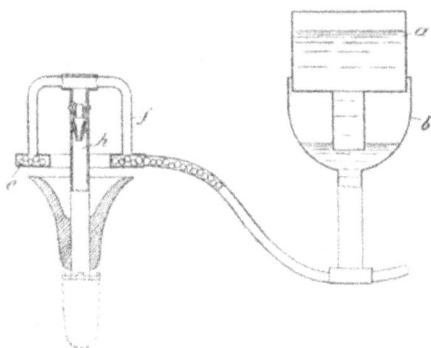

Fig. 359.

& Co. in Prag hergestellte Lampe. Wenigstens ist dies bei der ersten Ausführung der Lampe der Fall, welche in Fig. 359 dargestellt ist. *b* ist der Brennstoffbehälter, dessen Spiegel durch eine Sturzflasche *a* auf unveränderlicher Höhe erhalten wird, und zugleich den mittleren Stand des Spiritus im Vergaser *e* bestimmt. Der Vergaser stellt einen geschlossenen, mit einer Packung ausgefüllten Ring dar, welcher im Strom der um das Mischrohr aufsteigenden Flammengase liegt und den erzeugten Dampf an mehrere Dampfrohre *f* abgibt. Diese, z. B. drei an der Zahl, liegen ebenfalls im Strom der Flammengase, bewirken eine starke Überhitzung und Trocknung der Dämpfe und bedingen zugleich die zweckmäßige Lage der Düse hoch über dem Verdampfer, so daß dem Austreten von Flüssigkeitströpfchen nach Kräften vorgebeugt ist. Die Ausbildung des Vergasers zu einem wagerechten Ring ergibt

bei mäfsiger Breitenausdehnung eine ausreichende, wagerechte
Heizfläche, deren Wirkung durch die Überhitzung in den
Rohren f unterstützt wird. Diese zweckmäfsige Ausbildung
des Verdampfers und Überhitzers hat es bei späteren Aus-

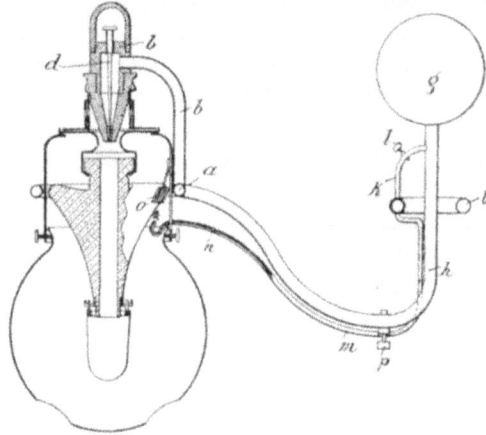

Fig. 360.

bildungen der Lampe ermöglicht, von dem Prinzip der kom-
munizierenden Röhren abzusehen, was gröfsere Freiheit bei
dem Einbau der Lampe in die verschieden gestalteten Beleuchtungskörper, als Stehlampen, Kronen usw. gewährt, und

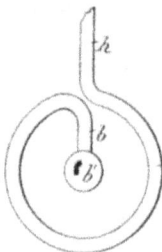

Fig. 361.

namentlich die Konstruktion sehr licht-
starker Lampen erleichtert, bei denen zur
Aufrechterhaltung des nötigen Verdampfer-
drucks der Brennstoffspiegel im Behälter
recht hoch über dem Vergaser liegen mufs.
Es sei übrigens darauf hingewiesen, dafs
diese Lampe, wenn schon sie infolge der
bei der Urform gewählten besonderen Anordnung des Vergasers zum Behälter an
das Ende der hier besprochenen Reihe von
Brennern geraten ist, doch zeitlich den meisten vorangeht.
Der Cervenka-Brenner ist tatsächlich der erste, welcher die
Grundgedanken des jetzt für flüssige Brennstoffe allgemein
bevorzugten Invertlampentyps enthält, Grundgedanken, welche,

wie soeben und schon früher auseinandergesetzt, einen neben
dem zentralen Mischrohr angeordneten, wagerechten Verdampfer verlangen, von welchem ein oder mehrere, ebenfalls
im Strome der Heizgase liegende Dampfrohre zu der ziemlich
hoch über dem Vergaser liegenden Düse führen. Der Brenner
von Neyret und alle danach erwähnten französischen Kon-

Fig. 362.

struktionen haben sich jene Grundgedanken einverleibt. Die
Figuren 360 und 361 zeigen den Elektrusionbrenner in einer
hinsichtlich des Vergasers etwas abgeänderten und mit einer
automatischen Zündung versehenen Form. Der Vergaser a
bildet hierbei nicht einen geschlossenen Ring, sondern eine
Schlangenwindung, welche sich an die Flüssigkeitsleitung h
anschliefst und in dem zur Düse aufsteigenden Dampfrohr
endet. p ist ein Hahn für die Flüssigkeit, db ein Ventil zur
Regelung des Dampfzuflusses. Die automatische Anzündevorrichtung ist folgendermafsen eingerichtet.

Auf das Rohr h ist ein ringförmiger Behälter i aufge-
schoben, welcher durch eine Rohrleitung K mit dem Behälter g
oder dem Rohr h in Verbindung steht, während ein in das
Rohr k eingesetzter Hahn l den Zuflufs des flüssigen Brennstoffes zu dem Gefäfs i regelt.   Von dem Gefäfs i ist ein
Rohr m längs des Rohres h bis unter den Vergaser a geführt.
Das Rohr m ist mit Drähten n angefüllt, durch deren kapillare

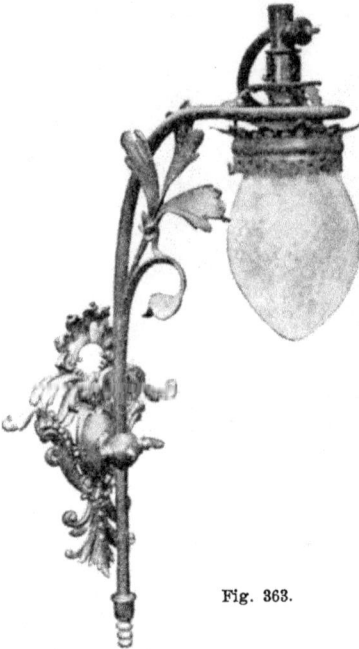

Fig. 363.   Fig. 364.

Zwischenräume nur eine ganz langsame Flüssigkeitsbewegung
im Rohre m stattfindet.   Am offenen Ende von m ist im Zuge
der aufsteigenden Brennergase eine Zelle o aus Platinmoor
befestigt, welche der Flamme oder den Dämpfen des aus m
austretenden flüssigen Brennstoffes ausgesetzt werden kann
und darin erglüht.
     Beim ersten Anzünden der Lampe wird der Hahn l so
gestellt, dafs der flüssige Brennstoff in das Gefäfs i gelangt.
Die aus der Röhre m in kleinen Mengen austretende Flüssig-

keit wird entzündet. Die Flamme heizt den Vergasering a, wobei sie durch die erglühende Zelle o unterstützt wird. Nach kurzer Zeit sind der Vergaser und die über ihm befindlichen Rohrleitungen so vorgewärmt, daß der nach mäßiger Öffnung des Hahnes p in den Ring a eintretende Brennstoff verdampft und am unteren Ende des verkehrt stehenden Bunsenbrenners ein Spiritusdampfluftgemisch liefert, welches sich an den

Fig. 365.

am Ende von m brennenden kleinen Anwärmflämmchen entzündet. Die Invertflamme unterhält im weiteren die Verdampfung des flüssigen Brennstoffs in a und m; die Zelle bleibt glühend und verzehrt den aus m austretenden Dampf. Wird die Lampe durch Zudrehen des Hahnes p gelöscht, so daß die Zelle o nicht mehr in der starken Abgasströmung liegt, so stellt sie durch Entzündung des aus m austretenden Brennstoffes das kleine Anwärmflämmchen wieder her, welches sie selbst, den Vergaser a und das Dampfrohr b auf solcher

Temperatur erhält, daſs bald nach dem Wiederanstellen der
Lampe der Invertbrenner wieder aufleuchtet. Fig. 362 ist
ein ausgeführtes Modell der Lampe, welches im wesentlichen
der schematischen Zeichnung Fig. 359 entspricht. Der Glühkörper wird mit den drei Füſschen *n* durch die Einschnitte *e*
des Brenners eingeschoben und dann um sich selbst soweit

Fig. 366.   Fig. 367.

gedreht, daſs die Füſschen in drei Nuten eingreifen. Das
Innenglas *l* wird in das Auſsenglas *k* lose eingehängt und
beide Gläser zusammen mittelst der drei Schrauben *i* an der
Krone *o* befestigt. Die Lampe hat einen Hahn *H* und 2 Hebel-
regulatoren *r* und *p*. Hahn *H* dient zur Zufuhr des Spiritus
und ist ein Gewindehahn, Hebelregulator *r* dient zur Regulie-
rung der Lichtstärke, Hebelregulator *p* reguliert die Luftzufuhr. Beim Anzünden bleibt der Haupthahn *H* gesperrt,
Hebel *r* wird durch Drehung nach rechts etwas geöffnet.

Mittels eines beigegebenen Kännchens wird in die geöffnete Nase *N* Spiritus eingefüllt, an derselben Stelle angezündet und die Nase mittels des Scharnierverschlusses gesperrt. Nach 30 bis 40 Sekunden wird der Haupthahn *H* geöffnet, so lange noch Spiritus in der Vorwärmschale brennt. Die beiden Hebel *r* und *p* werden dann so eingestellt, daſs die Lampe die höchste Lichtstärke gibt ohne zu rauschen.

Das Modell Fig. 363 entspricht im wesentlichen der schematischen Zeichnung Fig. 360 und 361. Indessen ist mit diesem Beleuchtungskörper nicht ein Brennstoffbehälter fest verbunden, sondern er ist mit einem Leitungsanschluſs versehen, durch welchen er mit einem, unter Umständen mehreren Lampen gemeinschaftlichen Spiritusbehälter verbunden werden kann.

Das Modell Fig. 364 ist mit einem eigenen Brennstoffbehälter versehen und zeigt die dünne, mit besonderem Absperrhahn versehene Spiritusleitung, welche dem Rohr *m* (Fig. 360) entspricht und zur selbsttätigen Anzündevorrichtung führt. Das Modell Fig. 365 ist für Auſsenbeleuchtung bestimmt, ebenfalls mit einem eignen Brennstoffbehälter von 6 l Inhalt versehen und liefert 100 bis 120 HK bei einem Spiritusverbrauch von ca. 90 g in der Stunde. Das Lampensystem paſst sich den verschiedensten Lichtstärcken an; es werden Lampen von 25 HK, 60 HK und 100 bis 120 HK gebaut. Die Schmiegsamkeit der Lampe beim Einbau in Beleuchtungskörper verschiedenster Benutzungsweise und bei der Eingliederung in verschiedenste Zierformen zeigen die folgenden Figuren, von denen Fig. 366 eine einflammige Tischlampe mit Spiritusbehälter, Fig. 367 eine mehrflammige Tischlampe mit Spiritusleitungsanschluſs, Fig. 368 eine einflammige Krone mit eigenem Spiritusbehälter wiedergeben.

Fig. 368.

In der folgenden Tabelle sind einige mit verschiedenen
Modellen der Lampe vorgenommene Messungen zusammen-
gestellt:

Lampentype	Druck mm	Brenndauer Std.	Brenndauer Min.	Lichtstärke HK	Verbrauch pro Std.	Spez. Verbrauch
Tischlampe Type B	245	—	30	56	—	—
		1	—	53	76	1,43
		3	18	50	73,4	1,47
		4	51	48	70,0	1,46
Tischlampe Type ›A‹	180	—	30	31	—	—
		1	—	32	35	1,00
		3	14	29	36	1,10
		4	43	28	34	1,21
Hängelampe Nernsttype ›B‹	820	—	30	59	—	—
		1	—	55	54	0,98
		2	—	53	48	0,90
		3	—	52	46	0,88

Diese Zahlen sind sehr befriedigende, namentlich wenn
man sie mit den Zahlen vergleicht, welche von den für Tisch-
lampen bisher fast ausschließlich in Frage kommenden Spiritus-
glühlichtlampen mit Wärmerückleitung festgestellt worden
sind.   Vor diesen Lampen haben die Invertlampen noch den
großen Vorzug voraus, daß sie nach unten keinen Schatten
werfen.

Nach allem kann kein Zweifel darüber herrschen, daß
auch die Glühlichtlampen für flüssige Brennstoffe den bei
den Gaslampen verwirklichten Fortschritt von der aufrecht
brennenden zur verkehrt brennenden Flamme mit bestem Erfolge mitmachen und ihre Verwendbarkeit und Lichtausbeute
in entsprechendem Grade steigern werden.

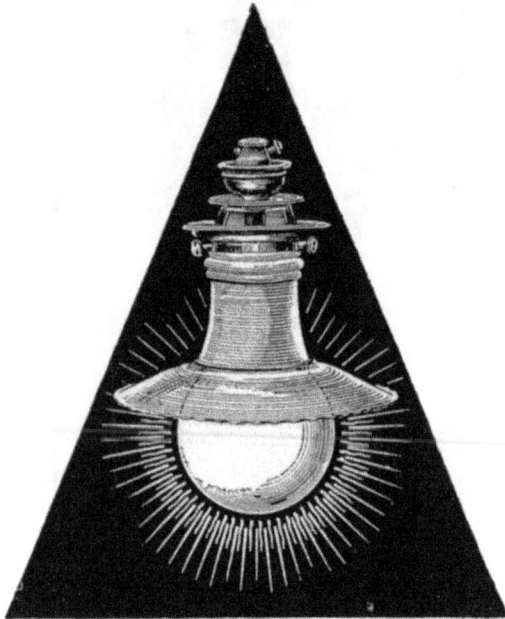

www.ingramcontent.com/pod-product-compliance
Lightning Source LLC
Chambersburg PA
CBHW031435180326
41458CB00002B/550